BASICS of the GARDENING

슬기로운
식물생활을
위   한

원예의 기본

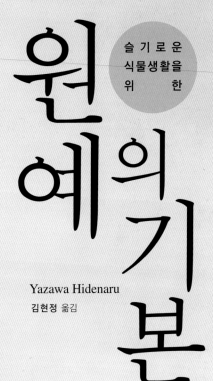

Yazawa Hidenaru

김현정 옮김

Green Home

길을 걷다가 문득 꽃 화분에 눈길이 머물거나
갓 딴 허브로 요리하고 싶다는 생각이 든다면,
원예를 시작할 때입니다.
계절의 흐름에 따라 변화하는 식물은
언제나 새로운 감동을 안겨줍니다.
이제, 식물과 친해지는 방법을 알려주는 이 책과 함께
원예의 세계에 첫발을 내딛어 봅시다.

Contents

한해살이풀

종류가 다양해서 씨앗이나 모종을 원하는 대로 고를 수 있는 한해살이풀.

계절마다 화단의 색깔이 달라지는 것은 한해살이풀에서 피어난 꽃들 덕분이다.

해바라기, 코스모스, 양귀비 등이 가득 피어 있는 넓은 꽃밭은

사람들이 많이 찾는 명소가 된다.

여러해살이풀

심어놓고 잊어버려도 저절로 싹이 트고 꽃이 펴서,

계절을 알려주는 여러해살이풀.

해마다 점점 풍성해져서 눈을 즐겁게 해준다.

알뿌리식물

영양분을 듬뿍 저장한 알뿌리식물은

심플하고, 유달리 탐스러우며, 선명한 색깔의 꽃을 피운다.

그중에서도 특히 튤립은 인기가 많고,

품종도 5,000종이 넘을 정도로 다양하다.

나
무

존재만으로도 정원이나 공간에 깊이를 더해주는 나무.

꽃나무에 꽃이 피면 계절의 변화를 눈으로 직접 확인할 수 있다.

장미 중에는 봄부터 가을까지 계속 꽃을 피우는 사계성 장미도 있어서,

품종에 따라 다양하게 즐길 수 있다.

이 책을 보는 방법

이 책에서는 「인기 식물 재배방법」부터 「씨뿌리기와 식물 심기」, 「일상 속 식물 돌보기」, 「식물을 키우기 위해 필요한 것」, 「식물과 함께하는 12개월」까지 5가지 주제를 다룬다. 인기 식물 재배방법은 한해살이풀, 여러해살이풀, 알뿌리식물, 허브, 작은키나무, 큰키나무, 채소, 다육식물로 분류되어 있다.

팬지 · 비올라

과 · 속	제비꽃과 제비꽃속	분 류	꽃이 피는 풀, 한해살이풀
원산지	유럽, 서아시아	꽃 색	●●●○○●●●●○

주로 유럽 원산의 야생종을 베이스로 오래전부터 교배되어 왔다. 가을부터 초여름까지 계속 꽃이 피는데, 색깔이 다채롭다. 주름진 꽃잎이나 매우 작은 극소륜 꽃잎도 있으며, 새로운 품종도 많은 관심을 받고 있다. 팬지와 비올라는 모두 제비꽃속의 식물로, 거듭된 개량으로 구별하기 어려워졌다.

식물 사진
모종, 화분에 심은 식물, 정원에 심은 식물, 수확물 등의 사진을 게재.

START	씨앗, 모종
일조조건	양지
발아 적정온도	약 15℃
생육 적정온도	5~20℃
재배적지	내한성: 강, 내서성: 약
용토	기본 배양토 60%, 코코피트 미립 35%, 펄라이트 5% (기본 배양토는 적옥토 소립 60%, 부엽토 40%)
비료	과립형 완효성 화성비료, 액체비료
식물의 높이	10~40㎝

재배력

	1	2	3	4	5	6	7	8	9	10	11	12
개화기												
씨뿌리기												
심기 · 옮겨심기												
비료주기												

그 밖의 정보
여러 가지 재배 정보와 변종 품종 등을 소개.

기본 재배방법

화분 위치 심는 장소	해가 잘 들고, 물이 잘 빠지며, 바람이 잘 통하는 장소가 좋다. 겨울철 실외에서도 재배가 가능한데, 추위에는 강하지만 찬바람을 피하고 얼지 않게 관리해야 한다.
씨뿌리기	모종판이나 비닐포트에 심는다. 본잎이 3~4장 나오면 옮겨심는다.
심기 옮겨심기	왕성하게 번식하기 때문에, 모종을 구입한 뒤 빨리 심는다. 노지에 심을 때는 본격적인 겨울이 오기 전에 심어서, 추위에 견딜 수 있는 뿌리를 키운다.
물주기	씨를 뿌리거나 모종을 심을 때는 물을 듬뿍 준다. 그런 다음 화분에 심은 경우에는 흙 표면이 마르면 물을 충분히 주고, 과습에 주의한다. 노지에 심은 경우에는 뿌리를 내릴 때까지는 물을 충분히 주고, 그 뒤에는 기본적으로 물을 줄 필요가 없다.
비료주기	씨를 뿌리거나 모종을 심고 2주가 지나면, 과립형 완효성 화성비료를 알맞게 준다. 늦가을부터 봄까지 끊임없이 꽃을 피우는 체력을 유지하기 위해, 적당량의 액체비료를 2주에 1번 준다.
시든 꽃 따기	꽃이 시들면 그때그때 꽃을 딴다.
순지르기	모종은 심기 전에 순지르기를 하여 겨드랑눈을 늘린다. 꽃이 핀 뒤 모양이 흐트러지면 과감히 줄기를 잘라낸다. 단, 12월 말까지 해야 한다.
번식방법	씨앗, 꺾꽂이로 번식시킨다. 꺾꽂이는 잎이 달린 줄기를 2마디 잘라서 꽂는다.

1 줄기가 단단한 모종을 고른다.
2 심기에 가장 적합한 모종은 뿌리가 살짝 보이는 상태.
3 팬지·비올라는 뿌리를 잘 내린다. 뿌리가 지나치게 많이 감겨 있으면, 흙을 털어내고 뿌리를 조금 제거한 뒤 심는다.

식물 데이터

식물 고유의 정보.

이　　름　정식 이름 또는 유통되는 이름으로 표기.
과 · 속　식물학상의 분류.
원 산 지　식물이 발견된 지역. 원예품종의 경우에는 부모식물의 원산지를 표기.
분　　류　여러 가지 분류 방법으로 표기(한해살이풀, 여러해살이풀, 나무, 꽃이 피는 풀, 알뿌리식물,
　　　　　작은키나무, 큰키나무, 꽃나무, 과일나무, 채소, 다육식물, 관엽식물).
꽃색·잎색　씨앗, 모종으로 유통되는 다양한 색을 표기.

　　　　붉은색● 　핑크색● 　오렌지색● 　노란색●　흰색○ 　보라색● 　파란색● 　녹색●

　　　　갈색● 　검정색● 　회색● 　복색(複色)◎

　　　　* 복색은 하나의 꽃에 2가지 이상의 색이 섞여 있는 것을 의미한다.
　　　　* 꽃색, 잎색은 표면의 색을 나타낸다.

기본 재배방법

식물을 재배할 때 필요한 기본 지식과 재배 비결.

화분 위치·심는 장소 재배에 적합한 환경.
씨뿌리기 씨앗을 뿌리는 방법 → p.134~147 참조
심기·옮겨심기 심기·옮겨심기 방법. → p.150~171 참조
물주기 물주기 방법. 타이밍이나 분량과 횟수. → p.174~176 참조
비료주기 비료의 종류와 비료를 주는 방법, 타이밍과 분량. → p.240~249 참조
시든 꽃 따기 시든 꽃을 따는 방법. → p.177 참조
순지르기·가지치기 화초의 순지르기나, 나무의 가지지기. →p.196~209 참조
여름나기·겨울나기 더위와 추위에 대비하는 방법. → p.179~181 참조
번식방법 포기나누기, 알뿌리나누기, 꺾꽂이 등, 식물을 번식시키는 방법. → p.182~195 참조
병해충 대책 원예용 농약 종류와 사용방법 등. → p.250~255 참조

재배 데이터

식물을 재배할 때 필요한 기본 데이터.

START 씨앗, 알뿌리, 모종, 묘목, 씨감자, 덩굴 등.
일조조건 양지, 반그늘, 그늘.
발아 적정온도 씨앗 발아에 적합한 온도(땅 온도).
생육 적정온도 해당 식물이 자라기에 가장 적합한 온도.
재배적지 내한성, 내서성. '내한성: 강'은 한랭지에서도 재배 가능. '내한성: 약'은 난지에서 재배.
용토 해당 식물을 재배할 때 이 책에서 권장하는 가장 적합한 배합의 배양토.
비료 해당 식물 재배에 적합한 비료.
식물의 높이 풀은 최전성기의 높이, 나무는 일반적인 높이나 관상에 적합한 높이.
재배력 계절별 식물의 상태(수확, 개화), 필요한 원예작업(씨뿌리기, 심기, 비료주기 등) 등을 표시.

* 식물 데이터는 모두 2023년 3월 현재의 데이터이다.
* 식물에 따라서는 품종명을 표시하였는데, 품종에 따라 유통이 중단되는 경우도 있다.

식물의 라이프 스타일

나팔꽃

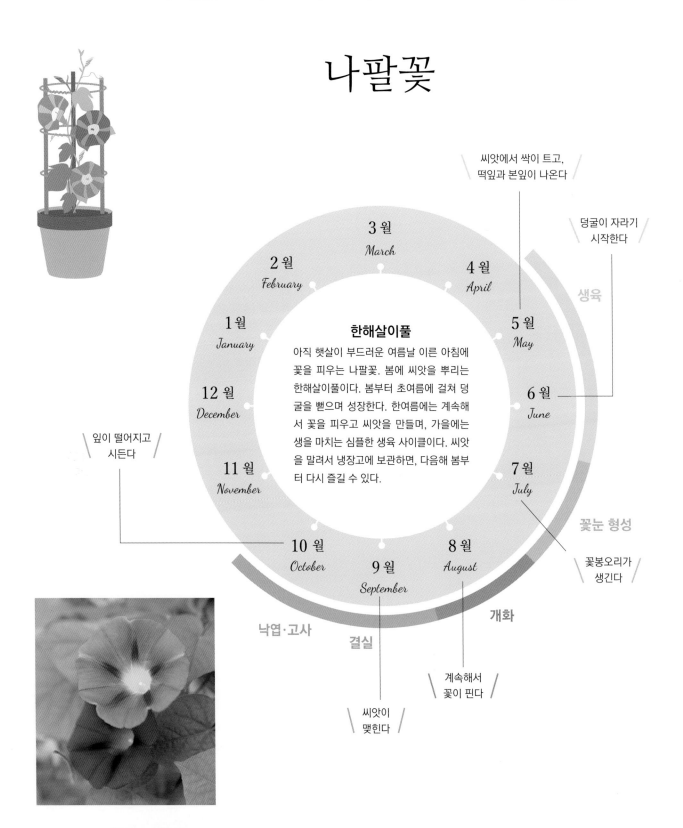

한해살이풀

아직 햇살이 부드러운 여름날 이른 아침에 꽃을 피우는 나팔꽃. 봄에 씨앗을 뿌리는 한해살이풀이다. 봄부터 초여름에 걸쳐 덩굴을 뻗으며 성장한다. 한여름에는 계속해서 꽃을 피우고 씨앗을 만들며, 가을에는 생을 마치는 심플한 생육 사이클이다. 씨앗을 말려서 냉장고에 보관하면, 다음해 봄부터 다시 즐길 수 있다.

3 월
March

2 월
February

4 월
April

1월
January

5 월
May

12 월
December

6 월
June

11 월
November

7 월
July

10 월
October

8 월
August

9 월
September

씨앗에서 싹이 트고, 떡잎과 본잎이 나온다

덩굴이 자라기 시작한다

생육

꽃눈 형성

꽃봉오리가 생긴다

개화

계속해서 꽃이 핀다

결실

씨앗이 맺힌다

낙엽·고사

잎이 떨어지고 시든다

크리스마스로즈

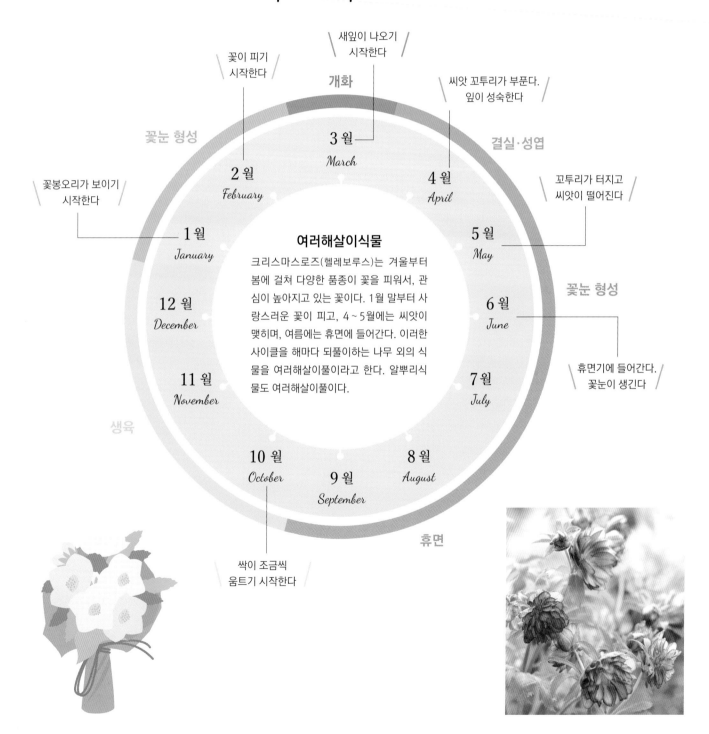

새잎이 나오기 시작한다

꽃이 피기 시작한다

개화

씨앗 꼬투리가 부푼다. 잎이 성숙한다

꽃눈 형성

결실·성엽

꽃봉오리가 보이기 시작한다

3 월
March

2 월
February

4 월
April

꼬투리가 터지고 씨앗이 떨어진다

1 월
January

5 월
May

여러해살이식물

크리스마스로즈(헬레보루스)는 겨울부터 봄에 걸쳐 다양한 품종이 꽃을 피워서, 관심이 높아지고 있는 꽃이다. 1월 말부터 사랑스러운 꽃이 피고, 4 ~ 5월에는 씨앗이 맺히며, 여름에는 휴면에 들어간다. 이러한 사이클을 해마다 되풀이하는 나무 외의 식물을 여러해살이풀이라고 한다. 알뿌리식물도 여러해살이풀이다.

꽃눈 형성

6 월
June

12 월
December

휴면기에 들어간다. 꽃눈이 생긴다

11 월
November

7 월
July

생육

10 월
October

9 월
September

8 월
August

휴면

싹이 조금씩 움트기 시작한다

싹을 틔워 성장하고, 꽃을 피우며, 씨앗을 맺고, 이윽고 시든다. 식물에는 고유의 라이프 사이클이 있다. 원예에서는 이러한 라이프 사이클의 차이로 식물을 분류한다.

튤립

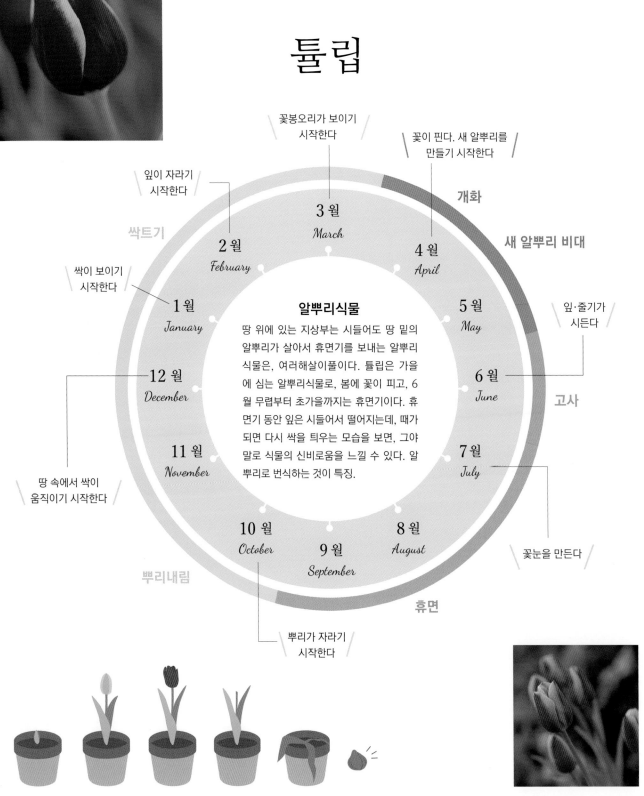

꽃봉오리가 보이기 시작한다

꽃이 핀다. 새 알뿌리를 만들기 시작한다

잎이 자라기 시작한다

개화

새 알뿌리 비대

싹트기

3 월
March

4 월
April

2 월
February

싹이 보이기 시작한다

5 월
May

1 월
January

잎·줄기가 시든다

알뿌리식물

땅 위에 있는 지상부는 시들어도 땅 밑의 알뿌리가 살아서 휴면기를 보내는 알뿌리식물은, 여러해살이풀이다. 튤립은 가을에 심는 알뿌리식물로, 봄에 꽃이 피고, 6월 무렵부터 초가을까지는 휴면기이다. 휴면기 동안 잎은 시들어서 떨어지는데, 때가 되면 다시 싹을 틔우는 모습을 보면, 그야말로 식물의 신비로움을 느낄 수 있다. 알뿌리로 번식하는 것이 특징.

12 월
December

6 월
June

고사

11 월
November

7 월
July

땅 속에서 싹이 움직이기 시작한다

10 월
October

9 월
September

8 월
August

꽃눈을 만든다

뿌리내림

휴면

뿌리가 자라기 시작한다

식물의 라이프 스타일을 알면 식물과 쉽게 친해질 수 있다. 한 해 동안 성장하는 패턴을 알면 식물과 함께 하는 시간이 더욱 즐거워진다.

매실나무

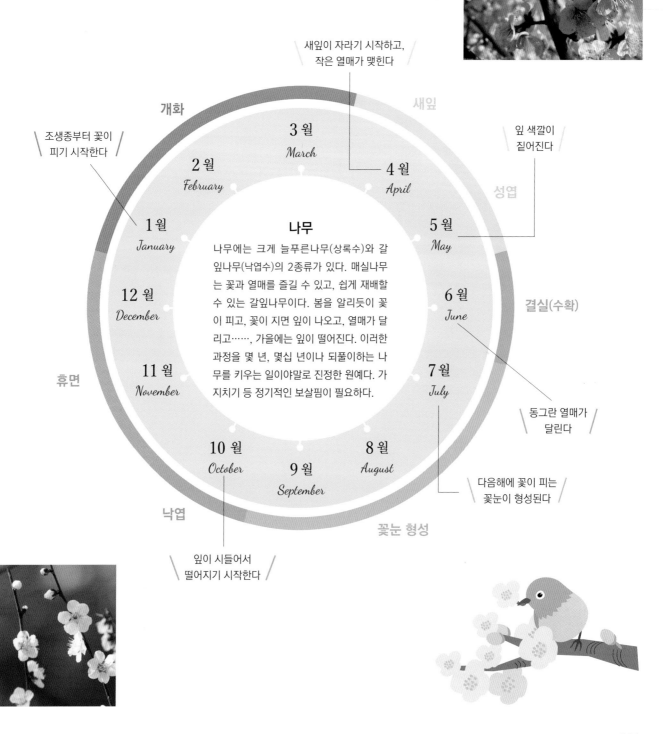

새잎이 자라기 시작하고, 작은 열매가 맺힌다

개화

조생종부터 꽃이 피기 시작한다

새잎

잎 색깔이 짙어진다

성엽

3월
March

2월
February

4월
April

1월
January

5월
May

12월
December

결실(수확)

6월
June

11월
November

7월
July

휴면

동그란 열매가 달린다

10월
October

9월
September

8월
August

다음해에 꽃이 피는 꽃눈이 형성된다

낙엽

꽃눈 형성

잎이 시들어서 떨어지기 시작한다

나무

나무에는 크게 늘푸른나무(상록수)와 갈잎나무(낙엽수)의 2종류가 있다. 매실나무는 꽃과 열매를 즐길 수 있고, 쉽게 재배할 수 있는 갈잎나무이다. 봄을 알리듯이 꽃이 피고, 꽃이 지면 잎이 나오고, 열매가 달리고……, 가을에는 잎이 떨어진다. 이러한 과정을 몇 년, 몇십 년이나 되풀이하는 나무를 키우는 일이야말로 진정한 원예다. 가지치기 등 정기적인 보살핌이 필요하다.

계절마다 다시 심어서 즐기는 한해살이풀, 때가 되면 저절로 싹을 틔우고 꽃을
피우는 여러해살이풀, 생기가 넘치는 알뿌리식물. 또한 생활에 도움이 되는 허
브와 맛있는 채소, 꽃이 아름다운 나무, 개성 있는 다육식물까지 총 82종의 키
우기 쉬운 인기 식물을 선택하여, 특징과 재배방법, 번식방법 등을 소개한다.

인기 식물 재배 방법

팬지 · 비올라

과 · 속	제비꽃과 제비꽃속	분 류	꽃이 피는 풀, 한해살이풀
원산지	유럽, 서아시아	꽃 색	●●●◐◯◯●◐●●◐◯

주로 유럽 원산의 야생종을 베이스로 오래전부터 교배되어 왔다. 가을부터 초여름까지 계속 꽃이 피는데, 색깔이 다채롭다. 주름진 꽃잎이나 매우 작은 극소륜 꽃잎도 있으며, 새로운 품종도 많은 관심을 받고 있다. 팬지와 비올라는 모두 제비꽃속의 식물로, 거듭된 개량으로 구별하기 어려워졌다.

기본 재배방법

화분 위치 심는 장소	해가 잘 들고, 물이 잘 빠지며, 바람이 잘 통하는 장소가 좋다. 겨울철 실외에서도 재배가 가능한데, 추위에는 강하지만 찬바람을 피하고 얼지 않게 관리해야 한다.
씨뿌리기	모종판이나 비닐포트에 심는다. 본잎이 3~4장 나오면 옮겨심는다.
심기 옮겨심기	왕성하게 번식하기 때문에, 모종을 구입한 뒤 빨리 심는다. 노지에 심을 때는 본격적인 겨울이 오기 전에 심어서, 추위에 견딜 수 있는 뿌리를 키운다.
물주기	씨를 뿌리거나 모종을 심을 때는 물을 듬뿍 준다. 그런 다음 화분에 심은 경우에는 흙 표면이 마르면 물을 충분히 주고, 과습에 주의한다. 노지에 심은 경우에는 뿌리를 내릴 때까지는 물을 충분히 주고, 그 뒤에는 기본적으로 물을 줄 필요가 없다.
비료주기	씨를 뿌리거나 모종을 심고 2주가 지나면, 과립형 완효성 화성비료를 알맞게 준다. 늦가을부터 봄까지 끊임없이 꽃을 피우는 체력을 유지하기 위해, 적당량의 액체비료를 2주에 1번 준다.
시든 꽃 따기	꽃이 시들면 그때그때 꽃을 딴다.
순지르기	모종은 심기 전에 순지르기를 하여 겨드랑눈을 늘린다. 꽃이 핀 뒤 모양이 흐트러지면 과감히 줄기를 잘라낸다. 단, 12월 말까지 해야 한다.
번식방법	씨앗, 꺾꽂이로 번식시킨다. 꺾꽂이는 잎이 달린 줄기를 2마디 잘라서 꽂는다.

START	씨앗, 모종
일조조건	양지
발아 적정온도	약 15℃
생육 적정온도	5~20℃
재배적지	내한성: 강, 내서성: 약
용토	기본 배양토 60%, 코코피트 미립 35%, 펄라이트 5% (기본 배양토는 적옥토 소립 60%, 부엽토 40%)
비료	과립형 완효성 화성비료, 액체비료
식물의 높이	10~40cm

재배력

	1	2	3	4	5	6	7	8	9	10	11	12
개화기												
씨뿌리기												
심기 · 옮겨심기												
비료주기												

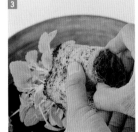

1 줄기가 단단한 모종을 고른다.
2 심기에 적합한 모종은 뿌리가 살짝 보이는 상태.
3 팬지·비올라는 뿌리를 잘 내린다. 뿌리가 지나치게 많이 감겨 있으면, 흙을 털어내고 뿌리를 조금 제거한 뒤 심는다.

재배 포인트

| 씨뿌리기와 싹트기

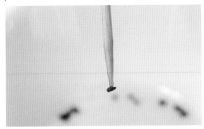

팬지·비올라의 씨앗은 작다. 섬세한 작업이므로 씨앗을 1알씩 이쑤시개에 붙여서 모종 트레이에 심는다.

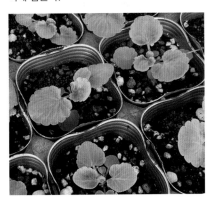

본잎이 3~4장 정도 나오면 생육상태가 좋은 것을 비닐포트에 옮겨서 포트묘를 만든다.

| 시든 꽃 따기

꽃이 시들면 그때그때 시든 꽃을 딴다. 정성껏 보살펴야 꽃 수도 늘고 오래 키울 수 있다.

팬지·비올라 품종

미스테리어스 버니

시엘 브리에(푸른색 계통)

미미라팡

시엘 브리에(보라색 계통)

큐티 애프리콧

밀풀

One Point Advice

개인 육종가들이 만드는 개성파 팬지·비올라

겨울철 원예점에서 주목받는 식물은, 개인 육종가나 생산자들이 만들어내는 다양한 팬지·비올라이다.

주름이 가득한 꽃잎이 모여서 털실로 만든 공처럼 보이는 대륜 종류나, 꽃잎이 토끼 귀처럼 가늘고 긴 종류, 원종인 제비꽃과 같은 모양의 꽃이 피는 종류, 꽃이 피면서 색깔이 변하는 종류 등, 다채로운 꽃을 즐길 수 있다.

지금은 해마다 새로운 품종을 만날 수 있으며, 집 베란다나 정원에서 새로운 품종을 만드는 육종가가 있을 정도로 다양한 방법으로 육종이 이루어지고 있다. 이렇게 만든 팬지와 비올라는 품종 이름으로 유통되기도 하지만, 농장이나 브랜드 이름으로 유통되기도 한다. 수많은 품종 중에서 원하는 색이나 모양을 고르는 것도 즐거운 일이다. 그러나 유통량이 적기 때문에, 초가을부터 서둘러야 원하는 품종을 구할 수 있다.

네모필라

과 · 속	물잎풀과 네모필라속	분 류	꽃이 피는 풀, 한해살이풀
원산지	북아메리카 서부	꽃 색	●○◎

미국 캘리포니아주 원산. 해가 잘 들고 바람이 잘 통하는 장소를 좋아하고, 작은 꽃을 피우면서 큰 포기로 성장한다. 이 아름다운 파란 꽃이 끝없이 펼쳐진 풍경은 그야말로 장관이어서, 봄이면 많은 사람이 네모필라밭을 찾는다. 큼직한 화분에 심으면 풍성하고 커다란 포기로 성장한다.

기본 재배방법

화분 위치 심는 장소	해가 잘 들고, 물이 잘 빠지며, 바람이 잘 통하는 장소가 좋다.
씨뿌리기	옮겨심는 것을 좋아하지 않기 때문에, 화분이나 정원에 직접 심는 것이 좋다. 흙을 살짝 덮어주면 10일 정도 뒤에 싹이 튼다. 비닐포트에 심을 경우, 본잎이 5장 정도 나오면 아주심기한다.
심기 옮겨심기	옮겨심기가 늦어져 포트 안에 뿌리가 가득차면 그 뒤의 생육 과정에 영향을 미친다. 모종은 뿌리분이 부서지지 않도록 주의해서 다룬다. 노지에 심을 때는 20㎝ 간격으로 심는다. 줄기가 쉽게 부러지므로, 다룰 때 주의해야 한다.
물주기	씨를 뿌리거나 모종을 심을 때는 물을 듬뿍 준다. 그런 다음 화분에 심은 경우에는 흙 표면이 마르면 물을 충분히 주고, 과습에 주의한다. 노지에 심은 경우에는 뿌리를 내릴 때까지는 물을 충분히 주고, 그 뒤에는 기본적으로 물을 줄 필요가 없다.
비료주기	씨를 뿌리거나 모종을 심고 2주가 지나면, 과립형 완효성 화성비료를 알맞게 준다. 비료를 많이 주면 꽃 수가 줄고 잎이 무성해지므로, 되도록 적게 준다. 덧거름은 화분에 심은 경우에는 알맞은 양의 액체비료를 2주에 1번 준다. 노지에 심은 경우에는 대부분 줄 필요가 없다.
시든 꽃 따기	꽃이 시들면 그때그때 꽃을 딴다.
순지르기	꽃이 핀 뒤 모양이 흐트러지면 과감히 잘라준다.
번식방법	씨앗으로 번식시킨다.

START	씨앗, 모종
일조조건	양지
발아 적정온도	약 15~20℃
생육 적정온도	5~20℃
재배적지	내한성: 약~중, 내서성: 약
용토	기본 배양토 60%, 코코피트 미립 35%, 펄라이트 5% (기본 배양토는 적옥토 소립 60%, 부엽토 40%)
비료	과립형 완효성 화성비료, 액체비료
식물의 높이	10~30㎝

재배력

	1	2	3	4	5	6	7	8	9	10	11	12
개화기												
씨뿌리기												
심기·옮겨심기												
비료주기												

씨앗은 6㎝ 비닐포트에 3~4알씩 심는다. 빛을 싫어하는 혐광성 씨앗이므로 반드시 1~2㎝ 정도 흙을 덮어준다. 싹이 틀 때까지는 흙이 마르지 않도록 주의한다. 뿌리를 깊이 내리는 곧은뿌리이기 때문에 옮겨심지 않는 것이 좋다.

지피식물로 키우거나 화분에서 흘러내리게 키우면, 산뜻한 푸른빛 꽃이 눈길을 사로잡는다.

금어초

과·속	현삼과 금어초속	분류	꽃이 피는 풀, 한해살이풀*
원산지	지중해연안 지방	꽃색	●●●◐◐◑●●◯

통통하고 앙증맞은 꽃 모양이 금붕어를 닮아서 금어초라고 부른다. 그 모습을 용에 비유하여 영어이름은 스냅드래곤(Snapdragon)이다. 밝은 꽃색과 달콤한 향기에서 봄이 느껴진다. 봄에 피는 꽃으로 알려져 있지만, 일조시간이 길 때 피는 장일형과 짧을 때 피는 단일형이 있기 때문에 사시사철 감상할 수 있다.

* 품종이나 지역에 따라 여러해살이풀로도 분류한다.

기본 재배방법

화분 위치 심는 장소	해가 잘 들고, 물이 잘 빠지며, 바람이 잘 통하는 장소가 좋다. 강한 햇빛이나 석양빛으로 화분 속 온도가 올라가면 포기가 약해지므로 주의한다. 고온다습한 환경에 약하기 때문에, 여름에는 밝은 그늘에 두고 포기가 쉴 수 있게 한다.
씨뿌리기	모종판이나 비닐포트에 심는다. 씨앗은 빛을 좋아하는 호광성으로 발아할 때 빛이 필요하기 때문에, 씨앗을 심을 때 흙을 덮지 않는 것이 좋다. 본잎이 3~4장 나오면 아주심기를 한다
심기 옮겨심기	뿌리분을 흩트리지 않고 그대로 심는다. 가을에 심을 때는 추워지기 전에 심는다. 노지에 심을 때는 포기 간격이 20~25㎝ 정도 되게 심는다.
물주기	씨를 뿌리거나 모종을 심을 때는 물을 듬뿍 준다. 그런 다음 화분에 심은 경우에는 흙 표면이 마르면 물을 충분히 준다. 노지에 심은 경우에는 뿌리를 내릴 때까지는 물을 충분히 주고, 그 뒤에는 기본적으로 물을 줄 필요가 없다. 다습한 상태가 지속되면 뿌리가 썩을 수 있으므로 주의한다.
비료주기	씨를 뿌리거나 모종을 심고 2주가 지나면, 과립형 완효성 화성비료를 알맞게 준다. 덧거름은 액체비료를 보통의 경우보다 2배로 희석해서, 1달에 2~3번 정도 물 대신 준다. 여름에는 되도록 주지 않는다. 노지에 심은 경우 거의 줄 필요가 없다.
시든 꽃 따기	꽃이 시들면 그때그때 꽃을 딴다.
순지르기	꽃이 진 여름에, 아래쪽 잎을 남기고 높이의 1/3을 잘라낸다.
번식방법	씨앗이나 꺾꽂이로 번식시킨다. 잘라낸 줄기를 3마디 길이로 정리하여 꺾꽂이를 한다. 뿌리가 나올 때까지 4~5주 정도 걸린다.

START	씨앗, 모종
일조조건	양지
발아 적정온도	15~20℃
생육 적정온도	5~20℃
재배적지	내한성: 중~강, 내서성: 중
용토	기본 배양토 60%, 코코피트 미립 35%, 펄라이트 5% (기본 배양토는 적옥토 소립 60%, 부엽토 40%)
비료	과립형 완효성 화성비료, 액체비료
식물의 높이	20~120㎝

재배력

	1	2	3	4	5	6	7	8	9	10	11	12
개화기												
씨뿌리기												
심기·옮겨심기												
비료주기												

살구색 소형 품종. 봄에 어울리는 산뜻한 색이다. 사계절 피는 품종이 늘어나서, 1년 내내 포트묘가 유통된다.

'브론즈 드래곤'은 브론즈색의 가느다란 잎이 특징이다. 꽃이 없는 시기에도 잎을 즐길 수 있는 품종으로 인기가 많다.

마리골드

과 · 속	국화과 천수국속	분 류	꽃이 피는 풀, 한해살이풀
원산지	멕시코	꽃 색	●●●◉◎

화단에서 흔히 볼 수 있는 노란색 또는 오렌지색 꽃이 피는 풀. 초여름부터 가을까지 꽃이 피고 쉽게 재배할 수 있다. 키가 작은 프렌치 마리골드, 꽃송이가 큰 아프리칸 마리골드 외에 이 2가지 품종의 교잡종과 멕시칸 마리골드 등이 있다. 가지과나 배추과 채소와 함께 재배하면 좋은 동반식물로, 독특한 향이 해충 방제에 도움을 준다.

기본 재배방법

화분 위치 심는 장소	해가 잘 들고, 물이 잘 빠지며, 바람이 잘 통하는 장소가 좋다. 일조량이 부족하면 줄기가 가늘어지고 꽃 수가 줄어들기 때문에 주의한다. 연약한 포기는 병에 잘 걸린다.
씨뿌리기	흩어서 뿌린다. 빛을 좋아하는 호광성 씨앗으로 발아할 때 빛이 필요하기 때문에, 씨앗이 겨우 가려질 정도로 흙을 얇게 덮는다. 본잎이 3~4장 나오면 아주심기를 한다.
심기 옮겨심기	포트묘의 뿌리분에 뿌리가 감겨서 단단하면, 뿌리를 살짝 풀어준 다음 심는다.
물주기	씨를 뿌리거나 모종을 심을 때는 물을 듬뿍 준다. 그런 다음 화분에 심은 경우에는 흙 표면이 마르면 물을 충분히 주고, 과습에 주의한다. 노지에 심은 경우에는 뿌리를 내릴 때까지는 물을 충분히 주고, 그 뒤에는 기본적으로 물을 줄 필요가 없다. 고온기인 여름에는 쉽게 마르기 때문에 아침에 물을 듬뿍 준다.
비료주기	씨를 뿌리거나 모종을 심고 2주가 지나면, 과립형 완효성 화성비료를 알맞게 준다. 끊임없이 꽃이 피기 때문에, 꽃이 피면 적당한 양의 액체비료를 2주에 1번 준다. 꽃 수가 줄고 꽃이 작아지는 것은 비료가 부족하다는 신호다.
시든꽃 따기	꽃이 시들면 그때그때 꽃을 딴다.
순지르기	7~8월 무렵이 되면 아래쪽 잎을 몇 장 정도 반드시 남겨둔 뒤, 높이를 1/2 정도로 잘라주면 가을에 다시 예쁜 꽃이 핀다.
번식방법	씨앗이나 꺾꽂이로 번식시킨다. 꺾꽂이는 잎이 3장 정도 붙어 있는 줄기를 잘라서 꽂는다. 10일 정도 지나면 뿌리가 나온다.

START	씨앗, 모종
일조조건	양지
발아 적정온도	20~25℃
생육 적정온도	20~30℃
재배적지	내한성: 약, 내서성: 중
용토	기본 배양토 60%, 코코피트 미립 35%, 펄라이트 5% (기본 배양토는 적옥토 소립 60%, 부엽토 40%)
비료	과립형 완효성 화성비료, 액체비료
식물의 높이	20~50cm

재배력

	1	2	3	4	5	6	7	8	9	10	11	12
개화기												
씨뿌리기												
심기·옮겨심기												
비료주기												

1 씨앗을 뿌린 경우에는 본잎이 나오면 솎아준다.
2 사진의 아프리칸 마리골드 '바닐라'는 보기 드문 크림색으로, 절화로도 유통된다.
3 가지과 식물의 동반식물로 심어도 좋다. 독특한 향이 해충 방제에 도움이 된다.

나팔꽃

과 · 속	메꽃과 나팔꽃속	분 류	꽃이 피는 풀, 한해살이풀, 덩굴성
원산지	열대~아열대 지역	꽃 색	●●○●●●●○

중국에서 약용 또는 관상용으로 전래되어 널리 재배되고 있다. 일본에서는 초여름에 각지에서 열리는 나팔꽃 축제가 여름철의 볼거리이다. 나팔꽃은 성장이 빨라서 창밖에 그물망을 치고 나팔꽃을 심으면, 더위를 막아주는 식물 커튼으로 활약한다.

기본 재배방법

화분 위치 심는 장소	해가 잘 들고, 물이 잘 빠지며, 바람이 잘 통하는 장소가 좋다.
씨뿌리기	땅에 직접 심거나 비닐포트에 심는다. 씨앗은 껍질이 단단하기 때문에 껍질 일부에 흠집을 내거나, 하룻밤 물에 담가서 발아를 촉진시킨다. 시판되는 씨앗 중에는 이러한 처리가 되어 있는 것도 있다. 발아 적정온도가 높기 때문에 일찍 심으면 안 된다. 빛을 싫어하는 혐광성 씨앗이므로 씨앗을 뿌린 뒤 2㎝ 정도 흙을 덮어준다. 본잎이 3~4장 나오면 아주심기한다.
심기 옮겨심기	씨앗을 심어서 키운 포트묘의 경우에는 바닥의 구멍으로 하얀 뿌리가 보이면, 뿌리가 잘리지 않도록 주의해서 아주심기를 한다. 포기 간격은 30~50㎝
물주기	씨를 뿌리거나 모종을 심을 때는 물을 듬뿍 준다. 그런 다음 화분에 심은 경우에는 흙 표면이 마르면 물을 충분히 주고, 과습에 주의한다. 노지에 심은 경우에는 뿌리를 내릴 때까지는 물을 충분히 주고, 그 뒤에는 기본적으로 물을 줄 필요가 없다. 꽃이 필 때까지는 조금씩 주고, 꽃이 피기 시작하면 흙이 마르지 않게 준다.
지지대 세우기	아주심기한 뒤 덩굴이 자라면 지지대나 그물망으로 유인한다.
비료주기	씨를 뿌리거나 모종을 심고 2주가 지나면, 과립형 완효성 화성비료를 알맞게 준다. 그리고 7월 내내 액체비료를 2주에 1번씩 알맞게 준다.
시든 꽃 따기	꽃이 시들면 그때그때 꽃을 딴다.
순지르기	본잎이 7장 정도 나오면 끝부분의 싹을 잘라서 겨드랑이눈이 나오게 한다. 덩굴은 수시로 잘라준다.
번식방법	씨앗으로 번식시킨다.

START	씨앗, 모종	일조조건	양지
발아 적정온도	20~25℃	생육 적정온도	20~30℃
재배적지	내한성: 약, 내서성: 강		
용토	기본 배양토 60%, 코코피트 미립 35%, 펄라이트 5% (기본 배양토는 적옥토 소립 60%, 부엽토 40%) * 화분에 심으면 우분 퇴비, 노지에 심으면 고토석회나 부엽토를 섞는다.		
비료	과립형 완효성 화성비료, 액체비료		
식물의 높이	30~500㎝		

재배력

	1	2	3	4	5	6	7	8	9	10	11	12
개화기							■	■	■	■		
씨뿌리기					■							
심기 · 옮겨심기						■						
비료주기					■							

1 떡잎이 나온다.
2 포트 바닥으로 뿌리가 보이기 전에 뿌리분을 꺼낸다.
3 덩굴이 크게 자라기 때문에 지탱할 뿌리를 충분히 뻗을 수 있도록, 커다란 화분에 심는다. 여름이 다가올수록 쭉쭉 뻗어 나간다.

페튜니아

과 · 속	가지과 페튜니아속	분 류	꽃이 피는 풀, 한해살이풀*
원산지	남아메리카 중동부 아열대~온대	꽃 색	●●○○●●◎

유럽에서는 창가를 장식하는 꽃 중 하나다. 튼튼하고 컬러풀한 꽃이 풍성하게 핀다. 원산지인 남아메리카의 산간지역과 해안지역에서는 여러해살이풀, 한국이나 일본 등에서는 한해살이풀로 분류하는데, 겨울나기가 가능하다. 프릴처럼 주름진 꽃이 피는 종류나 겹꽃이 피는 종류가 있고, 꽃색이 다양해서 세련된 색도 있으며, 초여름부터 가을까지 계속 꽃이 핀다.

* 품종이나 지역에 따라 여러해살이풀로도 분류한다.

기본 재배방법

화분 위치 심는 장소	해가 잘 들고, 물이 잘 빠지며, 바람이 잘 통하는 장소가 좋다. 더위에 강하지만 석양빛은 피한다. 꽃은 비에 약하므로 주의하고, 같은 가지과 식물을 재배했던 장소나 용토는 피한다. 햇빛이 비치는 따뜻한 곳에서 관리해주면 겨울을 난다.
씨뿌리기	모종판이나 비닐포트에 흩어서 뿌린다. 빛을 좋아하는 호광성 씨앗이기 때문에, 씨앗이 겨우 가려질 정도로 흙을 얇게 덮는다. 본잎이 3~4장 나오면 아주심기를 한다.
심기 옮겨심기	온난한 지역에서는 3월 하순부터 모종이 유통되므로, 구입한 뒤 늦서리 걱정이 없을 때 심는다. 노지에 심을 때는 용토에 퇴비나 부엽토를 섞은 뒤 심는다.
물주기	씨를 뿌리거나 모종을 심을 때는 물을 듬뿍 준다. 그런 다음 화분에 심은 경우에는 흙 표면이 마르면 물을 충분히 주고, 과습에 주의한다. 노지에 심은 경우에는 뿌리를 내릴 때까지는 물을 충분히 주고, 그 뒤에는 기본적으로 물을 줄 필요가 없다. 한여름에는 이른 아침에 물을 준다.
비료주기	씨를 뿌리거나 모종을 심고 2주가 지나면, 과립형 완효성 화성비료를 알맞게 준다. 그런 다음 액체비료를 2주에 1번 준다. 계속해서 꽃이 피기 때문에 비료를 넉넉히 준다.
시든 꽃 따기	꽃이 시들면 그때그때 꽃을 딴다.
순지르기	심고 나서 순지르기를 하면 겨드랑눈이 잘 달려서 꽃 수를 늘릴 수 있다. 심고 나서 2달이 지나면 모양이 흐트러지기 시작하므로, 과감하게 잘라준다.
번식방법	씨앗이나 꺾꽂이로 번식시킨다. 꺾꽂이는 잘라낸 줄기를 3마디 길이로 정리해서 꽂는다. 뿌리가 나올 때까지 4~5주 정도 걸린다.

START	씨앗, 모종
일조조건	양지
발아 적정온도	20~25℃
생육 적정온도	20~30℃
재배적지	내한성: 약~중, 내서성: 중
용토	기본 배양토 60%, 코코피트 미립 35%, 펄라이트 5% (기본 배양토는 적옥토 소립 60%, 부엽토 40%)
비료	과립형 완효성 화성비료, 액체비료
식물의 높이	10~40cm

재배력

	1	2	3	4	5	6	7	8	9	10	11	12
개화기												
씨뿌리기												
심기·옮겨심기												
비료주기												

1 짙은 보랏빛의 겹꽃이 핀 페튜니아 품종.
2 세련된 '쇼콜라 브라운'은 바탕색은 크림색이고 가운데가 짙은 갈색이다.
3 이렇게 화려한 색을 뽐내는 페튜니아꽃이, 유럽의 창가를 환하게 변화시켰다.

재배 포인트

포트묘 만들기

1 큰 포트에 씨앗을 심은 것. 분리해서 작은 포트묘를 만든다.

2 포트에서 꺼낸 뒤 뿌리를 꼼꼼하게 정리해서 1포기씩 나눈다.

3 비닐포트에 1포기씩 심는다.

화분심기

1 모종을 구입하면 가능한 한 빨리 심는다. 보통은 흙을 조금 털어낸 다음 심지만, 화분 안에 뿌리가 지나치게 많이 감겨 있는 경우에는, 밑바닥의 뿌리를 조금 자르고 흙을 털어준다.

2 비닐포트보다 2배 정도 큰 화분을 준비해서 배양토를 넣고 심는다. 뿌리를 잘라주면 새로운 뿌리가 잘 자라서 새로운 흙에 쉽게 정착한다. 단단한 뿌리분을 그대로 심으면 뿌리가 새로운 흙에 잘 적응하지 못할 수 있으므로 주의한다.

노지심기

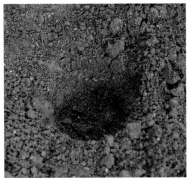

1 부엽토 등을 넣고 흙과 잘 섞어서 물이 잘 빠지는 비옥한 흙을 만든다. 심는 구덩이는 깊이 약 10㎝, 포기 간격은 20㎝가 적당하다. 페튜니아는 가지과인데 가지과 식물은 같은 가지과 식물을 심었던 장소나 흙을 피하는 것이 좋다.

2 화분에서 모종을 꺼낸다. 뿌리가 많이 감겨있지 않아 심기 적당한 모종이다. 뿌리분 바닥의 흙을 조금 털어준다.

3 심은 다음에는 손으로 살짝 눌러 준다. 지나치게 세게 누르지 않는다.

일일초

과 · 속	협죽도과 일일초속	분 류	꽃이 피는 풀, 한해살이풀
원산지	마다가스카르	꽃 색	●●●○●◎

한여름의 더위와 강한 햇살에 지지 않고 화단을 아름답게 수놓는다. 토질을 가리지 않고, 뿌리를 깊이 뻗는 곧은뿌리 식물이다. 옮겨심기를 싫어하므로 모종을 구입하면 포트 안에서 뿌리가 감기기 전에 빨리 심어야 한다. 줄기가 기듯이 자라는 빈카(Vinca)는 다른 속의 식물이다.

기본 재배방법

화분 위치 심는 장소	해가 잘 들고, 물이 잘 빠지며, 바람이 잘 통하는 장소가 좋다. 강한 햇살이나 석양빛이 화분 속 온도를 올리면 포기가 약해지므로 주의한다. 바람이 강하게 부는 곳을 피한다. 13℃ 이상에서 키우면 작은 키나무처럼 자란다.
씨뿌리기	모종판이나 비닐포트에 흩어서 뿌린다. 빛을 싫어하는 혐광성 씨앗이므로, 씨앗을 뿌린 뒤 흙을 2㎝ 정도 덮어준다. 본잎이 2~3장 나오면 아주심기를 한다.
심기 옮겨심기	포기 사이에 2포기가 더 들어갈 정도의 간격을 두고, 뿌리분의 표면이 보일 정도로 깊지 않게 심고, 과습을 피한다. 뿌리를 깊이 내리는 곧은뿌리이기 때문에 뿌리분을 흩트리지 않는다.
물주기	씨를 뿌리거나 모종을 심을 때는 물을 듬뿍 준다. 그런 다음 화분에 심은 경우에는 흙 표면이 마르면 물을 충분히 주고, 과습에 주의한다. 노지에 심은 경우에는 뿌리를 내릴 때까지는 물을 충분히 주고, 그 뒤에는 기본적으로 물을 줄 필요가 없다. 물은 오전 중에 준다. 건조와 과습에 약하므로 주의한다.
비료주기	씨를 뿌리거나 모종을 심고 2주가 지나면, 과립형 완효성 화성비료를 알맞게 준다. 또는 심을 때부터 액체비료를 2주에 1번 알맞게 준다. 농도가 진하면 뿌리가 상하므로 연하게 희석해서 준다.
시든 꽃 따기	자연스럽게 떨어지는 꽃잎을 그때그때 제거한다.
순지르기	본잎이 8장 정도 되면 끝부분의 싹을 딴다. 여름에 성장해서 모양이 흐트러지면, 줄기를 적당한 위치에서 잘라준다. 자주 잘라주면 꽃이 잘 핀다.
번식방법	씨앗이나 꺾꽂이로 번식시킨다. 꺾꽂이는 잘라낸 줄기를 3마디 길이로 정리해서 꽂는다. 뿌리가 나올 때까지 4~5주 정도 걸린다.

START	씨앗, 모종
일조조건	양지
발아 적정온도	20~25℃
생육 적정온도	20~30℃
재배적지	내한성: 약, 내서성: 중~강
용토	기본 배양토 60%, 코코피트 미립 35%, 펄라이트 5% (기본 배양토는 적옥토 소립 60%, 부엽토 40%)
비료	과립형 완효성 화성비료, 액체비료
식물의 높이	10~80㎝

재배력

	1	2	3	4	5	6	7	8	9	10	11	12
개화기												
씨뿌리기												
심기·옮겨심기												
비료주기					고온기 제외							

1 옮겨심기를 싫어하는 곧은뿌리이기 때문에, 뿌리가 상하지 않도록 뿌리가 감기기 전에 심는다.
2 짙은 자주색으로 중앙의 흰색이 악센트인 '잼 & 젤리' 품종.
3 하얗고 작은 꽃잎이 산뜻한 미니 일일초.

백일홍

과 · 속	국화과 백일홍속	분 류	꽃이 피는 풀, 한해살이풀
원산지	멕시코	꽃 색	●●●●○●●◎

100일 동안 꽃이 붉게 핀다고 해서 백일홍 또는 백일초라고 부른다. 다양한 색의 꽃이 피며, 한국에서는 1800년 이전부터 관상용으로 재배되었다. 키가 1m 정도 되는 일반 품종과, 30㎝ 정도로 옹기종기 자라는 작은 품종이 있다.

START	씨앗, 모종
일조조건	양지
발아 적정온도	20~25℃
생육 적정온도	20~30℃
재배적지	내한성: 약, 내서성: 중~강
용토	기본 배양토 60%, 코코피트 미립 35%, 펄라이트 5% (기본 배양토는 적옥토 소립 60%, 부엽토 40%)
비료	과립형 완효성 화성비료, 액체비료
식물의 높이	20~100㎝

재배력

	1	2	3	4	5	6	7	8	9	10	11	12
개화기				▓	▓	▓	▓	▓	▓	▓	▓	
씨뿌리기				▓	▓							
심기·옮겨심기					▓	▓						
비료주기					▓	▓	▓		▓	▓	▓	

기본 재배방법

화분 위치 심는 장소	해가 잘 들고, 물이 잘 빠지며, 바람이 잘 통하는 장소가 좋다. 햇빛이 잘 들지 않는 곳에서 재배하면 웃자라기 쉽고, 특히 키가 큰 절화용 품종은 지지대가 필요하다.
씨뿌리기	모종판이나 비닐포트에 흩어서 뿌린다. 씨앗은 빛을 좋아하는 호광성으로 발아를 위해 빛이 필요하기 때문에, 씨앗이 겨우 가려질 정도로 흙을 얇게 덮는다. 본잎이 3장 나오면 한 치수 큰 포트에 옮겨심는다.
심기 옮겨심기	본잎이 8~10장 정도 나오면 화분에 심거나 노지에 심는다.
물주기	씨를 뿌리거나 모종을 심을 때는 물을 듬뿍 준다. 그런 다음 화분에 심은 경우에는 흙 표면이 마르면 물을 충분히 주고, 과습에 주의한다. 노지에 심은 경우에는 뿌리를 내릴 때까지는 물을 충분히 주고, 그 뒤에는 기본적으로 물을 줄 필요가 없다.
비료주기	씨를 뿌리거나 모종을 심고 2주가 지나면, 과립형 완효성 화성비료를 알맞게 준다. 꽃이 피는 시기가 길기 때문에, 여름 이후에는 2달에 1번 정도 과립형 완효성 화성비료를 알맞게 준다.
시든 꽃 따기	꽃잎 가장자리가 시들기 시작하면 꽃을 딴다. 작은 품종은 순지르기 작업도 함께 한다.
순지르기	본잎이 10장 정도 나오면 끝부분의 싹을 딴다. 7월 하순에 과감하게 순지르기를 하는데, 아래쪽의 녹색잎은 되도록 남겨두고 줄기를 잘라서, 뜨거운 열기와 습기가 차는 것을 막아준다. 새로운 줄기와 잎이 나와서 꽃 수가 늘어난다.
번식방법	씨앗이나 꺾꽂이로 번식시킨다. 줄기를 2~3마디씩 잘라서 꺾꽂이를 한다.

좁은잎백일홍(핑크색 계열)

좁은잎백일홍(노란색 계열)

바비믹스

퀸라임브로치

해바라기

과 · 속	국화과 해바라기속	분 류	꽃이 피는 풀, 한해살이풀
원산지	북아메리카	꽃 색	●●●●○●○

한여름에 만발하는 밝은 노란색의 커다란 꽃에서 활기가 느껴진다. 높이 자라는 줄기를 단단히 지탱할 수 있도록 뿌리를 잘 키워야 한다. 뿌리를 깊이 뻗는 곧은뿌리이기 때문에 심거나 옮겨심을 때 뿌리를 풀지 말고 그대로 흙에 묻는다. 키가 작은 플랜터 재배용 품종도 있다.

기본 재배방법

화분 위치 심는 장소	해가 잘 들고, 물이 잘 빠지며, 바람이 잘 통하는 장소가 좋다. 키가 큰 품종은 지지대가 필요하다.
씨뿌리기	옮겨심는 것을 싫어하므로 화분이나 정원에 바로 심는다. 또는 깊은 포트에 심은 다음, 본잎이 3~4장이 되면 큰 화분이나 플랜터에 아주심기한다.
심기 옮겨심기	뿌리를 풀지 말고 그대로 심는다.
물주기	씨를 뿌리거나 모종을 심을 때는 물을 듬뿍 준다. 그런 다음 화분에 심은 경우에는 흙 표면이 마르면 물을 충분히 주고, 과습에 주의한다. 노지에 심은 경우에는 뿌리를 내릴 때까지는 물을 충분히 주고, 그 뒤에는 기본적으로 물을 줄 필요가 없다. 건조하면 잎 끝부분이 시들고 포기가 약해진다. 건조를 방지하려면 밑동에 짚이나 완숙 부엽토를 올려준다.
지지대 세우기	키가 큰 품종은 크는 정도에 따라 지지대를 세워서 줄기를 유인한다.
비료주기	씨를 뿌리거나 모종을 심고 2주가 지나면, 과립형 완효성 화성비료를 알맞게 준다. 또는 꽃이 필 때까지 2주에 1번 액체비료를 알맞게 준다.
시든 꽃 따기	꽃이 많이 피는 다화성인 경우, 꽃이 지면 꽃대 아랫부분을 자른다.
번식방법	씨앗으로 번식시킨다.

START	씨앗, 모종	일조조건	양지
발아 적정온도	20~25℃	생육 적정온도	20~30℃
재배적지	내한성: 약, 내서성: 강		
용토	기본 배양토 60%, 코코피트 미립 35%, 펄라이트 5% (기본 배양토는 적옥토 소립 60%, 부엽토 40%)		
비료	과립형 완효성 화성비료, 액체비료		
식물의 높이	30~400㎝		

재배력

	1	2	3	4	5	6	7	8	9	10	11	12
개화기							■	■	■			
씨뿌리기				■	■	■						
심기·옮겨심기					■							
비료주기					■	■						

1 곧은뿌리이므로 깊은 포트에 일정한 간격으로 점뿌리기를 한다. 흙을 덮어줘야 하는 혐광성 씨앗이다.
2 뿌리가 감기기 전에 모종을 옮겨심는다.
3 키에 맞게 지지대를 세운다. 노란색 꽃이 익숙하지만, 붉은색이나 갈색 꽃이 피는 품종도 있다.

아프리카봉선화

과 · 속	봉선화과 봉선화속	분 류	꽃이 피는 풀, 한해살이풀*
원산지	열대 아프리카	꽃 색	●●●○○

아프리카 원산의 관엽식물. 임파티엔스라고도 부르며, 초여름부터 가을까지 오랫동안 꽃을 즐길 수 있다. 그늘에서 자라기 때문에 직사광선이 닿지 않는 베란다나 그늘진 정원에서 재배하기에 적합하다. 꽃 수가 많은 홑꽃 품종과 볼륨감 있는 꽃이 많이 피는 겹꽃 품종이 있다.

* 품종이나 지역에 따라 여러해살이풀로도 분류한다.

기본 재배방법

화분 위치 심는 장소	그늘이나 반그늘을 좋아한다. 겨울을 날 때는 늦가을부터 봄까지 온실이나 실내에 둔다. 물이 닿으면 꽃이 오래 가지 못하므로 화분에 심는 것이 좋다.
씨뿌리기	모종판이나 비닐포트에 흩어서 뿌린다. 씨앗은 호광성으로 발아를 위해 빛이 필요하기 때문에, 씨앗이 겨우 가려질 정도로 흙을 얇게 덮는다. 본잎이 4~6장 나오면 아주심기한다.
심기 옮겨심기	화분에 심을 때는 플라스틱 화분이 좋다. 모종은 한 두 치수 큰 화분에 옮겨심는다.
물주기	씨를 뿌리거나 모종을 심을 때는 물을 듬뿍 준다. 그런 다음 화분에 심은 경우에는 흙 표면이 마르면 물을 충분히 주고, 과습에 주의한다. 노지에 심은 경우에는 뿌리를 내릴 때까지는 물을 충분히 주고, 그 뒤에는 기본적으로 물을 줄 필요가 없다. 꽃에 물이 닿지 않도록 주의하고, 건조하게 관리한다.
비료주기	씨를 뿌리거나 모종을 심고 2주가 지나면, 과립형 완효성 화성비료를 알맞게 준다. 비료가 부족하면 꽃 수가 줄고 꽃 색깔도 나빠지므로, 꽃이 핀 뒤에는 액체비료를 2주에 1번 알맞게 준다. 질소 성분이 많이 함유된 비료는 뿌리를 상하게 할 수 있다.
시든 꽃 따기	떨어진 꽃잎이 잎에 달라붙으면 잿빛곰팡이병의 원인이 되므로, 그때그때 딴다.
순지르기	모종을 심을 때 순지르기를 한다. 여름에 과감하게 1/3~1/2 정도 줄기를 잘라주면, 가을부터 다시 보기 좋게 꽃이 핀다.
번식방법	씨앗으로 번식시키는 방법 외에 꺾꽂이로 쉽게 번식시킬 수 있다. 잎이 붙어 있는 줄기를 2마디 정도 잘라서 꺾꽂이를 한다. 10일 정도 지나면 뿌리가 나오고, 20일 정도 지나면 화분에 심을 수 있다.

START	씨앗, 모종
일조조건	그늘, 반그늘
발아 적정온도	20~25℃
생육 적정온도	20~30℃
재배적지	내한성: 약, 내서성: 중
용토	기본 배양토 60%, 코코피트 미립 35%, 펄라이트 5% (기본 배양토는 적옥토 소립 60%, 부엽토 40%)
비료	과립형 완효성 화성비료, 액체비료
식물의 높이	20~60㎝

재배력

	1	2	3	4	5	6	7	8	9	10	11	12
개화기					■	■	■	■	■	■	■	
씨뿌리기				■	■							
심기·옮겨심기					■	■						
비료주기				■	■	■	■					

선명한 오렌지색의 홑꽃. 같은 속의 봉선화와 마찬가지로, 꽃 뒤쪽에 긴 꿀주머니가 있다.

장미처럼 피는 겹꽃 품종. 꽃은 작은 편이고 꽃잎이 겹쳐져 있다.

코스모스

과 · 속	국화과 코스모스속	분 류	꽃이 피는 풀, 한해살이풀
원산지	멕시코	꽃 색	●●●◐▨▨○◐◎

가을꽃의 대명사. 가냘픈 꽃이 바람에 하늘거리는 모습은 연약하고 섬세해 보이지만, 사실 해가 잘 들고 바람만 잘 통하면 저절로 떨어진 씨앗으로도 번식하는 키우기 쉬운 꽃이다. 독특한 색깔과 초콜릿향으로 사랑받는 초콜 릿 코스모스는 같은 속이지만 다른 종으로, 여러해살이풀로 분류된다.

	기본 재배방법
화분 위치 심는 장소	해가 잘 들고, 물이 잘 빠지며, 바람이 잘 통하는 장소가 좋다. 밝은 그늘에서는 웃자라서 잘 쓰러진다.
씨뿌리기	호광성 씨앗이기 때문에 씨앗이 겨우 가려질 정도로 흙을 얇게 덮는다. 화단에는 직접 씨앗을 뿌리는 것이 좋다. 씨를 뿌리는 시기에 따라 높이가 달라지는데, 7월 중하순에 뿌리면 30~50cm 정도로 낮게 자라 관리하기 편하다. 본잎이 3~4장 나오면 아주 심기를 한다.
심기 옮겨심기	뿌리가 감기기 전에 뿌리분을 흩트리지 않고 그대로 아주심기를 한다.
물주기	씨를 뿌리거나 모종을 심을 때는 물을 듬뿍 준다. 그런 다음 화분에 심은 경우에는 흙 표면이 마르면 물을 충분히 준다. 노지에 심은 경우에는 뿌리를 내릴 때까지는 물을 충분히 주고, 그 뒤에는 기본적으로 물을 줄 필요가 없다.
지지대 세우기	50cm 정도로 크게 자라면 지지대를 세워서 줄기를 유인한다.
비료주기	씨를 뿌리거나 모종을 심고 2주가 지나면, 과립형 완효성 화성비료를 알맞게 준다. 비료를 지나치게 많이 주면 포기가 웃자라서 쉽게 쓰러지므로 주의해야 한다.
시든 꽃 따기	시든 꽃은 가위로 잘라낸다.
순지르기	본잎이 8장 정도 나오면 끝부분의 싹을 딴다. 단, 7월 이후에는 순지르기를 하지 않는 것이 좋다. 순지르기를 반복하면 크게 자라지 않고 겨드랑이눈이 많아진다. 줄기가 지나치게 자라면 깊이순지르기로 바람이 잘 통하게 한다.
번식방법	씨앗으로 번식시킨다.

START	씨앗, 모종	일조조건	양지
발아 적정온도	20~25℃	생육 적정온도	20~30℃
재배적지	내한성: 약, 내서성: 중		
용토	기본 배양토 60%, 코코피트 미립 35%, 펄라이트 5% (기본 배양토는 적옥토 소립 60%, 부엽토 40%)		
비료	과립형 완효성 화성비료, 액체비료		
식물의 높이	50~250cm		

재배력

	1	2	3	4	5	6	7	8	9	10	11	12
개화기												
씨뿌리기												
심기 · 옮겨심기												
비료주기												

같은 장소에서 10월 하순에 촬영한 코스모스. 왼쪽 사진은 6월에 씨앗을 뿌린 것으로 지나치게 길게 자라 밑동쪽에서 한 번 쓰러졌다가 다시 위로 자란 것이 많다. 7월에 씨앗을 뿌리면 오른쪽 사진처럼 작게 자라서 잘 쓰러지지 않는다.

꽃양배추

과 · 속	배추과 배추속	분류	꽃이 피는 풀, 두해살이풀, 여러해살이풀
원산지	유럽 서부	꽃색	●○●●●○◎

꽃잎처럼 보이는 것은 모두 잎이다. 양배추와 유사한 품종으로, 관상용으로 일본에서 개량되었다. 가장자리에 오글오글 잔주름이 있는 주름잎 계열, 잎이 여러 갈래로 갈라진 갈래잎 계열 등, 잎 모양과 색이 다양하다. 모아심기에 활용하기 좋은 작은 종류가 많으며, 봄이면 유채꽃을 닮은 꽃을 피운다.

기본 재배방법

화분 위치 심는 장소	해가 잘 들고, 물이 잘 빠지며, 바람이 잘 통하는 장소가 좋다. 햇살과 추위에 의해 잎색이 뚜렷해진다. 더위에는 강하지만 강한 바람이나 된서리는 피하는 것이 좋다.
씨뿌리기	모종판이나 비닐포트에 심는다. 본잎이 3장이 되면 9㎝ 비닐포트에 옮겨심는다.
심기 옮겨심기	줄기가 두껍고 잎 수가 많은 모종을 고른다. 여러 포기를 심을 때는 포기끼리 잎이 닿지 않도록 소형 품종은 20㎝, 대형 품종은 30~40㎝ 정도 간격을 두고 심는다.
물주기	씨를 뿌리거나 모종을 심을 때는 물을 듬뿍 준다. 그런 다음 화분에 심은 경우에는 흙 표면이 마르면 물을 충분히 주고, 과습에 주의한다. 노지에 심은 경우에는 뿌리를 내릴 때까지는 물을 충분히 주고, 그 뒤에는 기본적으로 물을 줄 필요가 없다. 뿌리를 내리고 잘 적응하면 살짝 건조한 상태로 관리한다.
비료주기	씨를 뿌리거나 모종을 심고 2주가 지나면, 과립형 완효성 화성비료를 알맞게 준다. 덧거름을 줄 필요는 없다.
시든 꽃 따기	꽃이 지나치게 많이 피면 꽃대를 잘라준다. 잘라낸 꽃대 아래쪽에서 새싹이 돋아서, 늦가을에 다시 보기 좋게 물든다.
번식방법	씨앗 또는 꺾꽂이로 번식시킨다. 꺾꽂이에 적합한 시기는 5월 중하순 ~ 6월 하순 무렵. 새싹이 돋은 줄기를 잘라서 꽂는다.

START	씨앗, 모종
일조조건	양지
발아 적정온도	20~25℃
생육 적정온도	10~25℃
재배적지	내한성: 강, 내서성: 중~약
용토	기본 배양토 60%, 코코피트 미립 35%, 펄라이트 5% (기본 배양토는 적옥토 소립 60%, 부엽토 40%)
비료	과립형 완효성 화성비료, 액체비료
식물의 높이	10~80㎝

재배력

	1	2	3	4	5	6	7	8	9	10	11	12
개화기			▓	▓								
씨뿌리기							▓	▓				
심기·옮겨심기										▓	▓	▓
비료주기	▓						▓	▓			▓	

1 3월 화단의 모습. 꽃대가 길게 자라 화려해 보인다. 조금 있으면 노란색 꽃이 핀다.
2 '미쓰코 폴라리스' 품종. 무늬가 있는 잎에 윤기가 나는, 개성적인 갈래잎 꽃양배추.
3 윤기가 없고 검정색에 가까운 색조가 독특한 '블랙 사파이어'.

이베리스

과 · 속	배추과 서양말냉이속	분 류	꽃이 피는 풀, 여러해살이풀, 한해살이풀
원산지	그리스, 서남아시아	꽃 색	●○●◎

달콤한 향기와 둥글게 모여서 피는 꽃이 사랑스럽다. 여러해살이풀과 한해살이풀이 있으며, 다양한 품종이 유통되고 있다. 사진은 지면을 따라 옆으로 자라는 이베리스 셈페르비렌스. 지피식물로 심어도 좋고, 모아심기에 활용하거나 행잉 바스켓에 심어도 보기 좋다.

기본 재배방법

화분 위치 심는 장소	해가 잘 들고, 물이 잘 빠지며, 바람이 잘 통하는 장소가 좋다. 강한 햇빛이나 석양빛으로 화분 속 온도가 올라가면 포기가 약해지므로 주의한다. 고온다습한 환경을 싫어한다.
씨뿌리기	직접 땅에 심거나 포트에 심는다. 여러해살이풀은 봄, 한해살이풀은 가을에 심는다. 호광성 씨앗이기 때문에 씨앗을 심을 때 흙을 덮지 않는다. 본잎이 3~4장 정도 나오면 아주심기를 한다.
심기 옮겨심기	뿌리를 깊이 내리는 곧은뿌리로 옮겨심기를 싫어하므로, 뿌리가 감기기 전에 아주심기를 한다.
물주기	씨를 뿌리거나 모종을 심을 때는 물을 듬뿍 준다. 그런 다음 화분에 심은 경우에는 흙 표면이 마르면 물을 충분히 주고, 과습에 주의한다. 노지에 심은 경우에는 뿌리를 내릴 때까지는 물을 충분히 주고, 그 뒤에는 기본적으로 물을 줄 필요가 없다. 특히 겨울철에는 살짝 건조하게 관리한다.
비료주기	씨를 뿌리거나 모종을 심고 2주가 지나면, 과립형 완효성 화성비료를 표준량보다 조금 적게 준다.
시든 꽃 따기	꽃이 시들면 꽃이 달린 부분 바로 밑에서 잘라낸다.
여름나기 겨울나기	고온다습한 환경에 약하므로, 여름에는 적당히 해가 드는 갈잎나무 밑 등과 같이 서늘한 곳에 둔다. 이베리스 움벨라타를 한랭지에서 재배할 때는 추위를 막아줘야 한다. 이베리스 셈페르비렌스는 내한성이 강해 한랭지에서 겨울을 날 수 있다.
깊이 순지르기	여러해살이풀은 꽃이 지면 깊이순지르기를 한다.
번식방법	여러해살이풀은 씨앗, 포기나누기, 꺾꽂이, 한해살이풀은 씨앗으로 번식시킨다. 포기나누기는 9월 하순 이후, 꺾꽂이는 5월, 10월이 좋다.

START	씨앗, 모종	일조조건	양지
발아 적정온도	15~25℃	생육 적정온도	10~25℃
재배적지	내한성: 강, 내서성: 중		
용토	기본 배양토 60%, 코코피트 미립 35%, 펄라이트 5% (기본 배양토는 적옥토 소립 60%, 부엽토 40%)		
비료	과립형 완효성 화성비료, 액체비료		
식물의 높이	20~30㎝		

재배력

	1	2	3	4	5	6	7	8	9	10	11	12
개화기												
씨뿌리기												
심기·옮겨심기												
비료주기												

이베리스 셈페르비렌스는 화단 가장자리에 심거나, 건조한 환경을 좋아하기 때문에 바위로 꾸민 암석정원에 심으면 좋다.

이베리스 움벨라타는 한해살이풀로 높이는 약 60㎝다. 핑크색, 하얀색, 붉은색, 보라색 꽃이 있다. 절화로도 이용된다.

프리뮬러

과 · 속	앵초과 앵초속	분 류	꽃이 피는 풀, 여러해살이풀*
원산지	유럽	꽃 색	●●●◍○●●◎

팬지·비올라와 비교될 만큼 컬러풀한 색을 자랑하며, 비교적 키우기 쉬워서 화분으로 키우는 모습을 흔히 볼 수 있다. 꽃모양도 다채로우며, 여름과 겨울을 잘 넘기면 다음해에도 꽃을 즐길 수 있다. 다양한 품종이 있는데, 아래 사진은 폴리안사 품종.   *품종이나 지역에 따라 한해살이풀로도 분류한다.

기본 재배방법

화분 위치 심는 장소	여름 외에는 해가 잘 드는 곳을 좋아한다. 물이 잘 빠지고 바람이 잘 통하는 장소가 좋다. 강한 햇살이나 석양빛으로 화분 속 온도가 높아지면 포기가 약해지므로 주의한다. 꽃이 핀 뒤에는 갈잎나무 밑 등에 두고, 건조하지 않게 관리한다. 특히 온난한 지역에서는 여름나기가 어렵다. 추위에 강하지만 꽃이나 꽃봉오리가 상하지 않게 찬바람은 피한다.
씨뿌리기	모종판이나 비닐포트에 심는다. 호광성 씨앗으로 발아에는 빛이 필요하기 때문에 씨앗을 심을 때는 흙을 덮지 않는 편이 좋다. 싹이 틀 때까지 하루에 1번 물을 주고, 반그늘에서 관리한다. 본잎이 4장 나오면 아주심기를 한다.
심기 옮겨심기	화분에 심은 경우 화분 바닥으로 뿌리가 나오면 한 치수 큰 화분에 옮겨심는다. 노지에 심을 때는 15~20㎝ 간격으로 심는다.
물주기	씨를 뿌리거나 모종을 심을 때는 물을 듬뿍 준다. 그런 다음 화분에 심은 경우에는 흙 표면이 마르면 물을 충분히 주고, 과습에 주의한다. 노지에 심은 경우에는 뿌리를 내릴 때까지는 물을 충분히 주고, 그 뒤에는 기본적으로 물을 줄 필요가 없다. 겨울철에는 살짝 건조하게 관리한다.
비료주기	씨를 뿌리거나 모종을 심고 2주가 지나면, 과립형 완효성 화성비료를 알맞게 준다. 화분에 심은 경우에는 덧거름으로 액체비료를 표준량보다 조금 적게 1주일에 1번 준다. 노지에 심은 경우 더위가 심할 때는 비료를 주지 않고, 9~10월에 다시 준다.
시든꽃 따기	꽃이 시들면 꽃대 밑동에서 잘라낸다.
번식방법	씨앗, 포기나누기로 번식시킨다. 포기나누기는 3월 중순~4월 상순에 하는 것이 좋다. 밑동을 잡고 손으로 나눈다. 너무 작게 나누지 않는다.

START	씨앗, 모종
일조조건	양지
발아 적정온도	15~20℃
생육 적정온도	10~25℃
재배적지	내한성: 강, 내서성: 중~약
용토	기본 배양토 60%, 코코피트 미립 35%, 펄라이트 5% (기본 배양토는 적옥토 소립 60%, 부엽토 40%)
비료	과립형 완효성 화성비료, 액체비료
식물의 높이	10~40㎝

재배력

	1	2	3	4	5	6	7	8	9	10	11	12
개화기	■	■	■	■							■	■
씨뿌리기					■	■						
심기·옮겨심기									■	■		
비료주기					■	■				■		

1 꽃이 시든 뒤 밑동을 가로로 자르면, 새로운 꽃봉오리가 잘 올라온다.
2 씨앗을 받으려면 시든 꽃을 따지 말고 그대로 키운다.
3 내한성이 강해서 늦가을부터 이른 봄에 화단을 아름답게 물들인다. 꽃잎이 둥글게 말리며 화려한 장미처럼 피는 종류.

작약

과 · 속	작약과 작약속	분 류	꽃이 피는 풀, 여러해살이풀
원산지	중국 동북부 ~ 유라시아대륙 동북부	꽃 색	●●●●◐○●◎

미인을 상징하는 꽃으로도 잘 알려진 단아한 모습의 작약. 꽃이 크고 탐스러워서 함박꽃이라고 부르기도 한다. 예로부터 관상용 및 약용으로 재배되어 왔는데, 유럽에서 개량된 품종과 교배시킨 것을 포함하여 다양한 품종이 유통되고 있다. 모란과 교배시킨 노란색 품종도 있다.

START	모종
일조조건	양지, 반그늘
생육 적정온도	15 ~ 25℃
재배적지	내한성: 강, 내서성: 중
용토	기본 배양토 60%, 코코피트 미립 35%, 펄라이트 5% (기본 배양토는 적옥토 소립 60%, 부엽토 40%)
비료	과립형 완효성 화성비료, 액체비료
식물의 높이	60 ~ 120㎝

재배력

	1	2	3	4	5	6	7	8	9	10	11	12
개화기												
심기·옮겨심기												
비료주기												

기본 재배방법

화분 위치 심는 장소	해가 잘 드는 장소 또는 반그늘의 건조하지 않은 장소가 좋다. 반그늘에서는 꽃 수가 조금 적어지는 경향이 있다.
심기 옮겨심기	모종은 뿌리를 잘 내리고 잎이 무성해지도록 8호 이상의 화분에 심는다. 그런 다음 2~3년마다 옮겨심는다. 노지에 심은 경우 5~10년 동안 옮기지 않고 키운다.
물주기	씨를 뿌리거나 모종을 심을 때는 물을 듬뿍 준다. 그런 다음 화분에 심은 경우에는 흙 표면이 마르면 물을 충분히 주고, 과습에 주의한다. 노지에 심은 경우에는 뿌리를 내릴 때까지는 물을 충분히 주고, 그 뒤에는 기본적으로 물을 줄 필요가 없다.
지지대 세우기	크게 자라는 대륜 품종은 비나 바람에 쓰러지지 않도록 지지대를 세워준다.
비료주기	씨를 뿌리거나 모종을 심고 2주가 지나면, 과립형 완효성 화성비료를 알맞게 준다.
덮기(피복)	뿌리를 보호하기 위해 밑동을 볏짚 등으로 멀칭하면 잘 자란다. 겨울에는 흙을 북돋아 준다
꽃봉오리 따기	1송이를 충실하게 키우기 위해, 맨 위에 있는 꽃만 남기고 옆에 있는 봉오리는 제거한다.
시든 꽃 따기	시든 꽃은 꽃대 부분을 잘라낸다.
번식방법	포기나누기로 번식시킨다. 9월이 적당하다.

사라 베르나르

벙커힐

루즈벨트

꽃봉오리가 보이기 시작한 화분. 잎이 무성한 포기로 자란다.

유포르비아

과 · 속	대극과 대극속	분 류	작은키나무, 여러해살이풀*, 꽃이 피는 풀
원산지	지중해 연안 지방	꽃 색	●●●●○●●

작은키나무부터 다육식물까지 2,000종 이상의 품종이 있는 대극속 식물을 유포르비아라고 부른다. 정원의 포인트 식물로 활용하기 좋고, 색이나 자태를 오랫동안 즐길 수 있는 종류가 많다. 아래 사진의 품종은 블랙 버드. 모든 품종이 건조에 강하기 때문에 키우기 쉽다.

* 품종이나 지역에 따라 한해살이풀로도 분류한다.

기본 재배방법

화분 위치 심는 장소	해가 잘 들고, 물이 잘 빠지며, 바람이 잘 통하는 장소가 좋다. 강한 햇빛이나 건조에 강하지만, 고온다습에 약한 것이 많다. 종류에 따라서는 방한이 필요하고, 한해살이풀로 분류되는 것도 있다.
심기 옮겨심기	모종은 중화시킨 용토에 심는다. 과습을 싫어하기 때문에 얕게 심고, 밑동을 바크칩 등으로 덮어준다. 화분에 심는 경우 화분 바닥으로 뿌리가 나오기 시작하면, 한 치수 큰 화분에 옮겨심는다. 기준은 2~3년.
물주기	씨를 뿌리거나 모종을 심을 때는 물을 듬뿍 준다. 그런 다음 화분에 심은 경우에는 흙 표면이 마르면 물을 충분히 주고, 과습에 주의한다. 노지에 심은 경우에는 뿌리를 내릴 때까지는 물을 충분히 주고, 그 뒤에는 기본적으로 물을 줄 필요가 없다. 성장기인 봄에는 많이 주고, 여름에는 살짝 건조하게 키운다.
비료주기	씨를 뿌리거나 모종을 심고 2주가 지나면, 과립형 완효성 화성비료를 알맞게 준다. 고온기에는 비료를 되도록 주지 않는다.
순지르기	꽃이 시든 줄기는 밑동에서 잘라내고, 땅 가까이에서 새로 나오는 어린 싹을 키운다.
번식방법	꺾꽂이로 번식시킨다. 꺾꽂이는 끝눈을 이용하며, 씨앗이나 포기나누기로 번식시키는 것도 있다.

START	씨앗, 모종
일조조건	양지, 반그늘
발아 적정온도	15~20℃
생육 적정온도	10~25℃
재배적지	내한성: 중~강, 내서성: 중
용토	기본 배양토 50%, 코코피트 미립 40%, 펄라이트 10% (기본 배양토는 적옥토 소립 60%, 부엽토 40%)
비료	과립형 완효성 화성비료, 액체비료
식물의 높이	10~100cm

재배력

	1	2	3	4	5	6	7	8	9	10	11	12
개화기				■	■	■	■					
씨뿌리기									■	■		
심기·옮겨심기			■							■		
비료주기			■	■						■	■	

1 유포르비아 마르티니 등.
2 생육 적정온도가 5℃ 이상인 '다이아몬드 스노', 따뜻한 지역에서는 겨울을 나기도 한다.

클레마티스

과 · 속	미나리아재비과 클레마티스속	분 류	꽃나무, 여러해살이풀, 덩굴성
원산지	주로 북반구와 뉴질랜드	꽃 색	●●○○●●●◎

펜스나 벽면으로 유인해서 키우는 덩굴성 식물. 공간을 차지하지 않고 많은 꽃을 피운다. 사랑스러운 꽃이 장미와 잘 어울려서 로즈 가든의 훌륭한 조연 역할을 하기도 한다. 가지치기를 해주면 1년에 2~3번 정도 꽃을 피운다.

기본 재배방법

화분 위치 심는 장소	해가 잘 들고, 물이 잘 빠지며, 바람이 잘 통하는 장소가 좋다. 건조에 약하다. 노지에 심는 경우 옮겨심는 것을 싫어하므로, 장소 선정에 주의한다.
심기 옮겨심기	더위나 추위가 심한 기간을 피해서, 이른 봄에 심는 것이 좋다. 퇴비나 유기질 비료를 섞어준 뒤 심는다. 밑동을 부엽토로 멀칭한다.
물주기	묘목을 심을 때는 물을 듬뿍 준다. 그런 다음 화분에 심은 경우에는 흙 표면이 마르면 물을 충분히 주고, 과습에 주의한다. 노지에 심은 경우에는 뿌리를 내릴 때까지는 물을 충분히 주고, 그 뒤에는 기본적으로 물을 줄 필요가 없다. 화분에 심은 경우 물이 마르지 않도록 주의한다.
지지대 세우기	화분에 심는 경우 심을 때 지지대를 세운다. 노지에 심는 경우 성장하면 트렐리스 등으로 유인한다.
비료주기	묘목을 심고 2주가 지나면, 과립형 완효성 화성비료를 알맞게 준다.
시든 꽃 따기	꽃이 지면 꽃이 달린 바로 밑에서 잘라낸다.
가지치기	새가지에서 꽃 피는 종류는 꽃이 지면 가능한 한 빨리 밑동부터 2~3마디 정도 위에서 자름 가지치기를 한다. 겨울에는 땅 위쪽의 시든 가지와 잎을 대부분 잘라낸다(강전정). 묵은 가지에서 꽃이 피는 종류는 꽃이 지면 꽃이 달린 부분에서 1마디 정도 아래까지 잘라낸다. 겨울에는 가느다란 가지 끝 부분을 조금 잘라낸다(약전정). 겨울 가지치기는 2~3월에 한다. 새가지와 묵은 가지 모두에서 꽃이 피는 종류는, 꽃이 지면 새가지에 꽃이 피는 종류와 같은 방법으로 가지치기한다. 겨울에는 강전정과 약전정을 섞어서 진행한다.
번식방법	꺾꽂이로 번식시킨다. 싸앗으로 번식시키면 시간이 오래 걸리고 발아 불량도 많아서 적합하지 않다.

START	묘목
일조조건	양지
생육 적정온도	20~30℃
재배적지	내한성: 강, 내서성: 중
용토	기본 배양토 60%, 코코피트 미립 35%, 펄라이트 5% (기본 배양토는 적옥토 소립 60%, 부엽토 40%)
비료	과립형 완효성 화성비료, 액체비료
식물의 높이	50 ~ 800cm

재배력

	1	2	3	4	5	6	7	8	9	10	11	12
개화기												
심기·옮겨심기												
비료주기												

1 새가지에 꽃 피는 경우
가지치기

2 묵은 가지에 꽃 피는 경우
가지치기   가지치기

3 새가지와 묵은 가지 모두 꽃이 피는 경우
가지치기   가지치기

1 새가지에 꽃이 피는 종류는 꽃이 진 뒤 밑동부터 2~3마디 위에서 가지치기. 겨울에는 강전정.
2 묵은 가지에 꽃이 피는 종류는 꽃이 진 뒤 꽃이 달린 부분에서 1마디 아래까지 가지치기.
3 모두 꽃이 피는 종류는 꽃이 진 뒤 1과 같은 방법으로 가지치기. 겨울에는 강전정과 약전정을 조합.

재배 포인트

| 새잎

트렐리스로 유인한 클레마티스. 묵은 가지에서 새잎이 많이 나왔다.

| 시든 꽃 자르기

꽃이 시들면 꽃잎은 떨어지고 씨앗이 맺히는 부분이 남는다. 씨앗이 맺히면 포기가 약해지므로 관상용이 아닌 경우 빨리 잘라낸다.

| 꽃이 진 뒤 가지치기

새가지에 꽃이 피는 종류, 묵은 가지에 꽃이 피는 종류, 새가지와 묵은 가지 모두에 꽃이 피는 종류가 있으며, 각각 가지치기하는 위치가 다르다. 묵은 가지에서 꽃이 피는 종류는 꽃이 달린 부분에서 1마디 정도 아래까지 자른다.

| 잎이 휘감긴다

덩굴성 식물은 덩굴손이나 휘감는 줄기가 있는데, 클레마티스는 잎을 휘감아 가지를 뻗는다. 그대로 두면 자연스럽게 주위의 잎과 줄기에 휘감긴다.

| 새잎이 나온 뒤 유인

덩굴이 자라면 잎이 휘감을 때까지 비닐 타이 등으로 묶는다. 성장하는 도중이기 때문에 세게 묶지 말고 느슨하게 묶는다. 새잎이 나오는 시기에는 아직 줄기가 연약하므로, 꽃눈이 달린 줄기가 단단해질 무렵 유인하는 것이 좋다.

| 덩굴 다시 감기

덩굴을 다시 감기 전에 물을 적게 주면, 쉽게 풀어서 다시 감을 수 있다.

1 빽빽해진 화분. 지지대의 가지를 모두 풀어준다. 꺾인 줄기는 테이프로 감는다.

2 한 치수 큰 화분에 새 용토를 넣고 옮겨심은 뒤 지지대를 세운다.

3 균형을 맞춰서 지지대로 유인하고, 줄기를 비닐 타이로 묶는다.

4 한 치수 큰 화분과 지지대로 옮겨심어서, 바람이 잘 통한다.

클레마티스의 꽃과 씨앗

서니사이드

이안티나

어번던스

시시마루

알바 플레나

필루

폴로네즈

푸르푸레아 플레나 엘레강스

캐롤라인

텍사

베노사 비올라세아

블랙 프린스

하나지마

프리티 핀휠

체리 립

솔리다르노시치

클레마티스 키로사

후지카호리

묘후쿠

미스 도쿄

루드베키아

과 · 속	국화과 루드베키아속	분 류	꽃이 피는 풀, 여러해살이풀*
원산지	북아메리카	꽃 색	🔴🟠🟡🔴◎

한여름 폭염 속에서도 튼튼한 꽃을 피운다. 해바라기를 축소한 것 같은 오렌지색과 노란색의 꽃이, 여름부터 가을에 걸쳐 기세 좋게 무리 지어 핀다. 꽃이 시든 뒤에도 꽃을 따지 않으면, 중심 부분은 계속 남아 있어서 감상할 수 있다. *품종이나 지역에 따라 한해살이풀로도 분류한다.

기본 재배방법

화분 위치 심는 장소	해가 잘 들고, 물이 잘 빠지며, 바람이 잘 통하는 장소 좋다. 크게 자란 뒤에는 옮겨심기 힘들기 때문에 장소를 잘 선택해서 심는다. 여러해살이풀의 경우 겨울에 찬바람이 닿지 않는 장소를 선택한다.
씨뿌리기	모종판에 흩어서 뿌리거나 비닐포트에 일정한 간격으로 점뿌리기한다. 호광성이기 때문에 씨앗을 심을 때 흙을 덮지 않는 것이 좋다. 본잎이 3~4장 나오면 아주심기를 한다.
심기 옮겨심기	노지에 심을 때는 퇴비나 부엽토를 섞은 뒤 심는다. 화분에 심을 때는 1년에 1번 정도 옮겨심는다.
물주기	고온기의 과습에 주의하고, 겨울에는 살짝 건조한 상태로 관리한다. 노지에 심으면 심을 때 외에는 대부분 물을 줄 필요가 없다.
비료주기	씨를 뿌리거나 모종을 심고 2주가 지나면, 과립형 완효성 화성비료를 알맞게 준다. 노지에 심으면 심을 때 외에는 대부분 비료를 줄 필요가 없다.
시든 꽃 따기	꽃이 지면 꽃대 밑에서 잘라낸다.
순지르기	꽃이 피고 모양이 흐트러지면 길이의 반 정도를 기준으로, 전체를 잘라낸다. 적당한 시기는 8월경.
번식방법	포기나누기로 번식시킨다. 지나치게 작게 자르지 말고, 뿌리가 제대로 붙어 있게 잘라서 나눈다. 적당한 시기는 3월 중순~4월 하순.

START	씨앗, 모종	일조조건	양지
발아 적정온도	20~25℃	생육 적정온도	20~30℃
재배적지	내한성: 중, 내서성: 강		
용토	기본 배양토 60%, 코코피트 미립 35%, 펄라이트 5% (기본 배양토는 적옥토 소립 60%, 부엽토 40%)		
비료	과립형 완효성 화성비료, 액체비료		
식물의 높이	40~150cm		

재배력

	1	2	3	4	5	6	7	8	9	10	11	12
개화기							■	■	■			
씨뿌리기			■							■		
심기·옮겨심기			■	■								
비료주기				■	■					■		

1 루드베키아 풀기다.
2 루드베키아 헨리 아일러스. 높이는 120~150cm. 절화로 유통되기도 한다.
3 루드베키아 트릴로바. 애기루드베키아라고도 부른다.

샐비어

과 · 속	꿀풀과 샐비어속	분 류	꽃이 피는 풀, 여러해살이풀(작은키나무)
원산지	중앙아메리카, 지중해 연안 등	꽃 색	●●●●◐○●●●○

샐비어 또는 세이지라고 불리는 식물은 전 세계에 900종 정도가 있다. 대부분은 관상용이지만, 살균이나 강장 작용이 있는 허브로 사용되는 약용 세이지도 있다. 초여름부터 가을까지 꽃이 펴서, 빛이 바래기 시작하는 가을 풍경을 작은 보랏빛 꽃과 붉은빛 꽃으로 수놓는다.

기본 재배방법

화분 위치 심는 장소	해가 잘 들고, 물이 잘 빠지며, 바람이 잘 통하는 장소가 좋다. 건조하지 않은 곳을 선택한다.
씨뿌리기	모종판에 흩어서 뿌리거나 비닐포트에 심는다. 호광성 씨앗으로 싹이 트려면 빛이 필요하기 때문에, 씨앗을 심을 때 흙을 덮지 않는 편이 좋다. 본잎이 3~4장 나오면 아주심기를 한다.
심기 옮겨심기	모종은 중화시킨 용토에 퇴비나 부엽토를 섞은 뒤 심는다. 노지에 심을 때 물이 잘 빠지지 않으면 강모래를 섞는다.
물주기	씨를 뿌리거나 모종을 심을 때는 물을 듬뿍 준다. 그런 다음 화분에 심은 경우에는 흙 표면이 마르면 물을 충분히 주고, 과습에 주의한다. 노지에 심은 경우에는 뿌리를 내릴 때까지는 물을 충분히 주고, 그 뒤에는 기본적으로 물을 줄 필요가 없다.
비료주기	씨를 뿌리거나 모종을 심고 2주가 지나면, 과립형 완효성 화성비료를 알맞게 준다. 그런 다음 개화기가 긴 종류는 1달에 1번 과립형 완효성 화성비료를 준다.
순지르기	아주심기를 한 뒤 줄기가 자라면 끝부분을 자른다. 잎이 우거져서 무성해지면 줄기를 잘라낸다.
시든 꽃 따기	꽃이 지면 꽃이삭째 잘라낸다.
겨울나기	내한성이 약한 것은 꺾꽂이로 모종을 만들어 실내에서 겨울을 난다. 반내한성은 밑동에 부직포를 덮고, 그 위에 부엽토를 멀칭하여 추위로부터 보호한다.
번식방법	씨앗, 포기나누기, 꺾꽂이로 번식시킨다.

START	씨앗, 모종	일조조건	양지
발아 적정온도	20~25℃	생육 적정온도	20~30℃

재배적지	내한성: 약~강, 내서성: 약~강 *계통에 따라 다르다.
용토	기본 배양토 60%, 코코피트 미립 35%, 펄라이트 5% (기본 배양토는 적옥토 소립 60%, 부엽토 40%)
비료	과립형 완효성 화성비료, 액체비료
식물의 높이	20~250cm

재배력

	1	2	3	4	5	6	7	8	9	10	11	12
개화기												
씨뿌리기												
심기·옮겨심기												
비료주기												

1 꽃이 진 뒤 시들어버린 체리세이지(어텀세이지).
2 꽃이삭을 딴 뒤, 과감하게 포기의 1/3 정도를 잘라낸다.
3 자른 뒤 액체비료를 적당히 주면, 겨드랑눈에 힘이 생겨서 가을에 다시 꽃을 피운다.

재배 포인트

| 꺾꽂이

샐비어는 발아율이 그다지 좋지 않기 때문에, 키가 큰 종류를 번식시키려면 꺾꽂이를 추천한다. 꺾꽂이하고 2~3주가 지나면 뿌리가 나온다.

| 옮겨심기

꺾꽂이모가 뿌리를 내리면, 뿌리가 상하지 않도록 주의해서 1포기씩 비닐포트에 옮겨 심는다.

| 겨울나기

반내한성 샐비어는 겨울을 나기 위해 밑동을 비닐로 덮어준다. 그리고 그 위에 부엽토를 덮어주면, 보온 효과가 높아져 겨울을 날 수 있다.

샐비어 품종

샐비어 코키네아

샐비어 마드렌시스

체리세이지(어텀세이지)

멕시칸세이지

핫립세이지

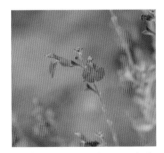

샐비어 미크로필라 '핑크 블러시'

파인애플세이지 '골든 딜리셔스'

샐비어 네모로사 '애미시스트'

샐비어 스플렌덴스 '토치라이트'

샐비어 인볼루크라타

샐비어 베르크가르텐

샐비어 프라텐시스
'트와일라이트 세레나데'

패랭이꽃

과 · 속	석죽과 패랭이꽃속	분 류	꽃이 피는 풀, 여러해살이풀
원산지	유럽, 북아메리카, 아시아, 남아프리카	꽃 색	●●●○○●●●●○

패랭이꽃 종류는 전 세계에 300종 정도로, 다양한 품종이 유통되고 있다. 가녀린 꽃모양이 특징으로, 한국에는 꽃잎 끝이 깊게 갈라진 술패랭이꽃 등이 자생하고 있다. 늘푸른식물로 사계절 꽃이 피는 품종이 많아서, 품종이나 장소에 따라서는 1년 내내 꽃을 볼 수 있다.

기본 재배방법

화분 위치 심는 장소	해가 잘 들고, 물이 잘 빠지며, 바람이 잘 통하는 장소가 좋다. 고온다습한 환경을 싫어한다.
씨뿌리기	모종판에 흩어서 뿌리거나 비닐포트에 뿌린다. 호광성 씨앗으로 싹이 트려면 빛이 필요하기 때문에, 씨앗을 심을 때 흙을 덮지 않는 것이 좋다. 본잎이 2~3장 나오면 아주심기를 한다.
심기 옮겨심기	화분이나 노지 모두, 용토에 소량의 고토석회를 섞은 뒤 심는다. 화분에 심으면 뿌리가 가득차는 경우가 많기 때문에, 해마다 뿌리를 풀어서 새로운 용토에 옮겨심는다.
물주기	씨를 뿌리거나 모종을 심을 때는 물을 듬뿍 준다. 그런 다음 화분에 심은 경우에는 흙 표면이 마르면 물을 충분히 주고, 과습에 주의한다. 노지에 심은 경우에는 뿌리를 내릴 때까지는 물을 충분히 주고, 그 뒤에는 기본적으로 물을 줄 필요가 없다. 잎이 가는 종류는 물이 부족하지 않도록 주의한다. 겨울철에는 살짝 건조한 상태로 관리한다.
비료주기	씨를 뿌리거나 모종을 심고 2주가 지나면, 과립형 완효성 화성비료를 알맞게 준다. 그런 다음 이른 봄과 가을에 과립형 완효성 화성비료를 준다. 고온기에는 되도록 비료를 주지 않는다.
시든 꽃 따기	씨앗을 채취하지 않는 경우에는 꽃이 시들면 바로 잘라낸다.
순지르기	꽃이 시든 줄기를 포기 밑동 근처에서 잘라낸다.
번식방법	포기나누기, 꺾꽂이로 번식시킨다. 꺾꽂이는 1~2마디 정도 잘라서 꽂는다. 4주 정도 지나면 뿌리가 나온다. 4~6월에 하는 것이 좋다.

START	씨앗, 모종	일조조건	양지
발아 적정온도	15~20℃	생육 적정온도	15~25℃
재배적지	내한성: 강, 내서성: 중~강		
용토	기본 배양토 60%, 코코피트 미립 35%, 펄라이트 5% (기본 배양토는 적옥토 소립 60%, 부엽토 40%)		
비료	과립형 완효성 화성비료, 액체비료		
식물의 높이	10~80cm		

재배력

	1	2	3	4	5	6	7	8	9	10	11	12
개화기												
씨뿌리기												
심기·옮겨심기												
비료주기												

1 장마와 여름을 대비해 순지르기를 한다. 키가 큰 종류는 꽃이 질 때마다 1줄기씩 밑동에서 잘라낸다. 키가 작은 종류는 전체적으로 꽃이 지면 포기를 1/2 높이로 잘라낸다.
2 수염패랭이꽃 '블랙아더'.
3 술패랭이꽃 '미티어핑크'.

베고니아

과 · 속	베고니아과 베고니아속	분 류	꽃이 피는 풀, 여러해살이풀*
원산지	열대, 아열대(호주 제외)	꽃 색	●●●●◌○◎

늘푸른 식물로 좌우비대칭의 잎모양이 특징이다. 또한, 하나의 포기에 수꽃(겹꽃)과 암꽃(홀꽃)이 같이 핀다. 종류가 매우 풍부하고 종류에 따라 키우는 방법도 다르다. 아래 사진은 흔히 볼 수 있는 꽃베고니아. 봄부터 늦가을까지 꽃이 피고 따뜻한 지역에서는 겨울나기도 가능하다.

* 품종이나 지역에 따라 한해살이풀로도 분류한다.

START	씨앗, 모종
일조조건	양지, 반그늘
발아 적정온도	20~25℃
생육 적정온도	20~30℃
재배적지	내한성: 약, 내서성: 중 * 계통에 따라 다르다.
용토	기본 배양토 60%, 코코피트 미립 35%, 펄라이트 5% (기본 배양토는 적옥토 소립 60%, 부엽토 40%)
비료	과립형 완효성 화성비료, 액체비료
식물의 높이	20~80㎝

재배력

	1	2	3	4	5	6	7	8	9	10	11	12
개화기				■	■	■	■	■	■	■	■	
씨뿌리기					■	■	■	■	■	■		
심기·옮겨심기				■	■	■			■			
비료주기				■	■	■			■	■		

기본 재배방법

화분 위치 심는 장소	해가 잘 들고, 물이 잘 빠지며, 바람이 잘 통하는 장소가 좋다. 강한 햇살이나 석양빛을 받으면 포기가 약해지므로 주의한다. 한여름에는 밝은 그늘 등으로 옮긴다.
씨뿌리기	모종판에 흩어서 뿌리거나 비닐포트에 심는다. 호광성 씨앗이기 때문에, 씨앗을 심을 때는 흙을 덮지 않는 것이 좋다. 15일 정도 지나면 싹이 튼다. 본잎이 2~3장 나오면 아주심기를 한다.
심기 옮겨심기	노지에 심을 때는 부엽토를 조금 많이 섞어서 심는다. 화분에 심을 때는 화분 바닥에서 뿌리가 보이기 시작하거나, 포기 크기와 화분이 맞지 않으면 옮겨심는다.
물주기	씨를 뿌리거나 모종을 심을 때는 물을 듬뿍 준다. 그런 다음 화분에 심은 경우에는 흙 표면이 마르면 물을 충분히 주고, 과습에 주의한다. 노지에 심은 경우에는 뿌리를 내릴 때까지는 물을 충분히 주고, 그 뒤에는 기본적으로 물을 줄 필요가 없다. 한여름에만 흙이 마르면 이른 아침에 물을 준다.
지지대 세우기	줄기가 위로 자라는 종류는 지지대를 세워준다.
비료주기	화분에 심을 때는 심고 나서 2주 뒤에, 과립형 완효성 화성비료를 알맞게 준다. 그런 다음 액체비료를 1주일에 1번 알맞게 준다. 노지에 심을 때는 완효성 화성비료를 밑거름과 덧거름으로 준다.
시든 꽃 따기	시든 꽃은 꽃대의 밑동을 잘라낸다. 저절로 떨어진 꽃도 제거해야 한다.
겨울나기	서리가 내리기 전 처마 밑이나 실내로 옮긴다. 햇빛이 잘 드는 창가에서 관리한다.
번식방법	꺾꽂이로 번식시킨다. 꽃이 피지 않은 줄기의 잎눈이 있는 마디부터 2~3마디 정도 잘라서 꽂는다.

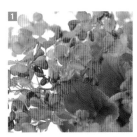

1 장마가 끝난 뒤 포기를 1/2 정도 잘라주면, 가을에 다시 꽃을 피운다.
2 여름의 강한 햇살, 특히 석양빛이 닿으면 잎이 쉽게 탄다. 줄기가 잘 부러지므로 주의해서 다룬다.
3 같은 속에 속하는 추해당.

대상화

과 · 속	미나리아재비과 아네모네속	분 류	꽃이 피는 풀, 여러해살이풀
원산지	중국 중~남부, 타이완	꽃 색	●○

운치 있는 모습에서 초가을 분위기가 느껴진다. 가을을 밝히는 국화라는 뜻
으로 추명국이라고 부르기도 하지만, 국화가 아니라 아네모네속이다. 중국
원산으로 한국(제주도), 일본, 중국 등지에 분포한다. 현재는 유사한 종과 교
배시킨 것도 대상화라고 부른다. 꽃잎으로 보이는 것은 꽃받침이며, 꽃잎은
퇴화하였다.

기본 재배방법

화분 위치 심는 장소	나뭇잎 사이로 햇살이 들어오는 갈잎나무 밑이나 건물 북쪽 등, 밝은 그늘이 좋다.
씨뿌리기	모종판에 흩어서 뿌리거나 비닐포트에 심는다. 빛을 좋아하는 호광성 씨앗으로 싹이 트려면 빛이 필요하기 때문에, 씨앗을 심을 때 흙을 덮지 않는 것이 좋다. 본잎이 3~4장 나오면 아주심기를 한다.
심기 옮겨심기	뿌리는 고온이나 건조한 상태를 싫어하기 때문에, 밑동에 부엽토를 깔아주면 좋다. 화분에 심는 경우 1년에 1번은 옮겨심는다. 이때 필요 없는 뿌리를 잘라서 뿌리분을 작게 만든다. 왕성하게 자라기 때문에 노지에 심는 것이 좋다. 노지에 심을 때는 20㎝ 깊이까지 땅을 갈아서 심고, 3~5년에 1번 정도 옮겨심는다.
물주기	씨를 뿌리거나 모종을 심을 때는 물을 듬뿍 준다. 그런 다음 화분에 심은 경우에는 흙 표면이 마르면 물을 충분히 주고, 과습에 주의한다. 노지에 심은 경우에는 뿌리를 내릴 때까지는 물을 충분히 주고, 그 뒤에는 기본적으로 물을 줄 필요가 없다.
비료주기	씨를 뿌리거나 모종을 심고 2주가 지나면, 과립형 완효성 화성비료를 알맞게 준다. 그런 다음 봄에 과립형 완효성 화성비료를 알맞게 준다.
시든 꽃 따기	꽃이 시들면 꽃이 달린 부분에서 잘라낸다.
멀칭	겨울에는 뿌리가 들뜨지 않도록 밑동을 멀칭한다.
번식방법	씨앗, 포기나누기로 번식시킨다. 포기나누기는 이른 봄 지상부가 말라 있는 동안에 하는 것이 좋다. 뿌리를 잘라서 땅속에 묻어 번식시키기도 한다.

START	씨앗, 모종
일조조건	양지~반그늘
발아 적정온도	15~20℃
생육 적정온도	15~25℃ ＊-5℃ 정도라면 노지에서도 겨울을 난다.
재배적지	내한성: 강, 내서성: 중
용토	기본 배양토 60%, 코코피트 미립 35%, 펄라이트 5% (기본 배양토는 적옥토 소립 60%, 부엽토 40%)
비료	과립형 완효성 화성비료, 액체비료
식물의 높이	30~150㎝

재배력

	1	2	3	4	5	6	7	8	9	10	11	12
개화기								■	■	■		
씨뿌리기											■	
심기·옮겨심기			■	■	■							
비료주기			■	■								

1 노지에 심는 경우 흙에 부엽토나 비료를 섞어서 물이 잘 빠지게 한 뒤, 뿌리분을 살짝 흩트려서 심는다.
2 땅속줄기가 잘 자라도록 흙을 잘 갈아준 뒤 심는다.
3 화분에 심는 경우 봄에 옮겨심고, 포기가 무성해지면 싹을 정리한다.

해변국화

과 · 속	국화과 왜국속	분 류	꽃이 피는 풀(산야초), 여러해살이풀
원산지	일본(아오모리현~이바라키현의 태평양쪽 해안)	꽃 색	○

일본 원산으로 일본데이지, 빈국, 바다국화라고도 부른다. 소박한 정취가 느껴지는 들국화로, 튼튼해서 키우기 쉽다. 청초하고 야생미를 간직한 이 꽃은 다른 꽃들과도 잘 어울려서, 가을 정원에 빼놓을 수 없는 존재이다.

기본 재배방법

화분 위치 심는 장소	해가 잘 들고, 물이 잘 빠지며, 바람이 잘 통하는 장소가 좋다. 내한성이 있어서 얼지만 않으면 노지에서도 겨울을 날 수 있다.
심기 옮겨심기	밑동에 부엽토 등을 깔아준다. 노지에 심을 때는 용토에 부엽토를 섞어서 심는다.
물주기	씨를 뿌리거나 모종을 심을 때는 물을 듬뿍 준다. 그런 다음 화분에 심은 경우에는 흙 표면이 마르면 물을 충분히 주고, 과습에 주의한다. 노지에 심은 경우에는 뿌리를 내릴 때까지는 물을 충분히 주고, 그 뒤에는 기본적으로 물을 줄 필요가 없다.
비료주기	모종을 심고 나서 2주 뒤에, 과립형 완효성 화성비료를 알맞게 준다. 그런 다음 봄가을에 과립형 완효성 화성비료를 알맞게 준다.
시든 꽃 따기	꽃이 시들면 꽃이 달린 부분에서 잘라낸다.
순지르기	작게 키워서 꽃을 피우려면 6월 중하순까지 깊이 순지르기를 한다. 꽃이 진 뒤에는 모양을 다듬기 위해 포기의 1/2 정도를 잘라낸다. 포기가 오래되면 줄기가 목질화한다.
번식방법	꺾꽂이로 번식시킨다. 4~6월에 어린싹을 잘라서 꺾꽂이를 한다.

START	모종	일조조건	양지
발아 적정온도	15~20℃	생육 적정온도	15~25℃
재배적지	내한성: 강, 내서성: 강		
용토	기본 배양토 60%, 코코피트 미립 35%, 펄라이트 5% (기본 배양토는 적옥토 소립 60%, 부엽토 40%)		
비료	과립형 완효성 화성비료, 액체비료		
식물의 높이	30~80cm		

재배력

	1	2	3	4	5	6	7	8	9	10	11	12
개화기									■	■		
심기·옮겨심기			■	■								
비료주기			■	■							■	

1 들국화의 일종인 까실쑥부쟁이의 원예품종 '유바에'.
2 까실쑥부쟁이의 원예품종 '오비토케'. 대롱모양 꽃잎이 특징이다.

숙근 아스터

과 · 속	국화과 과꽃속	분 류	꽃이 피는 풀(산야초), 여러해살이풀
원산지	북아메리카	꽃 색	●●○●●

화려한 표정의 작은 꽃과 하늘하늘한 자태가 특징. 숙근 아스터는 공작 아스터와 꽃색이 풍부한 우선국 등의 여러해살이풀을 통틀어 부르는 이름이다. 종류가 매우 많아 다양한 곳에서 활약한다. 꽃색이나 높이도 다양하다.

기본 재배방법

화분 위치 심는 장소	해가 잘 들고, 물이 잘 빠지며, 바람이 잘 통하는 장소가 좋다. 밝은 그늘에서는 꽃 수가 줄고 포기가 웃자라기 쉽다. 추위에 매우 강해서 방한 대책은 필요 없다.
심기 옮겨심기	모종은 뿌리분을 흩트리지 않고 그대로 심는다. 노지에 심을 때는 뿌리분보다 한 치수 크게 구덩이를 파고 심는다. 화분에 심은 경우 1년에 1번 옮겨심는다. 노지에 심은 경우에는 3년에 1번 정도를 기준으로 옮겨심는다.
물주기	모종을 심을 때는 물을 듬뿍 준다. 그런 다음 화분에 심은 경우에는 흙 표면이 마르면 물을 충분히 주고, 과습에 주의한다. 노지에 심은 경우에는 뿌리를 내릴 때까지는 물을 충분히 주고, 그 뒤에는 기본적으로 물을 줄 필요가 없다. 고온다습에 약한 편이기 때문에, 여름에는 살짝 건조한 상태로 관리한다.
비료주기	모종을 심고 나서 2주 뒤에 과립형 완효성 화성비료를 알맞게 준다. 그런 다음 1년에 1번 과립형 완효성 화성비료를 알맞게 준다.
시든 꽃 따기	꽃이 시들면 바로 시든 꽃을 잘라낸다.
순지르기	크게 자라는 품종은 본잎이 5~6장일 때 끝부분의 2마디 정도를 순지르기한다. 그런 다음 겨드랑눈에서 나온 잎이 5~6장이 되면, 다시 끝부분을 2마디 정도 순지르기한다. 늦가을에는 시든 가지를 잘라낸다.
번식방법	포기나누기, 꺾꽂이로 번식시킨다. 꺾꽂이는 2마디씩 잘라서 꽂는다.

START	모종
일조조건	양지
생육 적정온도	15~25℃ *노지심기의 경우 -10℃에서도 겨울을 난다.
재배적지	내한성: 강, 내서성: 강
용토	기본 배양토 60%, 코코피트 미립 35%, 펄라이트 5% (기본 배양토는 적옥토 소립 60%, 부엽토 40%)
비료	과립형 완효성 화성비료, 액체비료
식물의 높이	30~180㎝

재배력

	1	2	3	4	5	6	7	8	9	10	11	12
개화기							■	■	■	■	■	
심기·옮겨심기			■	■	■							
비료주기		■	■									

1 작은 꽃이 무수히 피었다.
2 무리 지어 핀 작은 꽃이 가을 정원을 아름답게 만들어준다. 키가 커서 지지대를 세우지 않으면 주위의 식물과 뒤엉킨다.
3 더위와 추위에 강해서 겨울에는 지상부가 시들거나, 작은 포기 상태로 겨울을 난다.

등골나물류

과 · 속	국화과 등골나물속	분 류	꽃이 피는 풀(산야초), 여러해살이풀
원산지	동아시아	꽃 색	●○●

국화과 등골나물속에 속하는 여러해살이풀 종류. 크고 화려한 날개를 자랑
하는 왕나비는 등골나물 꽃을 즐겨 찾는다. 어린순을 식용하거나 한약재료
로 이용하는 종류도 있다. 한국, 중국, 일본 등에 분포하며, 향등골나물과 벌
등골나물 등은 멸종위기종으로 지정되어 있다.

Close-up!

START	씨앗, 모종	일조조건	양지
발아 적정온도	15~20℃	생육 적정온도	15~25℃
재배적지	내한성: 강, 내서성: 강		
용토	기본 배양토 60%, 코코피트 미립 35%, 펄라이트 5% (기본 배양토는 적옥토 소립 60%, 부엽토 40%)		
비료	과립형 완효성 화성비료, 액체비료		
식물의 높이	60~150㎝		

재배력

	1	2	3	4	5	6	7	8	9	10	11	12
개화기								■	■	■		
씨뿌리기		■	■									
심기·옮겨심기			■	■								
비료주기			■	■	■	■		■	■	■		

기본 재배방법

화분 위치 심는 장소	해가 잘 들고, 물이 잘 빠지며, 바람이 잘 통하는 장소가 좋다. 내서성, 내한성이 뛰어나다.
씨뿌리기	모종판에 흩어서 뿌리거나 비닐포트에 심는다. 빛을 좋아하는 호광성 씨앗으로 싹이 트려면 빛이 필요하기 때문에, 씨앗을 뿌릴 때는 흙을 덮지 않는 것이 좋다. 본잎이 2장 정도 되면 3호 비닐포트로 옮겨심고, 본잎이 6장 정도 나오면 화분에 심는다.
심기 옮겨심기	화분에 심으면 뿌리가 가득차기 쉬우므로, 1년에 1번 옮겨심는다. 이때 뿌리분은 작게 잘라도 좋다. 땅속줄기로 번식하기 때문에 노지에 심을 경우, 주위 식물과의 사이에 길이 20~30㎝ 정도 되는 칸막이를 설치해 제어한다.
물주기	씨를 뿌리거나 모종을 심을 때는 물을 듬뿍 준다. 그런 다음 화분에 심은 경우에는 흙 표면이 마르면 물을 충분히 주고, 과습에 주의한다. 노지에 심은 경우에는 뿌리를 내릴 때까지는 물을 충분히 주고, 그 뒤에는 기본적으로 물을 줄 필요가 없다. 겨울에는 너무 건조하지 않을 정도로만 준다. 노지에 심으면 심하게 건조할 때가 아니면 물을 줄 필요가 없다.
비료주기	씨를 뿌리거나 모종을 심고 나서 2주 뒤에, 과립형 완효성 화성비료를 일반적인 분량의 1/2 정도만 준다. 그 뒤에는 봄가을에 같은 양의 비료를 준다. 비료를 많이 주면 포기가 지나치게 커질 수 있으니 주의한다.
시든 꽃 따기	꽃이 시들면 바로 잘라낸다.
순지르기	높이를 적당히 조절하고 싶을 때는, 5~6월에 포기를 1/3~1/2 정도만 남기고 잘라낸다.
번식방법	씨앗, 포기나누기, 꺾꽂이로 번식시킨다. 포기나누기는 3월에 하는 것이 좋고, 3년에 1번을 기준으로 한다. 꺾꽂이는 6월에 하고, 1달~1달 반 정도 지나면 뿌리가 나온다.

1 붉은 기가 없는 등골나물 종류.
절화로는 꽃봉오리 상태로 유통되
고, 꽃이 벌어지지 않는다.
2 서양등골나물 '초콜릿'은 줄기
가 초콜릿색이다.
3 흰색 꽃이 핀 등골나물 종류.

크리스마스로즈

과 · 속	미나리아재비과 크리스마스로즈속	분 류	꽃이 피는 풀, 여러해살이풀
원산지	유럽, 코카서스, 중국 서부	꽃 색	●●▨▨○●●●●◎

12월 후반에 피는 하얀 홑꽃의 원종, 헬레보루스 니제르부터 시작하여 봄까지 다양한 품종이 등장한다. 튼튼하고 키우기도 쉬워서 공원에서도 자주 볼 수 있다. 고개를 숙인 채 피어 있는 꽃의 모습이 연약해 보이지만, 내한성이 강해 그늘에서도 잘 자랄 정도로 튼튼하다.

기본 재배방법

화분 위치 심는 장소	화분에 심을 경우 10~5월 중순에는 햇빛이 잘 드는 곳, 한여름에는 바람이 잘 통하는 반그늘에서 관리한다. 노지에 심을 경우 갈잎나무 아래 등에 심고, 여름에는 나뭇잎 사이로 햇빛이 비치는 반그늘, 겨울에는 햇빛이 잘 드는 환경을 만들어 준다.
씨뿌리기	모종판에 흩어서 뿌리거나 비닐포트에 뿌린다. 씨앗을 말리면 발아율이 매우 낮아지므로 주의한다. 본잎이 2~3장 정도 나오면 아주심기를 한다.
심기 옮겨심기	꽃이 핀 모종은 뿌리를 자르지 않도록 주의해서 뿌리분 주위를 1㎝ 정도씩 털어내고, 한두 치수 큰 화분에 심는다. 1년에 1번은 옮겨심어야 한다.
물주기	씨를 뿌리거나 모종을 심을 때는 물을 듬뿍 준다. 그런 다음 화분에 심은 경우에는 흙 표면이 마르면 물을 충분히 주고, 과습에 주의한다. 노지에 심은 경우에는 뿌리를 내릴 때까지는 물을 충분히 주고, 그 뒤에는 기본적으로 물을 줄 필요가 없다.
비료주기	심고 나서 2주 뒤에 과립형 완효성 화성비료를 알맞게 준다. 그런 다음 가을에 과립형 완효성 화성비료를 알맞게 준다.
시든 꽃 따기	꽃이 시들면 꽃이 달린 부분에서 잘라낸다. 꽃대는 4월 무렵까지 남겨둔다.
묵은 잎 따기	11월 하순~12월 하순에 포기 밑동에 햇빛이 닿도록, 묵은 잎을 잘라낸다.
번식방법	씨앗과 포기나누기로 번식시킨다. 11~3월(한겨울은 피한다)이 적당하다.

START	씨앗, 모종
일조조건	양지, 반그늘
발아 적정온도	10~20℃
생육 적정온도	5~15℃
재배적지	내한성: 강, 내서성: 중
용토	기본 배양토 50%, 코코피트 미립 40%, 펄라이트 10% (기본 배양토는 적옥토 소립 60%, 부엽토 40%)
비료	과립형 완효성 화성비료, 액체비료
식물의 높이	20~50㎝

재배력

	1	2	3	4	5	6	7	8	9	10	11	12
개화기												
씨뿌리기												
심기·옮겨심기												
비료주기												

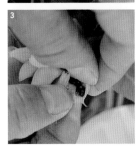

1 수술이 떨어지면 씨앗을 채취하고 싶은 꽃에 그물망을 씌우고, 5~6월까지 씨앗이 여물기를 기다린다.
2 여물기 시작한 상태.
3 채취한 씨앗은 바로 심거나 마르지 않도록 보관하고, 9월 하순~10월 중순에 씨앗 껍질이 벌어지기 전에 심는다.

재배 포인트

| 포기나누기

계속 심어두면 꽃이 잘 피지 않으므로, 포기
나누기를 한다. 10~12월이 가장 적합하다.
지나치게 작게 나누면 잘 자라지 않으므로,
적어도 3개 이상의 눈이 붙어있게 나눈다.

| 심기·옮겨심기

왕성하게 자라기 때문에 해마다 옮겨심는다.
모종은 겨울~봄에는 뿌리분을 살짝 흩트리
는 정도로 정리하고, 가을에는 뿌리를 잘 풀
어서 손상된 뿌리를 제거한 뒤 심는다.

| 비료주기

완효성 비료는 가을에 준다. 화분에 심은 경
우 1월 하순~2월 상순에도 비료를 주는 것
이 좋다.

| 꽃눈

종류에 따라 연말부터 꽃이 피기 시작하는
데, 1월 무렵부터는 꽃눈이 올라오기 시작하
면서 꽃봉오리가 서서히 부풀어오른다.

| 개화

1

2

1 크리스마스로즈는 매화꽃이 필 무렵부터
꽃이 피기 시작해서 왕벚나무꽃이 피기 전까
지 핀다.
2 꽃이 만개한 뒤에는 다음해에 필 꽃을 위
해 커다란 새잎이 나온다.

| 순지르기

품종에 따라 다르지만 추운 시기에 꽃이 피
면 꽃대가 잘 자라지 않는다. 따듯해지면 줄
기가 길게 자란다.

다양한 종류

| 겹꽃

화려한 겹꽃 품종이 늘어나고, 꽃색은 맑고
연한 색부터 세련된 색까지 다양하다.

| 홑꽃

홑꽃 종류는 크리스마스로즈의 진면목을 보여
준다. 꽃 중심에 있는 섬세한 수술이 아름답다.

크로커스

과 · 속	붓꽃과 크로커스속	분 류	알뿌리식물, 여러해살이풀
원산지	지중해 연안 지방, 소아시아	꽃 색	◐○●◎

가을에 심고 봄에 피는 종류와 여름에 심고 가을에 피는 종류(사프란)가 있다. 수경재배로 익숙한 봄에 피는 크로커스를 봄꽃 크로커스라고 부르기도 하며, 꽃을 찾아보기 힘든 이른 봄의 화단에서 산뜻한 노란색 또는 보라색의 앙증맞은 꽃을 피워 봄이 왔음을 알려준다.

기본 재배방법

화분 위치 심는 장소	해가 잘 들고, 물이 잘 빠지며, 바람이 잘 통하는 장소가 좋다. 겨울 추위에 노출되지 않으면 꽃이 피지 않기 때문에, 화분에 심는 경우에는 심은 뒤 실외에서 관리한다.
심기 옮겨심기	화분에 심을 때는 4호 화분에 4~5개씩 심는다. 추위에 강하지만, 고온다습에 약하므로 초가을에 심지 않는다. 화분에 심으면 1년에 1번은 옮겨심어야 한다. 노지에 심으면 3년 정도는 그대로 두어도 좋다. 봄에 피는 종류는 가을에, 가을에 피는 종류는 늦여름에 심는다.
물주기	뿌리를 내릴 때까지 1달 정도는 흙 표면이 마르면 물을 충분히 준다. 그런 다음 화분에 심은 경우에는 흙 표면이 마르면 물을 준다. 노지에 심은 경우에는 심하게 건조할 때 외에는 물을 줄 필요가 없다. 화분이나 노지 모두, 잎이 시들기 시작하면 되도록 물을 주지 않는다.
비료주기	심고 나서 2주 뒤에 과립형 완효성 화성비료를 알맞게 준다. 덧거름은 2월 중순에 1번, 과립형 완효성 화성비료를 알맞게 준다.
시든 꽃 따기	꽃이 시들면 알뿌리에 영양분이 전달되도록, 시든 꽃과 씨앗이 될 씨방 부분을 잘라낸다.
번식방법	알뿌리나누기(분구)로 번식시킨다. 잎이 누렇게 변하는 6월 무렵 알뿌리를 캐낸 뒤, 바람이 잘 통하는 밝은 그늘에 두고 말려서 보관한다.

START	알뿌리, 모종
일조조건	양지
생육 적정온도	5~15℃
재배적지	내한성: 강, 내서성: 중 *여름철은 휴면
용토	기본 배양토 60%, 코코피트 미립 35%, 펄라이트 5% (기본 배양토는 적옥토 소립 60%, 부엽토 40%)
비료	과립형 완효성 화성비료, 액체비료
식물의 높이	봄에 피는 종류 5~10㎝, 가을에 피는 종류 10~15㎝

재배력

	1	2	3	4	5	6	7	8	9	10	11	12
개화기		▨	▨							▨	▨	
심기·옮겨심기								▨	▨			
비료주기		▨								▨	▨	

1 알뿌리 3개 분량의 깊이(약 6㎝)로 구덩이를 파고, 알뿌리를 넣은 뒤 흙을 덮는다.

2 같은 간격으로 심기, 한곳에 모아서 심기, 따로 심기, 다른 간격으로 심기 등으로 자연스러운 모습의 화단을 만들 수 있다.

3 3월에 꽃이 핀 모습.

수선화

과 · 속	수선화과 수선화속	분 류	알뿌리식물, 여러해살이풀
원산지	이베리아 반도 중심의 지중해 연안 지역	꽃 색	●●○○●◎

이른 봄 아름다운 화단을 보기 위해 빼놓을 수 없는 꽃. 1월의 탄생화로 알려진 수선화는 일본에서는 설날 장식에 빠지지 않을 만큼 사랑받는 꽃이다. 상큼한 색이 시선을 사로잡는 나팔수선, 겹꽃 수선, 하나의 꽃대에 여러 송이의 꽃이 피는 수선 등 여러 종류가 있다. 꽃색도 노란색 외에 다양한 색이 있고 품종은 1만 종이 넘는다.

기본 재배방법

화분 위치 심는 장소	해가 잘 들고, 물이 잘 빠지며, 바람이 잘 통하는 장소가 좋다.
심기 옮겨심기	화분에 심을 때는 퇴비나 부엽토를 20% 정도 섞는다. 노지에 심을 때도 같은 방법으로 심는다.
물주기	뿌리를 내릴 때까지 1달 정도는 흙 표면이 마르면 물을 충분히 준다. 그런 다음 화분에 심은 경우에는 흙 표면이 마르면 물을 주고, 노지에 심은 경우에는 심하게 건조할 때 외에는 물을 줄 필요가 없다. 화분이나 노지 모두, 잎이 시들기 시작하면 되도록 물을 주지 않는다.
비료주기	인산이 많이 함유된 비료를 주는 것이 좋다. 심고 나서 2주 뒤에 과립형 완효성 화성비료를 알맞게 준다. 덧거름은 이른 봄이나 가을에 과립형 완효성 화성비료를 알맞게 준다.
시든 꽃 따기	꽃이 시들면 꽃이 달린 부분에서 잘라낸다. 잎은 시들 때까지 그내로 두면 다음해에도 꽃이 핀다.
번식방법	알뿌리나누기로 번식시킨다. 6월 하순~7월 중순에 잎이 시들면 알뿌리를 캐낸다. 수선화는 어미 알뿌리가 내부에서 3~4개로 분리되어 있으므로, 손으로 쪼갠다. 바람이 잘 통하는 밝은 그늘에서 말린 뒤 보관한다.

START	알뿌리, 모종
일조조건	양지
생육 적정온도	5~15℃
재배적지	내한성: 강, 내서성: 중 * 여름철은 휴면
용토	기본 배양토 60%, 코코피트 미립 35%, 펄라이트 5% (기본 배양토는 적옥토 소립 60%, 부엽토 40%)
비료	과립형 완효성 화성비료, 액체비료
식물의 높이	10~40㎝

재배력

	1	2	3	4	5	6	7	8	9	10	11	12
개화기	■	■										■
심기·옮겨심기										■	■	
비료주기		■	■						■	■	■	

1 가냘프고 우아한 모습.
2 꽃이 시들면 꽃이 달린 부분에서 잘라낸다.
3 한 가지에 여러 송이의 꽃이 피는 수선화는, 1월의 탄생화이기도 하다. 향기가 매우 좋다. 한국에서는 부산이나 거제 지역이 수선화 명소로 알려져 있다.

무스카리

과 · 속	백합과 무스카리속	분 류	알뿌리식물, 여러해살이풀
원산지	지중해 연안~남서아시아	꽃 색	●○●●

포도송이가 거꾸로 달린 듯한 귀여운 모양과 산뜻한 색깔의 꽃이 특징이다. 튤립이나 비올라, 팬지 등, 봄 식물과 잘 어울려서 모아 심거나 화단에 심으면 푸른빛과 보랏빛으로 눈길을 끈다. 1종류를 지피식물로 심어도 그림 같은 풍경을 즐길 수 있다. 잎이 너무 길게 자라면 잘라서 꽃과 균형을 맞춘다.

기본 재배방법

화분 위치 심는 장소	해가 잘 들고, 물이 잘 빠지며, 바람이 잘 통하는 장소가 좋다. 휴면 중인 여름에는 그늘에서 관리한다.
심기 옮겨심기	11월 상순~하순에 심으면 잎은 알차고 꽃은 보기 좋게 자란다. 화분에 심는 경우 10㎝ 간격으로 흙이 2~3㎝ 정도 덮이는 깊이로 심는다. 노지에 심을 때는 깊이 4~5㎝의 구덩이를 파고, 15㎝ 간격으로 심는다. 약알칼리성 흙을 좋아한다.
물주기	뿌리를 내릴 때까지 1달 정도는 흙 표면이 마르면 물을 충분히 준다. 그런 다음 화분에 심은 경우에는 흙 표면이 마르면 물을 주고, 노지에 심은 경우에는 심하게 건조할 때 외에는 물을 줄 필요가 없다. 화분이나 노지 모두, 6월 상순~9월 상순에는 물을 줄 필요가 없다.
비료주기	심고 나서 2주 뒤에 과립형 완효성 화성비료를 알맞게 준다. 덧거름은 3월 상순에 1번 과립형 완효성 화성비료 또는 액체비료를 알맞게 준다.
시든 꽃 따기	꽃이 시들면 바로 시든 꽃을 잘라낸다.
번식방법	알뿌리나누기로 번식시킨다. 6월 상순 무렵 알뿌리를 캐낸 뒤, 바람이 잘 통하는 밝은 그늘에서 말린 다음 보관한다. 해마다 캐내는 것이 좋지만, 어려운 경우에는 3년에 1번이라도 캔다.

START	알뿌리
일조조건	양지
생육 적정온도	10~25℃
재배적지	내한성: 강, 내서성: 중 *여름철은 휴면
용토	기본 배양토 60%, 코코피트 미립 35%, 펄라이트 5% (기본 배양토는 적옥토 소립 60%, 부엽토 40%)
비료	과립형 완효성 화성비료, 액체비료
식물의 높이	10~40㎝

재배력

	1	2	3	4	5	6	7	8	9	10	11	12
개화기												
심기·옮겨심기												
비료주기												

1 꽃이 지고 잎이 시들기 시작한 무스카리. 6월이 되면 캐낸다.
2 흰 꽃이 피는 종류도 있다.
3 파란색, 보라색 계열의 품종이 많으며, 사진은 짙은 보라색이다. 코를 가까이 대면 시원하고 상큼한 향기가 난다.

재배 포인트

알뿌리 심기

1 바닥이 평평해서 물이 잘 마르지 않는 화분은 바닥에 돌을 깐 뒤 배양토를 넣는다.

2 빽빽하게 심어야 꽃이 피면 보기 좋다.

3 3cm 정도 흙이 덮이는 깊이로 심는다. 워터 스페이스는 2cm 정도 되어야 한다. 물을 주면 흙이 단단해지므로 세게 누르지 않는다.

비료주기

심고 나서 2주 뒤에 과립형 완효성 화성비료를 알맞게 뿌려준다.

발아 후

기온이 낮아 땅이 얼 가능성이 있을 때는 실내로 옮긴다. 일찍 심으면 잎이 지나치게 길게 자랄 수 있으므로 주의한다.

개화

꽃은 아래쪽부터 피기 시작한다. 코를 가까이 대면 시원한 향기가 난다.

시든 꽃 따기

꽃만 따고 광합성을 하는 줄기는 남겨서, 알뿌리를 크게 키운다.

줄기가 시들면 병해충이 생기지 않도록 잘라낸다.

밝은 그늘에서 건조

캐낸 알뿌리는 바람이 잘 통하는 그물망 등에 넣어 밝은 그늘에서 말린다.

히아신스

과 · 속	백합과 히아신스속	분 류	알뿌리식물, 여러해살이풀
원산지	지중해 연안, 서아시아	꽃 색	●●●◐○●●

추운 겨울 방안을 화사하게 만들어주는 화려한 꽃. 수경재배로도 키울 수 있으며, 방안에 장식해두면 향수 같은 향기가 감돈다. 줄기가 성장하면서 아래쪽부터 차례차례 꽃이 피는데, 다육질의 꽃과 줄기는 튼튼하지만 꽃송이 무게 때문에 줄기가 구부러지기도 한다.

기본 재배방법

화분 위치 심는 장소	해가 잘 들고, 물이 잘 빠지며, 바람이 잘 통하는 장소가 좋다. 겨울 추위에 노출되지 않으면 꽃이 피지 않기 때문에, 화분에 심을 경우 심은 뒤에는 실외에서 관리한다. 휴면 중인 여름에는 그늘에서 관리.
심기 옮겨심기	화분이나 노지 모두, 알뿌리는 15㎝ 정도의 깊이로 심는다. 노지에 심는 경우에는 2주 전에 고토석회를 섞어서, 토양의 산도를 조절한다.
물주기	뿌리를 내릴 때까지 1달 정도는 흙 표면이 마르면 물을 충분히 준다. 그런 다음 화분에 심은 경우에는 흙 표면이 마르면 물을 준다. 노지에 심은 경우에는 심하게 건조할 때 외에는 물을 줄 필요가 없다. 화분이나 노지 모두, 잎이 시들기 시작하면 되도록 물을 주지 않는다.
비료주기	심고 나서 2주 뒤에 과립형 완효성 화성비료를 알맞게 준다. 덧거름은 3월 상순에 1번 과립형 완효성 화성비료를 알맞게 준다.
지지대 세우기	노지에 심으면 만개할 때 꽃송이 무게 때문에 지지대가 필요한 경우도 있다.
시든 꽃 따기	시든 꽃부터 1송이씩 꽃을 잘라낸다. 줄기는 시들 때까지 남겨둔다.
번식방법	알뿌리나누기로 번식시킨다. 6월 무렵 잎이 완전히 시들면 알뿌리를 캐낸다. 바람이 잘 통하는 밝은 그늘에서 말린 뒤 보관한다.

START	알뿌리, 모종
일조조건	양지
생육 적정온도	5~20℃
재배적지	내한성: 강, 내서성: 중 *여름철은 휴면
용토	기본 배양토 60%, 코코피트 미립 35%, 펄라이트 5% (기본 배양토는 적옥토 소립 60%, 부엽토 40%)
비료	과립형 완효성 화성비료, 액체비료
식물의 높이	20~40㎝

재배력

	1	2	3	4	5	6	7	8	9	10	11	12
개화기												
심기·옮겨심기												
비료주기												

1 큰 알뿌리.
2 연말까지 추위에 노출시킨 뒤, 실내의 해가 잘 드는 곳에서 수경재배한다. 추위에 노출시키지 않고 심어서 따뜻한 실내에서 키우면, 키가 자라지 않고 꽃이 핀다.
3 시든 꽃을 제거하여 씨앗을 맺지 못하게 해서, 알뿌리를 키운다.

라눙쿨루스

과 · 속	미나리아재비과 라눙쿨루스속	분 류	알뿌리식물, 여러해살이풀
원산지	중근동 ~ 유럽 남동부	꽃 색	●●●◍○○●●●◎

품종 개량을 거치면서 다채로운 품종이 탄생하였고, 유럽이나 일본에서는
계속 신품종이 육성되고 있다. 겹꽃 종류를 중심으로 반겹꽃이나 홑꽃 종류
도 있으며, 꽃색도 컬러풀한 것은 물론 녹색이나 갈색 등 다양한 색이 있다.
서리가 내려도 재배할 수 있는 품종도 있고, 같은 품종이라도 개체에 따라
차이가 있어서 더욱 매력적이다.

기본 재배방법

알뿌리의 전처리	알뿌리는 마른 상태로 유통된다. 마른 알뿌리를 그대로 심으면 쉽게 썩기 때문에 전처리를 하는데, 젖은 타월로 감싼 알뿌리를 랩으로 싸서 냉장고나 10℃ 정도의 장소에 하룻밤 둔다.
화분 위치 심는 장소	해가 잘 들고, 물이 잘 빠지며, 바람이 잘 통하는 장소가 좋다. 휴면 중인 여름에는 그늘에서 관리하고, 겨울에는 서리를 맞지 않게 주의한다.
심기 옮겨심기	전처리로 물을 흡수하여 알뿌리가 부드럽게 부풀어오르면, 방향을 확인한 뒤 심는다. 화분이나 노지 모두, 심는 구덩이의 깊이는 5㎝ 정도. 화분에 심은 경우 바닥으로 뿌리가 나오면 뿌리분을 흩트리지 말고 그대로 옮겨심는다.
물주기	뿌리를 내릴 때까지 1달 정도는 흙 표면이 마르면 물을 충분히 준다. 그런 다음 화분에 심은 경우에는 흙 표면이 마르면 붙늘 준다. 노지에 심은 경우에는 심하게 건조할 때 외에는 물을 줄 필요가 없다.
비료주기	심고 나서 2주 뒤에 과립형 완효성 화성비료를 알맞게 준다. 덧거름은 3월 상순에 1번, 과립형 완효성 화성비료를 알맞게 준다.
시든 꽃 따기	시든 꽃은 꽃대를 밑동에서 잘라낸다.
번식방법	알뿌리나누기, 씨앗으로 번식시킨다. 5월 하순~6월 중순에 잎이 갈색으로 변하면 알뿌리를 캐내서 나눈다. 바람이 잘 통하는 밝은 그늘에서 말린 뒤 보관한다.

START	알뿌리, 모종
일조조건	양지
생육 적정온도	10~20℃
재배적지	내한성: 강, 내서성: 중 *여름철은 휴면
용토	기본 배양토 60%, 코코피트 미립 35%, 펄라이트 5% (기본 배양토는 적옥토 소립 60%, 부엽토 40%)
비료	과립형 완효성 화성비료, 액체비료
식물의 높이	30~80㎝

재배력

	1	2	3	4	5	6	7	8	9	10	11	12
개화기			▦	▦	▦							
심기·옮겨심기										▦	▦	
비료주기	▦		▦								▦	

1 알뿌리는 마른 상태로 유통되므로, 심기 전에 물을 흡수시킨다. 알뿌리는 위아래를 확인한 다음 심는다.

2 병의 원인이 될 수 있는 시든 꽃은 잘라낸다.

3 시든 잎도 병의 원인이 되므로 가능한 한 빨리 잘라낸다.

튤립

과 · 속	백합과 튤립속	분류	알뿌리식물, 여러해살이풀
원산지	중앙아시아~지중해 연안 지방	꽃색	●●●●○●●●●●○

네덜란드를 상징하는 꽃이지만 튤립의 원산지는 튀르키예다. 튀르키예 왕조의 사랑을 받으며, 16세기 중반 유럽에서 열광적인 인기를 누렸다. 5,000종 이상의 품종이 있으며, 색과 피는 방식도 다양하다. 복색(2가지 색 이상이 함께 있는 것) 종류도 많아서, 품종에 따라 인상적인 정원을 만들 수 있다.

기본 재배방법

화분 위치 심는 장소	해가 잘 들고, 물이 잘 빠지며, 바람이 잘 통하는 장소가 좋다. 겨울 추위에 노출되지 않으면 꽃이 피지 않기 때문에, 화분에 심는 경우 심은 뒤 실외에서 관리한다.
심기 옮겨심기	화분에 심을 때는 알뿌리 2개 분량, 노지에 심을 때는 알뿌리 3개 분량의 깊이로 심는다. 노지에 심을 때는 퇴비나 부엽토를 섞어준다.
물주기	뿌리를 내릴 때까지 1달 정도는 흙 표면이 마르면 물을 충분히 준다. 그런 다음 화분에 심은 경우에는 흙 표면이 마르면 물을 준다. 노지에 심은 경우에는 심하게 건조할 때 외에는 물을 줄 필요가 없다. 화분이나 노지 모두, 잎이 시들기 시작하면 되도록 물을 주지 않는다.
비료주기	심고 나서 2주 뒤에 과립형 완효성 화성비료를 알맞게 준다. 덧거름은 3월 상순에 1번 과립형 완효성 화성비료를 알맞게 준다.
시든 꽃 따기	꽃이 시들면 알뿌리에 영양분이 공급되도록, 시든 꽃과 씨앗이 맺힐 꼬투리를 제거한다. 꽃대와 잎은 남겨둔다.
번식방법	알뿌리나누기로 번식시킨다. 6월 상순~7월 상순에 알뿌리를 캐낸다. 줄기와 잎은 시들 때까지 그대로 둔다. 알뿌리 표면이 마르고 뿌리가 시들 무렵, 알뿌리나누기를 한다.

START	알뿌리, 모종
일조조건	양지
생육 적정온도	10~20℃
재배적지	내한성: 강, 내서성: 중 ＊여름철은 휴면
용토	기본 배양토 60%, 코코피트 미립 35%, 펄라이트 5% (기본 배양토는 적옥토 소립 60%, 부엽토 40%)
비료	과립형 완효성 화성비료, 액체비료
식물의 높이	10~50㎝

재배력

	1	2	3	4	5	6	7	8	9	10	11	12
개화기												
심기·옮겨심기												
비료주기												

1 무릎을 꿇고 양손에 든 튤립 알뿌리를 던지듯이 떨어뜨린다.
2 흩어진 튤립 알뿌리. 같은 간격으로 심은 튤립과 달리, 자연스러운 분위기를 만들 수 있다.
3 알뿌리가 떨어진 곳에 1개씩 심는다.

재배 포인트

알뿌리 껍질 벗기기

알뿌리는 껍질을 벗겨 상처나 병이 없는지 확인한 뒤 심는다. 알뿌리를 위에서 보면 평평한 면과 둥그스름한 면이 있다.

화분심기

깊은 화분을 사용해서 알뿌리 2개 분량 정도의 깊이로 심는다. 첫 번째 커다란 잎은 평평한 쪽에서 나오므로, 화분 바깥쪽을 향하게 심는다.

노지심기

노지심기는 알뿌리 3개 분량 정도의 깊이로 심는다.

물주기

워터 스페이스에 물이 고이고, 화분 바닥에서 물이 흘러나올 때까지 물을 준다. 물이 다 빠지면 표면이 2㎝ 정도 가라앉는다.

비료주기

심고 나서 2주가 지나면 뿌리가 나오기 시작하므로 이때 비료를 준다. 손으로 과립형 완효성 화성비료를 쥐고 적정량을 조금씩 뿌려준다.

완효성 화성비료는 흙 표면에 원을 그리듯이 뿌리면 된다.

생장 과정

햇빛을 좋아하지만 추위에 노출되지 않으면, 줄기가 자라지 않고 꽃이 안 필 수 있다. 실외에 두고 추위에 노출시키는 것이 중요하다.

색이 나는 튤립. 개화 시기에 기온이 높고 맑은 날씨가 계속되면 금세 활짝 핀다. 꽃이 피기 시작하면 직사광선이 닿지 않는 곳이나, 실내 현관 등으로 옮긴다. 온도가 낮은 곳으로 옮기면 서서히 피기 때문에, 오래 감상할 수 있다.

재배 포인트

| 시든 꽃 따기

1 꽃잎이 시들기 시작하면 시든 꽃을 따야 한다. 꽃이 달린 부분 바로 밑에서 잘라낸다.

2 시기를 놓쳐서 꽃이 완전히 시든 경우에도, 마찬가지로 꽃 바로 밑에서 잘라낸다.

3 꽃이 지는 시기는 광합성으로 얻은 에너지를 저장하여, 알뿌리를 살찌우는 시기다. 줄기는 광합성을 하므로 되도록 남겨 둔다.

| 알뿌리 캐기

잎이 누렇게 변하는 6월~7월 상순, 맑은 날이 계속될 때 알뿌리를 캐낸다. 튤립은 알뿌리나누기로 번식시키는데, 여기서는 2개의 구근이 각각 작은 구근 4개로 나뉘어 8개가 되었다. 큰 알뿌리는 다음해에 심으면 꽃이 피고, 중간 크기의 알뿌리는 안 필 수도 있다. 작은 알뿌리는 심어서 키우면 1~2년 뒤에 꽃이 핀다.

캐낸 알뿌리는 흙을 잘 털어낸 다음, 그물망이나 소쿠리에 넣어 바람이 잘 통하는 그늘에서 말린 뒤 보관한다.

column

여름에 캐지 않는 품종

튤립의 자생지는 고원지대의 서늘한 곳이다. 무더운 여름은 잘 견디지 못하므로 심어둔 채로 방치하면 안 된다. 하지만 원종 계통의 작은 튤립은 방치해도 괜찮다. 꽃이 진 뒤 잊지 말고 시든 꽃을 따서 알뿌리를 살찌우면, 이듬해에도 귀여운 꽃이 핀다. 노지에 심은 경우에는 캐지 않고 꽃을 피우는 비결이 있다(p.187 참조).

시든 꽃을 딴 뒤 비료주기

튤립은 꽃이 피기 시작할 무렵부터 새로운 알뿌리가 커진다. 그리고 꽃이 지면 알뿌리를 키우는 일에 집중하게 해야 한다. 또한 꽃이 졌다고 해서 물을 주는 것을 잊으면 안 된다. 하지만 이 시기에 비료는 주지 않는다. 비료를 주면 알뿌리가 썩는 원인이 되므로 주의한다.

튤립 품종

화이트 플래그

플래밍 플래그

어페어

살몬 임프레션

옐로 발레리

옐로 폼포네트

리무진

브리즈번

폭스트롯

오렌지 프린세스

바냐루카

미란다

이메나

반 아이크

프리티 우먼

프리티 레이디

불릿

블루 다이아몬드

퀸 오브 나이트

고릴라

알리움

과 · 속	백합과 알리움속	분 류	알뿌리식물, 여러해살이풀
원산지	유라시아, 아프리카 북부, 북아메리카	꽃 색	●○●●

곧게 뻗은 줄기 끝에 재미있는 모양의 꽃이 핀다. 키가 150㎝나 되는 아래 사진의 알리움 기간테움이나 줄기가 가는 소형종 등의 관상용 품종 외에 파나 양파, 마늘 등과 같은 식용 품종도 알리움속(부추속)에 속한다. 작은 꽃이 차례대로 피어나기 때문에 꽃이 오래 가고, 꽃 모양은 개성적이지만 키우는 방법은 간단하다.

기본 재배방법

화분 위치 심는 장소	해가 잘 들고, 물이 잘 빠지며, 바람이 잘 통하는 장소가 좋다. 햇빛을 잘 받으면 줄기가 튼튼해진다.
심기 옮겨심기	화분에 심는 경우 대형 품종은 6호 화분에 1개, 소형 품종은 6호 화분에 3개 정도 심는다. 흙은 5㎝ 정도 덮어준다. 노지에 심을 때는 알뿌리 2개 분량의 깊이로 심는다.
물주기	뿌리를 내릴 때까지 1달 정도는 흙 표면이 마르면 물을 충분히 준다. 그런 다음 화분에 심은 경우에는 흙 표면이 마르면 물을 준다. 노지에 심은 경우에는 심하게 건조할 때 외에는 물을 줄 필요가 없다. 화분이나 노지 모두, 3월의 성장기에는 물이 마르지 않도록 주의한다. 잎이 시들기 시작하면 되도록 물을 주지 않는다.
비료주기	심고 나서 2주 뒤에 과립형 완효성 화성비료를 알맞게 준다. 덧거름은 3월 상순에 1번, 과립형 완효성 화성비료를 알맞게 준다.
시든꽃 따기	꽃이 시들면 꽃대 밑동에서 잘라낸다. 잎은 남긴다.
번식방법	알뿌리나누기로 번식시킨다. 대형 품종은 6~7월 무렵, 지상부가 2/3 정도 시들면 알뿌리를 캐낸다. 어미알뿌리에 달린 새끼알뿌리를 1개씩 나누어 바람이 잘 통하는 밝은 그늘에서 말린 뒤 보관한다. 소형 품종은 1~2년마다 알뿌리를 캐내서 새로운 용토에 심는다.

START	알뿌리, 모종
일조조건	양지
생육 적정온도	15~25℃
재배적지	내한성: 중~강, 내서성: 중 *여름철은 휴면
용토	기본 배양토 60%, 코코피트 미립 35%, 펄라이트 5% (기본 배양토는 적옥토 소립 60%, 부엽토 40%)
비료	과립형 완효성 화성비료, 액체비료
식물의 높이	10~200㎝

재배력

	1	2	3	4	5	6	7	8	9	10	11	12
개화기												
심기·옮겨심기												
비료주기												

1 기간테움의 크고 둥근 꽃은 정원을 특별한 공간으로 만들어준다. 잎은 시들어 버리기 때문에 주변에 꽃이 피는 풀을 심으면 좋다.
2 순백의 알리움 코와니는 키가 작고 줄기가 살짝 구부러진다.
3 알리움은 파냄새가 나지만 '블루 퍼퓸'은 바닐라향이 난다.

아가판서스

과 · 속	백합과 아가판서스속	분 류	알뿌리식물, 여러해살이풀
원산지	남아프리카	꽃 색	○●●◎

장마철부터 여름에 걸쳐 피는 남보라색이나 흰색 등 청량한 빛깔의 꽃이 인상적이다. 그냥 심기만 하면 잘 자라는 식물로 알려질 만큼 튼튼해서 손이 덜 가기 때문에, 원예 초보자용으로 적합하다. 길가의 화단에 많이 심는 포기가 큰 종류 외에, 화분에 심기 적당한 작은 종류도 있다.

기본 재배방법

화분 위치 심는 장소	해가 잘 들고, 물이 잘 빠지며, 바람이 잘 통하는 장소가 좋다. 반나절 정도 햇빛을 받을 수 있으면 재배는 가능하다.
심기 옮겨심기	화분이나 노지 모두, 용토에 퇴비나 부엽토를 섞어서 심는다. 화분에 심으면 뿌리가 가득차기 쉬우므로 2년에 1번 옮겨심는다.
물주기	화분에 심은 경우 흙 표면이 마르면 물을 충분히 준다. 과습에 약해서 물을 지나치게 많이 주면 뿌리가 썩는 원인이 된다. 노지에 심은 경우 건조한 시기 외에는 물을 줄 필요가 없다.
비료주기	심고 나서 2주 뒤에 과립형 완효성 화성비료를 알맞게 준다. 그런 다음 화분에 심은 경우에는 2~3달에 1번, 과립형 완효성 화성비료를 알맞게 준다. 또는 2주에 1번 액체비료를 알맞게 준다. 노지에 심은 경우에는 이른 봄과 초여름에 과립형 완효성 화성비료를 알맞게 준다.
시든 꽃 따기	꽃이 시들면 꽃대 밑동에서 잘라낸다.
멀칭	한겨울에는 한랭사 등으로 덮어 추위를 막아주는 것이 좋다. 잎이 지는 종류는 내한성이 있어서 멀칭을 할 필요가 없다.
번식방법	포기나누기로 번식시킨다. 시기는 3월 상순~4월 상순에 하는 것이 적당하다. 포기를 큼직하게 나누는 것이 요령이다.

START	알뿌리
일조조건	양지
생육 적정온도	15~25℃
재배적지	내한성: 강(잎이 지는 종류) / 약(잎이 지지 않는 종류), 내서성: 강
용토	기본 배양토 60%, 코코피트 미립 35%, 펄라이트 5% (기본 배양토는 적옥토 소립 60%, 부엽토 40%)
비료	과립형 완효성 화성비료, 액체비료
식물의 높이	30~120㎝

재배력

	1	2	3	4	5	6	7	8	9	10	11	12
개화기					■	■	■	■				
심기·옮겨심기			■	■								
비료주기				■	■	■						

아오이소라

가든 테이블

도키노마이

모리노 야스라기

백합

과 · 속	백합과 백합속	분 류	알뿌리식물, 여러해살이풀
원산지	북반구 온대	꽃 색	●●●●●○●○●●○

백합 또는 나리는 백합과 백합속에 속하는 여러해살이풀을 통틀어 부르는 이름이다. 여름 정원을 우아하고 컬러풀하게 장식해준다. 일본에도 아름다운 원종이 많이 자생하는데, 원종인 산나리 등을 이용하여 만든 카사블랑카를 비롯하여 많은 품종이 육성되었다. 화려한 꽃모양과 풍부한 향기가 매우 매력적이어서, 오래전부터 꾸준히 인기를 얻고 있다.

기본 재배방법

화분 위치 심는 장소	아시아틱 나리 계열이나 나팔 나리 계열은 양지, 오리엔탈 나리 계열은 반그늘이 적합하다. 겨울 추위에 충분히 노출시키면 아름다운 꽃이 핀다.
심기 옮겨심기	화분에 심을 때는 깊은 화분을 준비한다. 알뿌리 위아래로 나오는 뿌리가 충분히 자랄 수 있도록 10cm 이상 흙을 덮어서 심는다. 2~3년에 1번 옮겨심는 것이 좋다. 노지에 심을 때는 퇴비나 부엽토를 섞는다. 알뿌리를 심는 깊이는 알뿌리 높이의 3~4배가 기준이다. 기본적으로는 옮겨심지 않는다.
물주기	알뿌리나 모종을 심을 때는 물을 충분히 준다. 그런 다음 화분에 심은 경우에는 흙 표면이 마르면 물을 듬뿍 주고, 과습에 주의한다. 노지에 심은 경우에는 뿌리를 내릴 때까지는 물을 충분히 주고, 그 뒤로는 기본적으로 물을 줄 필요가 없다. 흙 표면이 마르면 물을 듬뿍 준다. 물이 마르지 않도록 주의한다.
비료주기	알뿌리나 모종을 심고 나서 2주 뒤에, 과립형 완효성 화성비료를 알맞게 준다. 꽃이 핀 뒤에도 과립형 완효성 화성비료를 알맞게 준다.
시든 꽃 따기	꽃이 시들면 잎과 줄기는 그대로 남기고, 씨가 맺히는 씨방(꽃이 있던 곳)을 손으로 딴다.
번식방법	알뿌리나누기로 번식시킨다. 잎이 노랗게 변하는 11~12월 무렵에 알뿌리를 캐서 나눈다. 나눈 뒤에 살균하여 바로 심는다. 알뿌리를 보관할 때는 물기가 조금 있는 톱밥 등과 함께 담아, 어둡고 서늘한 곳에서 보관한다.

START	알뿌리, 모종
일조조건	양지(아시아틱 계열, 나팔 계열 등), 반그늘(오리엔탈 계열 등)
생육 적정온도	15~25℃
재배적지	내한성: 중~강, 내서성: 중
용토	기본 배양토 60%, 코코피트 미립 35%, 펄라이트 5% (기본 배양토는 적옥토 소립 60%, 부엽토 40%)
비료	과립형 완효성 화성비료, 액체비료
식물의 높이	40~250cm

재배력

	1	2	3	4	5	6	7	8	9	10	11	12
개화기												
심기·옮겨심기												
비료주기												

1 알뿌리를 캐서 나눈 뒤 그대로 심는다. 구입한 알뿌리도 뿌리가 나와 있는 경우가 많다.
2 알뿌리 3~4개 정도의 깊이가 적당하다. 깊이 심어야 큰 꽃잎이나 긴 줄기를 지탱할 수 있다.
3 노지에 심을 때는 흙에 부엽토나 퇴비를 섞어준다.

재배 포인트

모종 고르기

오리엔탈 계열은 옆을 향해 피는 종류가 많지만, 사진처럼 위를 향해 피는 종류도 있다.

알뿌기 캐기

늦가을에 캔 알뿌리. 백합의 알뿌리에는 몸통을 지탱하는 밑뿌리와 줄기에서 나와 영양분을 흡수하는 윗뿌리가 있다. 커다란 새 알뿌리 외에, 윗뿌리 위에 「목자」라고 부르는 작은 알뿌리가 달린다.

목자에서 발아

갓 심은 목자. 목자의 싹은 작지만 심고 나서 2년이 지나면 꽃이 핀다.

백합 품종

시베리아

레드 트윈

콘카도르

지바

스위트 자니카

재스민

카날레토

옐로 다이아몬드

골드 트윈

오렌지 코코트

달리아

과 · 속	국화과 달리아속	분 류	알뿌리식물, 여러해살이풀
원산지	멕시코, 과테말라	꽃 색	●●●◐◐◯●◐●●◎

꽃 색이나 모양이 매우 다채로울 뿐 아니라 커다란 특대형 꽃부터 매우 작은 극소형 꽃까지 크기도 다양하다. 생육이 왕성하므로 순지르기 등으로 키우기 쉽게 높이를 조절하는 것이 좋다. 여름부터 가을까지 멋진 꽃을 오래 감상할 수 있는 것도 매력 중 하나.

START	알뿌리
일조조건	양지
생육 적정온도	15~30℃
재배적지	내한성: 약, 내서성: 강
용토	기본 배양토 60%, 코코피트 미립 35%, 펄라이트 5% (기본 배양토는 적옥토 소립 60%, 부엽토 40%)
비료	과립형 완효성 화성비료, 액체비료
식물의 높이	20~300㎝

재배력

	1	2	3	4	5	6	7	8	9	10	11	12
개화기							■	■	■	■	■	
심기·옮겨심기			■	■								
비료주기				■								

기본 재배방법

화분 위치 심는 장소	해가 잘 들고, 물이 잘 빠지며, 바람이 잘 통하는 장소가 좋다. 그늘에서 재배하면 웃자라거나 꽃 수가 줄고 색도 옅어지는 등 영향을 받는다.
심기 옮겨심기	노지에 심을 때는 30㎝ 이상 땅을 파고 부엽토나 퇴비를 섞는다. 심는 깊이는 화분의 경우 5㎝, 노지의 경우에는 10㎝ 정도가 적당하다.
물주기	알뿌리를 심을 때는 물을 충분히 준다. 그런 다음 화분에 심은 경우에는 흙 표면이 마르면 물을 듬뿍 주고, 과습에 주의한다. 노지에 심은 경우에는 뿌리를 내릴 때까지는 물을 충분히 주고, 그 뒤로는 기본적으로 물을 줄 필요가 없다.
비료주기	알뿌리를 심고 나서 2주 뒤에 과립형 완효성 화성비료를 알맞게 준다.
시든 꽃 따기	꽃이 시들기 시작하면 시든 꽃을 잘라낸다. 꽃 자체를 따거나 마디 위에서 잘라낸다.
순지르기	높이를 억제하고 싶을 때는 2~3마디를 남기고 순지르기를 한다. 7월 하순~8월 상순에는 깊이순지르기로 포기를 새롭게 리프레시시킨다. 줄기는 속이 비어 있기 때문에 빗물이나 잡균이 들어가지 않도록, 절단면을 알루미늄포일 등으로 감싸준다.
번식방법	알뿌리나누기, 꺾꽂이로 번식시킨다. 서리가 내리지 않는 지역에서는 캐낼 필요가 없다. 한랭지에서는 10월 하순~11월 하순에 알뿌리를 캔 뒤, 10℃ 정도에서 보관한다. 화분에 심은 경우에는 처마 밑 등에서 겨울을 나게 한다. 알뿌리나누기는 3월 하순, 꺾꽂이는 6월이 적당하다.

1 7월 하순~8월 상순에 줄기 밑에서 3~4마디를 남기고 잘라서 리프레시시킨다.
2 빨대처럼 속이 빈 줄기에 물이 고이지 않도록, 절단면에 알루미늄포일을 씌운다.
3 고무 밴드로 고정시킨다.

재배 포인트

심기

화분에 심을 때는 싹이 중심을 향하게 놓고, 약 5㎝ 깊이로 심는다. 품종에 따라 심는 깊이가 다르므로 미리 확인한다.

싹트기

봄에 심은 알뿌리는 싹이 일찍 나온다. 심고 나서 1달 정도 지난 상태.

순지르기

밑동의 2~3마디 위에서 순지르기를 한다. 낮은 위치에 겨드랑눈을 만들어서 가지를 늘리고 키를 줄여 안정적인 포기로 만든다. 개화를 늦추고 꽃 수를 늘려서 작은 꽃이 피는 효과도 있다.

꽃대를 자르는 경우

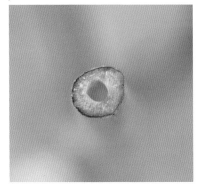

꽃 바로 밑에서 자른 줄기의 절단면. 줄기는 빨대처럼 속이 비어있기 때문에, 그대로 두면 물이 고여서 썩을 수 있다.

줄기 속에 물이 고이지 않도록, 마디 바로 위에서 꽃대를 자르는 것이 올바른 방법이다.

꽃만 따는 경우

꽃잎은 바깥쪽부터 시들기 시작한다.

꽃 아랫부분을 손으로 잡고 꽃만 딴다.

꽃만 땄기 때문에 줄기가 꽃술 부분으로 덮여 있어서, 물이 고이지 않는다.

재배 포인트

알뿌리 캐기

달리아는 추위에 약해서 늦가을에는 땅 윗부분이 시든다. 한랭지에서는 기온이 5℃ 이하가 되면 캔다. 난지에서는 캐지 않고 겨울을 난다.

캐낸 달리아. 1개의 알뿌리가 여러 개로 늘어났다.

한랭지에서는 물에 살짝 적신 피트모스와 알뿌리를 비닐봉투 안에 넣고 골판지 상자에 담아, 10℃ 정도의 장소에서 보관한 뒤, 봄에 알뿌리를 나눈다.

겨울나기

땅 윗부분이 거의 시들어버린 달리아 화분. 잎은 대부분 갈색으로 변했다.

줄기가 녹색이면 광합성을 하기 때문에 남겨두고, 모두 시들었으면 아래쪽에서 자른다.

땅 윗부분을 자른 뒤 그대로 겨울을 난다. 비와 바람이 닿지 않는 따뜻한 처마 밑이나 현관에 둔다.

알뿌리나누기

흙에서 캐낸 알뿌리. 1포기에 많은 알뿌리가 달려 있다.

크라운이라고 부르는 싹이 반드시 붙어있도록, 알뿌리를 나눈다.

크라운

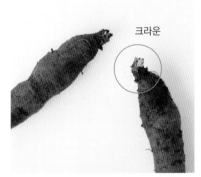

크라운이 붙어있게 나눈 알뿌리. 큰 알뿌리라도 크라운이 없으면 자라지 않는다.

달리아 품종

말콤스 화이트

긴교 하나비

라라라

포트라이트 페어 뷰티

크로이든 에이스

해밀턴 주니어

할로윈 파티

오보로쓰키

핑크 다이아몬드

브라이들 핑크

슈슈

이토

크로이든 코멧

블루 라이트

뷰티풀 데이즈

애미시스트 오브

다이렌아이

레드 스타

글렌 플레이스

검은 나비

쿠르쿠마

과 · 속	생강과 쿠르쿠마속	분 류	알뿌리식물, 여러해살이풀, 열대식물
원산지	말레이반도	꽃 색	●●●●○●●●◐○

산뜻한 꽃색에서 이국적인 분위기가 물씬 느껴진다. 꽃은 물론 알뿌리 모양도 개성 만점. 꽃이 적은 한여름에도 꽃이 오래 피는, 고마운 식물이다. 꽃잎으로 보이는 부분은 꽃턱잎으로, 작은 꽃이 꽃턱잎 사이에서 1주일 정도 핀다. 꽃턱잎이 1달 이상 가는 것도 장점이다.

기본 재배방법

화분 위치 심는 장소	해가 잘 들고, 물이 잘 빠지며, 바람이 잘 통하는 장소가 좋다. 추위에 약하기 때문에 주의가 필요하다.
심기 옮겨심기	화분에 심는 경우 깊은 화분에 심어야 한다. 4~5㎝ 정도의 깊이로 심는다. 추위에 약하기 때문에 겨울에는 알뿌리를 심지 말고 보관한다.
물주기	심을 때는 물을 충분히 준다. 그런 다음 화분에 심은 경우에는 흙 표면이 마르면 물을 듬뿍 주고, 과습에 주의한다. 노지에 심은 경우에는 뿌리를 내릴 때까지는 물을 충분히 주고, 그 뒤로는 기본적으로 물을 줄 필요가 없다. 꽃이나 잎에 물이 고이기 쉬우므로, 물은 밑동쪽에 준다. 물이 마르지 않도록 주의한다.
비료주기	심고 나서 2주 뒤에 과립형 완효성 화성비료를 알맞게 준다. 같은 포기에서 두 번째 꽃과 세 번째 꽃이 피므로, 첫 번째 꽃이 핀 뒤 과립형 완효성 화성비료를 알맞게 준다. 또는 꽃이 피어 있는 동안 2주에 1번 밑동에 액체비료를 알맞게 준다.
시든 꽃 따기	꽃이 시들면 꽃대를 잘라낸다. 잎은 시들 때까지 그대로 둔다.
번식방법	알뿌리나누기로 번식시킨다. 11월 상순~중순에 알뿌리를 캐낸다. 왕성하게 자라면 1구가 3~4구로 늘어난다. 캐낸 알뿌리는 기온을 5℃ 이상으로 유지할 수 있는 장소에서 보관한다.

START	알뿌리, 모종
일조조건	양지
생육 적정온도	20~30℃
재배적지	내한성: 약, 내서성: 강
용토	기본 배양토 60%, 코코피트 미립 35%, 펄라이트 5% (기본 배양토는 적옥토 소립 60%, 부엽토 40%)
비료	과립형 완효성 화성비료, 액체비료
식물의 높이	20~120㎝

재배력

	1	2	3	4	5	6	7	8	9	10	11	12
개화기												
심기·옮겨심기												
비료주기												

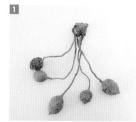

1 싹이 난 알뿌리 밑에 양분을 저장하는 알뿌리가 연결된 독특한 모양이 특징이다.
2 꽃이 적은 한여름에 고운 빛깔의 꽃이 핀다.
3 꽃잎처럼 보이는 꽃턱잎 사이에 핀 작은 꽃. 꽃턱잎에 물이 고이기 때문에 시든 꽃은 잘라낸다.

네리네

과·속	수선화과 네리네속	분 류	알뿌리식물, 여러해살이풀
원산지	남아프리카	꽃 색	●●●○●◎

석산과 마찬가지로 가을에 꽃대만 뻗어 꽃을 피운다. 꽃이 오래가고 1달 정도 계속 피기 때문에, 쓸쓸한 늦가을~겨울의 정원에 생기를 불어넣는다. 꽃이 핀 뒤 나오는 잎은 5월 무렵에 지고, 여름에는 휴면에 들어간다. 화분이나 플랜터 재배에 적합하다.

기본 재배방법

화분 위치 심는 장소	해가 잘 들고, 물이 잘 빠지며, 바람이 잘 통하는 장소가 좋다. 여름에는 25℃가 넘으면 잎이 노랗게 변하고 휴면에 들어가므로, 비를 맞지 않는 시원한 장소에서 여름을 난다. 겨울을 날 때는 서리를 맞지 않는 장소를 고른다.
심기 옮겨심기	화분에서 재배하는 것이 가장 좋다. 3호 화분에 1구 또는 5호 화분에 3~4구 정도 심는다. 알뿌리의 1/3이 묻히는 깊이로 얕게 심는다.
물주기	과습을 싫어하기 때문에 살짝 건조한 상태로 관리한다. 특히 휴면 중인 고온기에는 과습에 주의한다. 휴면기 외에는 흙 표면이 마르면 물을 준다.
비료주기	심고 나서 2주 뒤에 과립형 완효성 화성비료를 알맞게 준다. 그 뒤에는 되도록 비료를 주지 않는다. 11월 중순~2월 상순에는 1달에 1번 칼륨이 많이 함유된 액체비료를 알맞게 준다.
시든꽃 따기	꽃이 시들면 꽃이 달린 부분에서 잘라낸다.
번식방법	알뿌리나누기로 번식시킨다. 3~4년은 심은 상태 그대로 두고, 화분에서 알뿌리가 넘쳐날 정도로 늘어나면 캐내서 옮겨심는다.

START	알뿌리, 모종
일조조건	양지, 반그늘
생육 적정온도	10~20℃
재배적지	내한성: 약, 내서성: 강
용토	기본 배양토 60%, 코코피트 미립 35%, 펄라이트 5% (기본 배양토는 적옥토 소립 60%, 부엽토 40%)
비료	과립형 완효성 화성비료, 액체비료
식물의 높이	30~40㎝

재배력

	1	2	3	4	5	6	7	8	9	10	11	12
개화기										■	■	■
심기·옮겨심기									■			
비료주기	■	■									■	■

원종인 사르니엔시스

옅은 핑크색의 원예품종.

잎은 꽃이 진 뒤에 나와서 여름에 시든다.

별명은 다이아몬드 릴리.

시클라멘

과·속	앵초과 시클라멘속	분류	알뿌리식물, 여러해살이풀
원산지	지중해 연안 지역	꽃색	◑●◐○●◐◎

색도 모양도 해를 거듭할수록 개성적으로 진화하고 있는 시클라멘. 노지에서 즐길 수 있는 종류와 실내에서 즐길 수 있는 종류가 있는 것도 시클라멘의 특징이다. 실내에서 재배할 경우 낮에는 밝은 창가, 밤에는 지나치게 따듯하지 않은 장소에 두는 것이 꽃을 좀 더 예쁘게 오래 보는 비결이다.

기본 재배방법

화분 위치 심는 장소	실외에서 재배하는 종류는 서리를 맞지 않는 나무 밑이나 처마 밑에서 관리한다. 실내에서 재배하는 종류는 햇빛이 드는 창가에 둔다. 낮에는 약 20℃, 밤에는 약 10℃ 정도의 환경이 이상적이다.
심기 옮겨심기	잎이 많은 모종을 고른다. 화분과 노지 모두 알뿌리의 머리 부분이 흙 위로 올라오게 심는다.
물주기	흙 표면이 마르면 물을 듬뿍 준다. 알뿌리 윗부분에 물이 닿지 않도록, 입구가 좁은 물병 등을 이용해 밑동쪽에 물을 준다.
비료주기	심고 나서 2주 뒤에 과립형 완효성 화성비료를 알맞게 준다. 그 뒤에는 액체비료를 2주에 1번 알맞게 준다. 초여름부터 여름까지의 휴면기에는 비료를 줄 필요가 없다.
잎 정리	가을과 꽃이 피어 있는 동안에 하는 작업이다. 포기 가운데에 있는 잎을 바깥쪽의 묵은 잎 밑으로 이동시켜서, 잎자루가 사방으로 퍼지게 만들어 햇빛을 받을 수 있게 해준다.
시든 꽃 따기	포기를 한 손으로 누르고 시든 꽃과 시든 잎줄기를 손으로 뽑아낸다.
여름나기	6월 상순~9월 상순에는 휴면시키거나 그대로 관리한다. 휴면시킬 경우에는 물을 주지 말고 초가을에 새 화분에 옮겨심는다. 그대로 관리할 경우에는 새 화분에 옮겨심은 뒤 비료는 주지 말고 물을 계속 준다. 더위가 누그러질 무렵부터 액체비료를 2주에 1번 알맞게 준다.
번식방법	씨앗으로 번식시킨다. 꽃이 진 뒤 달린 열매에서 씨앗을 채취한다. 씨앗이 여물 때까지 2달 정도 걸린다. 씨앗으로 재배하면 꽃이 필 때까지 2년 정도 걸린다.

START	알뿌리, 모종, 씨앗	일조조건	양지
발아 적정온도	15℃ 전후	생육 적정온도	10~20℃
재배적지	내한성: 약, 내서성: 중		
용토	기본 배양토 60%, 코코피트 미립 35%, 펄라이트 5% (기본 배양토는 적옥토 소립 60%, 부엽토 40%)		
비료	과립형 완효성 화성비료, 액체비료		
식물의 높이	20~60㎝		

재배력

	1	2	3	4	5	6	7	8	9	10	11	12
개화기	■	■	■	■							■	■
씨뿌리기			■	■								
심기·옮겨심기									■			
비료주기	■	■	■	■						■	■	■

가든 시클라멘은 내한성이 있는 원종 시클라멘을 베이스로 육성한 소형 시클라멘이다. 꽃이나 잎의 색과 모양이 개성적인 품종이 많이 있다. 본격적인 겨울이 오기 전에 심고, 겨울철에는 서리를 맞지 않는 실외에서 키운다.

재배 포인트

| 물주기

알뿌리 윗부분에 물이 닿으면 상할 수 있으므로, 잎을 젖히고 밑동에 준다. 흙 표면이 마르면 입구가 좁은 물병 등을 이용하여, 화분 바닥으로 물이 흘러나올 정도로 준다.

| 시든 꽃 따기

꽃이 시들면 줄기를 잡고 똑바로 위로 잡아당기면 뽑을 수 있다. 가위로 자르면 남은 줄기의 일부가 썩을 수 있으므로 주의한다.

| 잎 정리

포기 가운데에 있는 싹이 햇빛을 받을 수 있게 정리해서 성장을 촉진시킨다. 또한 가운데에 있는 잎을 바깥쪽의 묵은 잎과 교차시켜서 엮어준다. 이렇게 하면 잎은 바깥쪽, 꽃은 가운데로 모여서 포기 모양이 정리된다. 생육이 왕성한 가을과 꽃이 피어 있는 동안에 작업하면, 작은 꽃봉오리까지 활짝 핀다.

| 정리 전

정리하지 않은 화분. 자연스러운 모습도 좋지만, 잎이나 꽃이 무성해지면 가운데에 햇빛이 닿지 않고 바람도 잘 통하지 않는다.

| 정리 후

잎은 낮은 위치로 옮기고, 꽃은 가운데로 모아서 정리한 모습.

column

시클라멘 코움

시클라멘 코움은 원종 시클라멘으로 코일 모양의 줄기가 특징이다. 무늬가 있는 잎이나 실버 리프 등 잎이 다양해서 꽃이 없는 시기에도 관상 가치가 있고, 키우기도 쉬워서 최근 인기를 얻고 있다. 꽃색은 핑크색, 흰색, 보라색 등. 내서성과 내한성이 강해서 한랭지에서도 노지심기가 가능하다.

소엽

과·속	꿀풀과 들깨속	분류	허브, 한해살이풀, 채소	
원산지	중국	꽃색	●○	잎색 ●●

비타민이나 미네랄을 풍부하게 함유한 대표적인 향신채소. 1포기만 있어도 잎이 무성하게 자라서 활용하기 좋다. 튼튼하고 더위에도 강해서 초보자도 쉽게 키울 수 있으며, 특유의 향에 강한 살균 작용과 방충 효과가 있어서, 가지나 피망 등의 동반식물로 활용해도 좋다. 청소엽과 자소엽(차즈기)이 있다.

기본 재배방법	
화분 위치 심는 장소	해가 잘 들고, 물이 잘 빠지며, 바람이 잘 통하는 장소가 좋다. 반그늘에서도 재배는 가능하다.
씨뿌리기	모종판에 일정한 간격으로 줄지어 뿌리거나 흩어서 뿌린다. 비닐포트에 심어도 좋다. 빛을 좋아하는 호광성 씨앗으로 싹이 트려면 빛이 필요하므로, 씨앗이 겨우 가려질 정도로 흙을 얇게 덮는다. 씨앗을 심으면 싹이 틀 때까지 7~14일 정도 걸린다. 떡잎이 나오면 3~4cm 간격으로 솎아낸다.
심기 옮겨심기	본잎이 4~5장 나오면, 화분에 심는 경우에는 채소용 배양토에 심는다. 노지에 심는 경우에는 적당한 양의 고토석회를 섞은 뒤 1주일 뒤에 퇴비와 부엽토를 적당히 섞어서 20cm 간격으로 심는다.
물주기	씨를 뿌리거나 모종을 심을 때는 물을 듬뿍 준다. 그런 다음 화분에 심은 경우에는 흙 표면이 마르면 물을 충분히 준다. 노지에 심은 경우에는 뿌리를 내릴 때까지는 물을 충분히 주고, 그 뒤에는 기본적으로 물을 줄 필요가 없다. 여름에는 아침저녁으로 2번 준다. 장마가 끝난 뒤에는 밑동을 볏짚 등으로 멀칭하여, 용토가 마르지 않게 한다.
비료주기	씨를 뿌리거나 모종을 심고 2주가 지나면, 과립형 완효성 화성비료를 알맞게 준다. 그런 다음 2달에 1번 과립형 완효성 화성비료를 준다.
순지르기	15~20cm 정도로 자라면 순지르기를 한다.
수확	심고 나서 30~40일 뒤에 잎을 수확한다.
번식방법	씨앗으로 번식시킨다. 저절로 떨어지는 씨앗으로도 번식한다.

START	씨앗, 모종	일조조건	양지
발아 적정온도	20~25℃	생육 적정온도	15~25℃
재배적지	내한성: 약, 내서성: 강		
용토	기본 배양토 60%, 코코피트 미립 35%, 펄라이트 5% (기본 배양토는 적옥토 소립 60%, 부엽토 40%)		
비료	과립형 완효성 화성비료, 액체비료, 유기질 비료		
식물의 높이	40~60cm		

재배력

	1	2	3	4	5	6	7	8	9	10	11	12
수확기							■	■				
개화기									■			
씨뿌리기					■							
심기·옮겨심기					■							
비료주기					■							

1 청소엽의 싹. 떡잎이 나오면 솎아내고, 솎아낸 싹은 새싹채소로 이용한다.
2 본잎이 4장 나오면 아주심기.
3 꽃눈이 달리면 잎이 단단해지므로 꽃눈을 딴다. 꽃을 살려두면 꽃이삭, 이삭(꽃이 지고 열매가 익기 전), 열매를 이용할 수 있다.

타임

과 · 속	꿀풀과 백리향속	분류	허브(산야초), 작은키나무	
원산지	지중해 연안 지역, 아시아	꽃 색	●●○○●	잎 색 ●●○

청량감 있는 향기나 달콤한 향기, 쌉쌀한 맛으로 사랑받는 허브. 살균 방부 효과가 있어서, 허브티나 구강청결제에도 이용된다. 지피식물로 활용할 수 있는 종류도 있어서, 정원에서도 재배하기 좋다. 고온다습에 약하기 때문에 장마가 오기 전에 미리 깊이순지르기해서, 바람이 잘 통하게 해준다.

기본 재배방법

화분 위치 심는 장소	해가 잘 들고, 물이 잘 빠지며, 바람이 잘 통하는 장소가 좋다. 강한 햇살이나 석양빛이 화분 속 온도를 높이면 포기가 약해지므로 주의한다.
씨뿌리기	모종판에 흩어서 뿌리거나 비닐포트에 심는다. 호광성 씨앗으로 싹이 트려면 빛이 필요하므로, 씨앗이 겨우 가려질 정도로 흙을 얇게 덮는다.
심기 옮겨심기	추위, 더위에 강하지만 물이 잘 빠지지 않는 용토에 심으면 시들 수 있다. 노지에 심을 때는 퇴비와 부엽토를 20~30% 정도 섞은 용토에 심는다. 화분에 심을 때는 봄이나 가을에 뿌리분을 흩트려서 옮겨심는다.
물주기	씨를 뿌리거나 모종을 심을 때는 물을 듬뿍 준다. 그런 다음 화분에 심은 경우에는 흙 표면이 마르면 물을 충분히 준다. 노지에 심은 경우에는 뿌리를 내릴 때까지는 물을 충분히 주고, 그 뒤에는 기본적으로 물을 줄 필요가 없다.
비료주기	씨를 뿌리거나 모종을 심고 2주가 지나면, 과립형 완효성 화성비료를 알맞게 준다. 비료를 조금 적게 주면서 키워야 향이 좋고 튼튼한 포기로 자란다.
순지르기	꽃이 지고 장마가 시작되기 전에 깊이순지르기를 해서 짓무르지 않게 한다. 순지르기의 기준은 전체 길이의 1/2 정도.
수확	끝부분의 10~15㎝ 정도를 잘라서 수확한다.
번식방법	씨앗, 포기나누기, 꺾꽂이로 번식시킨다. 한여름과 한겨울은 피한다. 수확한 씨앗을 심으면 개체 차이가 있어서 향이나 품종이 달라진다.

START	씨앗, 모종	일조조건	양지
발아 적정온도	20~25℃	생육 적정온도	15~25℃
재배적지	내한성: 강, 내서성: 강		
용토	기본 배양토 60%, 코코피트 미립 35%, 펄라이트 5% (기본 배양토는 적옥토 소립 60%, 부엽토 40%)		
비료	과립형 완효성 화성비료, 액체비료, 유기질 비료		
식물의 높이	5~15㎝		

재배력

	1	2	3	4	5	6	7	8	9	10	11	12
수확기				■	■	■	■	■	■	■		
개화기				■	■							
씨뿌리기									■	■		
심기·옮겨심기			■	■					■	■		
비료주기				■	■							

덩굴성인 타임 롱기카울리스는 생장이 빠르고 튼튼해서 빽빽하고 무성하게 자라기 때문에, 지피식물로 이용된다. 꽃은 원형이며 꽃이 매우 많이 핀다.

위로 자라는 타임. 손으로 만지면 상쾌한 향기가 난다.

저먼 캐모마일

과 · 속	국화과 족제비쑥속	분 류	허브, 한해살이풀, 꽃이 피는 풀
원산지	지중해 연안 지역~중앙아시아	꽃 색	○

하얗고 자그마한 꽃은 점점 중심이 부풀어오르면서 꽃잎이 밑으로 늘어져 사랑스러운 모습이 된다. 꽃에서는 사과 같은 새콤달콤한 향기가 나는데, 이 꽃부분만 따서 뜨거운 물을 부어 허브티로 즐긴다. 내한성이 있고 튼튼해서, 일단 심으면 씨앗이 저절로 떨어지면서 번식한다.

Close-up!

기본 재배방법

화분 위치 심는 장소	해가 잘 들고, 물이 잘 빠지며, 바람이 잘 통하는 장소가 좋다. 강한 햇살이나 석양빛이 화분 속 온도를 높이면 포기가 약해지므로 주의한다.
씨뿌리기	모종판에 흩어서 뿌리거나 비닐포트에 심는다. 호광성 씨앗이므로 씨앗이 겨우 가려질 정도로 흙을 얇게 덮는다.
심기 옮겨심기	7~8㎝ 정도로 자라면 심는다. 화분에 심을 때는 허브용 흙을 사용하는 것이 좋다. 노지에 심을 때는 고토석회, 퇴비, 부엽토를 섞은 용토에 10~30㎝ 간격으로 심는다.
물주기	씨를 뿌리거나 모종을 심을 때는 물을 듬뿍 준다. 씨앗이 물에 쓸려 내려가기 쉬우므로 처음에는 저면급수로 물을 주고, 싹이 틀 때까지는 저면급수나 분무기로 물을 준다. 그런 다음 화분에 심은 경우에는 흙 표면이 마르면 물을 충분히 주고, 과습에 주의한다. 노지에 심은 경우에는 뿌리를 내릴 때까지는 물을 충분히 주고, 그 뒤에는 기본적으로 물을 줄 필요가 없다.
비료주기	씨를 뿌리거나 모종을 심고 2주가 지나면, 과립형 완효성 화성비료를 알맞게 준다. 초여름에 같은 양의 과립형 완효성 화성비료를 준다.
순지르기	10~15㎝ 정도로 자라면 줄기를 깊이순지르기해서 겨드랑눈이 자라게 한다.
수확	꽃이 피고 꽃잎이 수평으로 벌어질 무렵, 줄기째 수확한다. 꽃봉오리는 남겨둔다. 수확한 꽃은 말려서 보관하거나 냉장 또는 냉동 보관도 가능하다.
번식방법	씨앗으로 번식시킨다. 저절로 떨어진 씨앗으로도 번식한다.

START	씨앗, 모종	일조조건	양지
발아 적정온도	20~25℃	생육 적정온도	15~25℃
재배적지	내한성: 강, 내서성: 약		
용토	기본 배양토 60%, 코코피트 미립 35%, 펄라이트 5% (기본 배양토는 적옥토 소립 60%, 부엽토 40%)		
비료	과립형 완효성 화성비료, 액체비료, 유기질 비료		
식물의 높이	30~60㎝		

재배력

	1	2	3	4	5	6	7	8	9	10	11	12
수확기				■	■	■						
개화기				■	■	■						
씨뿌리기			■	■					■	■		
심기·옮겨심기				■	■							
비료주기				■	■							

1 본잎이 나오면 솎아낸다. 뿌리가 엉켜있으면 가위로 잘라낸다.
2 7~8㎝ 정도 자랐을 때 아주심기해서 10㎝ 정도로 자란 상태. 특징인 섬세한 잎이 무성해진다.
3 꽃잎이 수평으로 벌어질 때 가장 좋은 향이 난다. 이때 딴다.

차이브

과 · 속	백합과 알리움속	분 류	허브, 여러해살이풀, 꽃이 피는 풀
원산지	유럽~시베리아	꽃 색	●○◐

요리에 풍미를 내기 위해 사용하는 파와 같은 속에 속한다. 서양식, 일식, 중식 등 모든 요리에 잘 어울리고, 섬세하고 고급스러운 풍미를 더해준다. 봄부터 가을까지는 수확할 때 밑동을 남겨두면 다시 자랄 정도로 생육이 왕성하다. 사랑스러운 꽃을 즐기기 위해 수확용과 관상용을 구분해도 좋다.

Close-up!

기본 재배방법

화분 위치 심는 장소	해가 잘 들고, 물이 잘 빠지며, 바람이 잘 통하는 장소가 좋다. 강한 햇살이나 석양빛이 화분 속 온도를 높이면 포기가 약해지므로 주의한다.
씨뿌리기	모종판에 일정한 간격으로 줄지어 뿌리거나 흩어서 뿌린다. 비닐포트에 심어도 좋다. 빛을 좋아하는 호광성 씨앗으로 싹이 트려면 빛이 필요하므로, 씨앗이 겨우 가려질 정도로 흙을 얇게 덮는다.
심기 옮겨심기	10cm 정도로 자라면 1포기씩 아주심기한다. 약 2~3cm 깊이로 심는다. 노지에 심을 때는 고토석회와 부엽토를 섞어준다. 몇 년 뒤에 잎이 단단해지거나 가늘어지면 옮겨심는다.
물주기	화분에 심은 경우 과습에 주의한다. 심은 다음에는 다른 알리움속 식물과 마찬가지로 뿌리가 상하지 않도록 물은 되도록 적게 주고, 잎에 힘이 없어지면 물을 준다. 화분에 심은 경우 뿌리가 자리를 잡은 뒤에는 흙 표면이 마르면 물을 충분히 준다. 노지에 심은 경우에는 뿌리를 내릴 때까지는 물을 충분히 주고, 그 뒤에는 기본적으로 물을 줄 필요가 없다.
비료주기	화분에 심고 2주 뒤에 과립형 완효성 화성비료를 알맞게 준다. 노지에 심은 경우에는 유기질 비료를 충분히 섞어준 뒤 심는다. 화분이나 노지 모두, 처음과 마지막 수확 뒤에 과립형 완효성 화성비료를 준다.
수확	밑동에서 4~5cm 정도 남기고 잎을 수확한다. 그런 다음 2주 정도 지나면 다시 자라난다.
번식방법	씨앗, 포기나누기로 번식시킨다. 포기나누기는 3월 하순~4월 하순, 9월 중순~10월 중순에 잎이 복잡해지면 한다.

START	씨앗, 모종	일조조건	양지
발아 적정온도	20~25℃	생육 적정온도	15~25℃
재배적지	내한성: 중~강, 내서성: 약		
용토	기본 배양토 60%, 코코피트 미립 35%, 펄라이트 5% (기본 배양토는 적옥토 소립 60%, 부엽토 40%)		
비료	과립형 완효성 화성비료, 액체비료, 유기질 비료		
식물의 높이	20~40cm		

재배력

	1	2	3	4	5	6	7	8	9	10	11	12
수확기*												
개화기												
씨뿌리기												
심기·옮겨심기												
비료주기												

* 2년째 이후부터는 4월 중순부터 수확한다.

고온다습에 약하기 때문에 여름에는 반그늘에서 관리하는 것이 좋다. 지상부가 시드는 겨울 외에는 언제든지 수확할 수 있다.

지름 2~3cm 정도 되는 둥근 모양의 핑크색 꽃이 핀다. 노지에 심은 경우 거의 물을 줄 필요가 없지만, 심하게 건조하면 잎끝이 시들기 때문에 주의한다.

바질

과 · 속	꿀풀과 바질속	분류	허브, 한해살이풀*, 채소	
원산지	열대 아시아, 인도	꽃색	●○	잎색 ●●

스파이시한 향이 식욕을 자극해 더위 먹었을 때 도움이 된다. 요리는 물론 약초나 관상용으로도 사랑받는 허브. 고온다습한 환경에 강해서 무더운 여름에도 잎이 무성해진다. 꽃이 피면 잎이 단단해지므로 꽃눈은 제거한다. 잎은 말려서 보관할 수 있다.　　*지역에 따라서는 여러해살이풀로도 분류한다.

기본 재배방법

화분 위치 심는 장소	해가 잘 들고, 물이 잘 빠지며, 바람이 잘 통하는 장소가 좋다. 강한 햇살이나 석양빛이 화분 속 온도를 높이면 포기가 약해지므로 주의한다.
씨뿌리기	모종판에 일정한 간격으로 줄지어 뿌리거나 흩어서 뿌린다. 비닐포트에 심어도 좋다. 빛을 좋아하는 호광성 씨앗으로 싹이 트려면 빛이 필요하므로, 씨앗이 겨우 가려질 정도로 흙을 얇게 덮는다.
심기 옮겨심기	화분에 심는 경우 본잎이 2~3장이 되면 허브 전용 토에 심는다. 노지에 심는 경우에는 고토석회를 섞고, 1주일 뒤에 다시 퇴비를 섞어서, 1주일 동안 방치한 뒤 30cm 간격으로 심는다.
물주기	씨를 뿌리거나 모종을 심을 때는 물을 듬뿍 준다. 그런 다음 화분에 심은 경우에는 흙 표면이 마르면 물을 충분히 주고, 과습에 주의한다. 노지에 심은 경우에는 뿌리를 내릴 때까지 물을 충분히 주고, 그 뒤에는 기본적으로 줄 필요가 없다.
비료주기	씨를 뿌리거나 모종을 심고 2주가 지나면, 과립형 완효성 화성비료를 알맞게 준다. 심고 나서 2~3달마다 같은 양의 비료를 준다. 그런 다음 흙을 북돋워 준다.
순지르기	20cm 정도로 자라면 순지르기를 해서 겨드랑눈을 키운다. 그리고 적당할 때 수확을 겸해 깊이순지르기를 한다.
수확	아래쪽의 크게 자란 잎부터 잘라낸다. 복잡해진 부분은 줄기째 잘라도 된다.
번식방법	씨앗이나 꺾꽂이로 번식시킨다. 꺾꽂이는 4~7월 정도에 하는 것이 좋다.

START	씨앗, 모종	일조조건	양지
발아 적정온도	20~25℃	생육 적정온도	15~25℃
재배적지	내한성: 약, 내서성: 중		
용토	기본 배양토 60%, 코코피트 미립 35%, 펄라이트 5% (기본 배양토는 적옥토 소립 60%, 부엽토 40%)		
비료	과립형 완효성 화성비료, 액체비료, 유기질 비료		
식물의 높이	20~60cm		

재배력	1	2	3	4	5	6	7	8	9	10	11	12
수확기												
개화기												
씨뿌리기												
심기·옮겨심기												
비료주기												

바질의 강한 향이 해충을 막아주기 때문에 가지, 토마토, 양상추, 쑥갓 등의 채소와 함께 동반식물로 심으면 생육에 도움이 된다. 사진은 가지와 함께 심은 바질.

잎색이 퍼플 계열인 다크 오팔 바질. 흑자색의 멋진 식물로, 꽃꽂이용 재료로도 이용된다.

재배 포인트

씨뿌리기

3호 비닐포트에 용토를 넣고 씨앗을 5알씩 뿌린다.

흙을 얇게 덮는다

바질은 호광성 씨앗이므로 흙을 최대한 얇게 덮는다. 물을 듬뿍 주면 작은 씨앗이 쓸려 내려가므로 저면급수하는 것이 좋다.

싹트기

싹이 트고 작은 떡잎이 나온다.

본잎이 나온다

본잎이 나온다. 벌써 바질 특유의 향이 난다.

심기

1

2

1 뿌리분을 흩트리지 않도록 주의해서, 비닐포트에 들어있는 모종을 꺼낸다. 뿌리를 건드리지 말고 그대로 화분에 옮긴다.
2 화분에 심는다.

첫 수확

씨앗을 뿌리고 수확할 때까지 1달 반 정도 걸린다. 아직 작지만 잎을 1장씩 가위로 잘라서 수확할 수 있다.

순지르기

20㎝ 이상으로 자라면 줄기 끝을 순지르기 한다. 그리고 지나치게 자란 경우에는 깊이 순지르기를 한다.

꽃눈

꽃이 피면 잎이 단단해지기 때문에 꽃눈을 따서, 오랫동안 부드러운 잎을 수확한다. 또는 꽃눈을 살려서 씨앗을 채취한다.

민트

과·속	꿀풀과 박하속	분류	허브, 여러해살이풀, 꽃이 피는 풀
원산지	일본, 유라시아 대륙, 아프리카 북부	꽃색	●○○ 잎색 ●◎

청량한 향이 매력적인 허브. 향은 사과나 파인애플, 초콜릿 등 다양한 종류가 있다. 식용, 정유용, 약용, 원예용 등 품종에 따라 용도가 다른 것도 특징이다. 물에 담가두면 뿌리가 나올 정도로 성장이 왕성하다. 향주머니나 리스 등 공예품에도 이용할 수 있다.

기본 재배방법

화분 위치 심는 장소	해가 잘 들고, 물이 잘 빠지며, 바람이 잘 통하는 장소가 좋다. 강한 햇살이나 석양빛이 화분 속 온도를 높이면 포기가 약해지므로 주의한다. 무늬가 있는 종류는 반그늘에서도 재배가 가능하다.
씨뿌리기	모종판에 일정한 간격으로 줄지어 뿌리거나 흩어서 뿌린다. 비닐포트에 심어도 좋다. 빛을 좋아하는 호광성 씨앗으로 싹이 트려면 빛이 필요하므로, 씨앗이 겨우 가려질 정도로 흙을 얇게 덮는다.
심기 옮겨심기	화분에 심는 경우 본잎이 3~4장이 되면 허브 전용토에 심는다. 노지에 심을 때는 20㎝ 이상 간격을 두고 심는다. 1년에 1번은 옮겨심는 것이 좋다.
물주기	씨를 뿌리거나 모종을 심을 때는 물을 듬뿍 준다. 그런 다음 화분에 심은 경우에는 흙 표면이 마르면 물을 충분히 주고, 과습에 주의한다. 노지에 심은 경우에는 뿌리를 내릴 때까지는 물을 충분히 주고, 그 뒤에는 기본적으로 줄 필요가 없다.
비료주기	씨를 뿌리거나 모종을 심고 2주가 지나면, 과립형 완효성 화성비료를 표준량보다 적게 준다. 그런 다음 3달에 1번 같은 양의 비료를 준다.
순지르기	6월경 잎이 달린 부분 위에서 줄기를 자른다. 꽃이삭이 달리면 잎이 단단해지고 풍미가 약해지므로 자주 잘라준다.
수확	20~30㎝ 정도로 자라면 겨드랑눈 위를 잘라서 수확한다.
번식방법	씨앗, 포기나누기, 꺾꽂이로 번식시킨다. 포기나누기는 옮겨심을 때 땅속줄기 끝에 새싹과 뿌리가 보이면 잘라서 나눈다. 꺾꽂이는 10~15㎝ 정도의 줄기를 물이 담긴 컵에 꽂아 두기만 해도 뿌리가 나온다.

START	씨앗, 모종	일조조건	양지, 반그늘(무늬가 있는 종류)
발아 적정온도	20~25℃	생육 적정온도	15~25℃
재배적지	내한성: 중~강, 내서성: 중~강 *품종에 따라 다르다.		
용토	기본 배양토 60%, 코코피트 미립 35%, 펄라이트 5% (기본 배양토는 적옥토 소립 60%, 부엽토 40%)		
비료	과립형 완효성 화성비료, 액체비료, 유기질 비료		
식물의 높이	10~100㎝		

재배력

	1	2	3	4	5	6	7	8	9	10	11	12
수확기					■	■	■	■	■	■		
개화기							■	■				
씨뿌리기				■	■							
심기·옮겨심기				■	■				■	■		
비료주기	■			■			■			■		

1 왕성하게 기는줄기를 뻗는다. 잎 밑에서 뿌리가 나오므로 정기적으로 기는줄기를 잘라낸다.
2 관상용 '파인애플 민트'는 무늬가 있는 종류이다.
3 '오렌지 민트'의 꽃. 민트는 다른 품종과 교배하기 쉬우므로, 다른 품종을 근처에 심지 않는다.

라벤더

과 · 속	꿀풀과 라벤더속	분 류	허브, 작은키나무, 꽃이 피는 풀
원산지	지중해 연안 지방~서아시아	꽃 색	●○●

보랏빛의 아름다운 꽃과 진한 향기로 '허브의 여왕'이라 불린다. 약용, 식용을 비롯해 일용품이나 공예품 등에도 많이 사용되는 친숙한 허브 중 하나이다. 품종에 따라 생육 방법이 조금씩 다르므로, 씨앗이나 모종을 구입할 때는 라벨을 꼼꼼히 확인해야 한다.

기본 재배방법

화분 위치 심는 장소	해가 잘 들고, 물이 잘 빠지며, 바람이 잘 통하는 장소가 좋다. 강한 햇살이나 석양빛이 화분 속 온도를 높이면 포기가 약해지므로 주의한다.
씨뿌리기	모종판에 일정한 간격으로 줄지어 뿌리거나 흩어서 뿌린다. 비닐포트에 심어도 좋다. 빛을 좋아하는 호광성 씨앗으로 싹이 트려면 빛이 필요하므로, 씨앗이 겨우 가려질 정도로 흙을 얇게 덮는다.
심기 옮겨심기	10㎝ 정도로 자라면 3호 화분에 1포기를 심는다. 노지에 심을 때는 10~30㎝ 간격으로 심는다.
물주기	씨를 뿌리거나 모종을 심을 때는 물을 듬뿍 준다. 그런 다음 화분에 심은 경우에는 흙 표면이 마르면 물을 충분히 주고, 과습에 주의한다. 노지에 심은 경우에는 뿌리를 내릴 때까지 물을 충분히 주고, 그 뒤에는 기본적으로 줄 필요가 없다. 여름에는 과습에 주의하고, 비가 오는 시기에는 처마 밑 등으로 화분을 옮긴다.
비료주기	씨를 뿌리거나 모종을 심고 2주가 지나면, 과립형 완효성 화성비료를 알맞게 준다. 비료를 많이 주는 것을 좋아하지 않기 때문에, 여름부터 가을까지는 주지 않는다. 이듬해 3월에 같은 양의 과립형 완효성 화성비료를 준다.
가지치기	포기 모양이 쉽게 흐트러지기 때문에 3월 무렵 가지치기를 한다. 장마철과 9월 하순에 속음 가지치기를 해서 바람이 잘 통하게 한다.
수확	5월 하순~7월 하순에 꽃이 70% 정도 피면, 수확과 가지치기를 겸해 꽃대의 1/2 정도를 잘라낸다.
번식방법	씨앗, 꺾꽂이로 번식시킨다. 꺾꽂이는 가지치기한 가지를 사용한다. 1주일 정도 그늘에 둔 뒤 밝은 곳에서 관리한다. 5월 중순~6월 하순이 좋다.

START	씨앗, 모종	일조조건	양지
발아 적정온도	20~25℃	생육 적정온도	15~25℃
재배적지	내한성: 강, 내서성: 강		
용토	기본 배양토 60%, 코코피트 미립 35%, 펄라이트 5% (기본 배양토는 적옥토 소립 60%, 부엽토 40%)		
비료	과립형 완효성 화성비료, 액체비료, 유기질 비료		
식물의 높이	20~120㎝		

재배력

	1	2	3	4	5	6	7	8	9	10	11	12
수확기							■	■				
개화기						■	■	■				
씨뿌리기				■	■							
심기·옮겨심기			■	■					■	■		
비료주기			■						■	■		

1 활짝 핀 프렌치 라벤더. 토끼 귀처럼 생긴 턱잎이 특징이다. 잉글리시 라벤더보다 향기는 덜하지만 더위에 강해 키우기 쉽다.
2 꽃이 70% 정도 피면 꽃대를 겨드랑눈 위에서 잘라낸다.
3 매우 작게 가지치기해서 짓무르지 않게 한다.

로즈메리

과 · 속	꿀풀과 로즈메리속	분 류	허브, 작은키나무, 꽃나무
원산지	지중해 연안 지역	꽃 색	●○●●

침엽수를 닮은 상쾌한 향으로 오래전부터 약용으로 사용된 허브. 튼튼하고 키우기 쉬워서 가정에서 재배하면 요리나 공예품 등에 다양하게 활용할 수 있다. 잎은 항상 푸르고 자그마한 꽃이 반복해서 핀다. 가지치기해서 생활에 활용해 보자.

Close-up!

기본 재배방법

화분 위치 심는 장소	해가 잘 들고, 물이 잘 빠지며, 바람이 잘 통하는 장소가 좋다. 강한 햇살이나 석양빛이 화분 속 온도를 높이면 포기가 약해지므로 주의한다. 위로 자라는 종류와 옆으로 늘어지는 종류가 있으므로, 화분 위치를 잘 선택한다.
씨뿌리기	모종판에 일정한 간격으로 줄지어 뿌리거나 흩어서 뿌린다. 비닐포트에 심어도 좋다. 빛을 좋아하는 호광성 씨앗으로 싹이 트려면 빛이 필요하므로, 씨앗이 겨우 가려질 정도로 흙을 얇게 덮는다.
심기 옮겨심기	3cm 정도로 자라면 9cm 포트에 1줄기씩 심는다. 15~20cm 정도로 자라면 뿌리분을 흩트리지 않고 그대로 얕게 심는다. 그런 다음 2년에 1번 정도 옮겨심는다.
물주기	씨를 뿌리거나 모종을 심을 때는 물을 듬뿍 준다. 그런 다음 화분에 심은 경우에는 흙 표면이 마르면 물을 충분히 주고, 과습에 주의한다. 노지에 심은 경우에는 뿌리를 내릴 때까지는 물을 충분히 주고, 그 뒤에는 기본적으로 줄 필요가 없다.
비료주기	씨를 뿌리거나 모종을 심고 2주가 지나면, 과립형 완효성 화성비료를 알맞게 준다. 그런 다음 액체비료를 1달에 2번 알맞게 준다.
순지르기 가지치기	새순을 적당히 순지르기 또는 가지치기한다. 가지가 복잡해지면 가지치기해서 높이를 고르게 정리한다. 4월 하순~10월 중순에 하는 것이 좋고 고온기는 피한다.
수확	수시로 수확할 수 있다.
번식방법	씨앗, 꺾꽂이로 번식시킨다. 꺾꽂이는 새가지를 2마디 잘라서 꽂는데, 5월 중순~6월 하순에 하는 것이 좋다.

START	씨앗, 모종	일조조건	양지
발아 적정온도	20~25℃	생육 적정온도	15~25℃ *겨울나기 온도는 -5℃ 정도까지
재배적지	내한성: 중, 내서성: 강		
용토	기본 배양토 60%, 코코피트 미립 35%, 펄라이트 5% (기본 배양토는 적옥토 소립 60%, 부엽토 40%)		
비료	과립형 완효성 화성비료, 액체비료, 유기질 비료		
식물의 높이	30~200cm		

재배력

	1	2	3	4	5	6	7	8	9	10	11	12
수확기												
개화기												
씨뿌리기												
심기 · 옮겨심기												
비료주기												

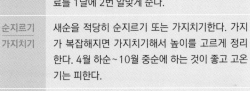

1 주로 봄부터 여름에 반복해서 꽃이 핀다.
2 가지가 자라면 잘라서 원하는 크기로 가지치기한다.
3 새가지 부분을 잘라서 포기 길이를 고르게 정리했다. 가지치기한 가지는 다양하게 활용할 수 있으며, 입욕제로 사용해도 좋다.

에키네시아

과 · 속	국화과 에키네시아속	분 류	허브, 여러해살이풀, 꽃이 피는 풀
원산지	북아메리카	꽃 색	●●●◐◌○●◎

둥글고 갈색을 띤 중심부분과 밑으로 늘어지는 꽃잎이 특징이다. 커다란 홑꽃은 더위에 강해서 차례차례 꽃을 피우며 한여름의 정원을 보기 좋게 장식한다. 최근에는 매우 다양한 관상용 품종이 나와서 컬러풀한 꽃으로 이미지 변신 중이다. 면역력을 높여주는 허브로도 잘 알려져 있다.

기본 재배방법

화분 위치 심는 장소	해가 잘 들고, 물이 잘 빠지며, 바람이 잘 통하는 장소가 좋다. 강한 햇살이나 석양빛이 화분 속 온도를 높이면 포기가 약해지므로 주의한다. 장마철에는 뿌리가 썩지 않도록 처마 밑으로 화분을 옮긴다.
씨뿌리기	모종판에 일정한 간격으로 줄지어 뿌리거나 흩어서 뿌린다. 비닐포트에 심어도 좋다. 빛을 좋아하는 호광성 씨앗으로 싹이 트려면 빛이 필요하므로, 씨앗이 겨우 가려질 정도로 흙을 얇게 덮는다.
심기 옮겨심기	모종으로 키우는 경우가 많다. 뿌리가 가득차서 잘 엉키기 때문에, 화분에 심으면 해마다 뿌리를 정리해서 새로운 용토에 옮겨심는다. 노지에 심을 때는 고토석회, 퇴비, 부엽토를 섞은 용토에 심는다.
물주기	씨를 뿌리거나 모종을 심을 때는 물을 듬뿍 준다. 그런 다음 화분에 심은 경우에는 흙 표면이 마르면 물을 충분히 주고, 과습에 주의한다. 노지에 심은 경우에는 뿌리를 내릴 때까지 물을 충분히 주고, 그 뒤에는 기본적으로 줄 필요가 없다.
비료주기	씨를 뿌리거나 모종을 심고 2주가 지나면, 과립형 완효성 화성비료를 알맞게 준다. 그런 다음 2달에 1번 같은 양의 과립형 완효성 화성비료를 준다.
시든 꽃 따기	꽃이 지면 꽃대까지 통째로 잘라낸다. 자주 하는 것이 좋다.
겨울나기	노지에 심은 경우에는 땅쪽으로 바싹 자르고, 포기 주변을 멀칭하여 추위를 막아준다.
번식방법	꺾꽂이, 포기나누기로 번식시킨다. 3~4월이 적당하다.

START	씨앗, 모종	일조조건	양지
발아 적정온도	20~25℃	생육 적정온도	15~25℃
재배적지	내한성: 강, 내서성: 강		
용토	기본 배양토 60%, 코코피트 미립 35%, 펄라이트 5% (기본 배양토는 적옥토 소립 60%, 부엽토 40%)		
비료	과립형 완효성 화성비료, 액체비료, 유기질 비료		
식물의 높이	30~100㎝		

재배력

	1	2	3	4	5	6	7	8	9	10	11	12
개화기						■	■	■				
씨뿌리기			■	■								
심기 · 옮겨심기				■	■				■	■		
비료주기			■	■	■				■	■		

홑꽃 품종의 흰꽃

겹꽃 품종

체리 플러프

더블 스쿱 라즈베리

치자나무

과·속	꼭두서니과 치자나무속	분류	꽃나무(늘푸른나무), 작은키나무
원산지	중국	꽃색	○

장마철이면 달콤하고 짙은 향기를 내뿜는 꽃이 핀다. 봄철 서향나무, 가을철 금목서나무와 함께 향이 좋기로 유명한 나무다. 열매가 익어도 갈라지지 않는데, 일본에서는 입이 없다(벌어지지 않는다)는 뜻으로 구치나시라고 부른다. 오렌지색 열매는 염료, 식품의 착색료, 한방약 등으로 이용된다.

START	묘목
일조조건	양지~반그늘(꽃은 줄어든다)
생육 적정온도	15~25℃
재배적지	내한성: 중, 내서성: 강
용토	기본 배양토 60%, 코코피트 미립 35%, 펄라이트 5% (기본 배양토는 적옥토 소립 60%, 부엽토 40%)
비료	과립형 완효성 화성비료, 액체비료, 유기질 비료
식물의 높이	0.8~2m

재배력

	1	2	3	4	5	6	7	8	9	10	11	12
개화기						■	■					
심기·옮겨심기			■	■	■	■			■			
비료주기			■	■		■	■					

기본 재배방법

화분 위치 심는 장소	양지든 반그늘이든 지나치게 건조하지 않은 토양을 좋아한다. 꽃이나 열매를 보기 위해서는 반나절 이상 햇빛이 드는 장소가 좋다. 겨울철에는 찬바람이 부는 장소는 피한다. 화분에 심으면 좁은 장소에서도 키울 수 있다.
심기 옮겨심기	화분에 심을 때는 배양토에 심는다. 노지에 심을 때는 화분의 2~3배 크기와 깊이의 구덩이를 파고, 뿌리분을 1/3 정도 털어낸 뒤 부엽토나 퇴비를 섞은 용토에 심는다.
물주기	화분에 심은 경우 흙 표면이 마르지 않도록 주의한다. 여름에는 아침저녁 2번, 봄가을에는 1~2일에 1번, 겨울에는 건조할 때 물을 준다. 노지에 심은 경우 여름의 건조한 시기 외에는 대부분 물을 줄 필요가 없다.
비료주기	묘목을 심고 2주가 지나면 과립형 완효성 화성비료를 알맞게 준다. 그 뒤에는 3월과 6월에 포기 주변에 준다. 여름 이후에 비료를 주면 꽃눈이 잘 달리지 않기 때문에 주지 않는다.
시든 꽃 따기	시든 꽃은 그때그때 딴다.
가지치기	나무 모양은 자연스럽게 정리되므로, 기본적으로 웃자란 가지 등을 가지치기한다. 6월에 꽃이 핀 뒤 7월에 꽃눈이 분화될 때까지가 가지치기 시기. 꽃이 핀 뒤 가능한 한 빨리 가지치기를 한다.
번식방법	꺾꽂이로 번식시킨다. 그해에 난 새가지를 10~15㎝ 정도로 자르고, 끝쪽에 잎을 2~3장 남겨서 꽂는다. 마르지 않도록 관리하면 2달 정도 뒤에는 뿌리가 나온다.

자연스럽게 나무 모양이 정리되므로 가지치기를 하지 않아도 되고 꽃향기도 좋아서, 가로수로 이용되기도 한다. 홑꽃 종류는 열매도 맺는다.

가을이 되어 오렌지색으로 물든 열매. 염료나 착색료 등으로 이용 가치가 높다. 일본에서는 설날 음식에도 사용한다.

장미

과 · 속	장미과 장미속	분 류	꽃나무(갈잎나무), 작은키나무(일부는 덩굴성)
원산지	아시아, 유럽, 중근동, 북아메리카, 아프리카 일부 지역	꽃 색	●●◐◐◐○●●●○

봄 시즌에 새 묘목을 많이 만날 수 있는 인기 많은 꽃나무. 꽃 모양은 물론 향기나 꽃달림, 나무 모양 등을 원하는 대로 고를 수 있을 만큼 다양한 품종이 있다. 품종을 고를 때는 꽃 모양과 더불어 생육 난이도, 재배 환경도 고려해야 한다.

START	묘목, 씨앗	일조조건	양지
발아 적정온도	15℃ 전후	생육 적정온도	15~25℃
재배적지	내한성: 강, 내서성: 강		
용토	기본 배양토 60%, 코코피트 미립 35%, 펄라이트 5% (기본 배양토는 적옥토 소립 60% 부엽토 40%)		
비료	과립형 완효성 화성비료, 액체비료를 표준량보다 많이 준다.		
식물의 높이	0.15~10m		

재배력

	1	2	3	4	5	6	7	8	9	10	11	12
개화기												
씨뿌리기												
심기·옮겨심기				신묘(4월 중순~6월 하순)					대묘(10~3월)			
비료주기												

기본 재배방법

화분 위치 심는 장소	해가 잘 들고, 물이 잘 빠지며, 바람이 잘 통하는 장소가 좋다. 한여름에는 밑동에 직사광선이 닿지 않도록 부엽토 등으로 멀칭한다. 겨울에는 처마 밑 등으로 화분을 옮긴다.
심기 옮겨심기	유기질이 풍부한 흙이 가장 좋다. 봄에 나오는 새 묘목(신묘)은 뿌리를 풀어주면 상하기 때문에 그대로 심는다. 화분에 심을 때는 새 묘목을 1년 정도 키운 큰 묘목(대묘)의 화분보다 한 치수 정도 큰 화분을 준비한다. 노지에 심을 때는 먼저 토양을 알맞은 상태로 만든 뒤 심는다.
물주기	화분에 심은 경우에는 흙 표면이 마르면 듬뿍 준다. 노지에 심은 경우에는 비가 오지 않고 건조한 한여름에는 충분히 준다. 겨울철에는 노지에 심은 장미는 조금 건조한 상태를 유지하는 것이 좋다.
비료주기	씨를 뿌리거나 묘목을 심고 2주가 지나면, 과립형 완효성 화성비료를 알맞게 준다. 사계성 장미는 꽃 수가 많기 때문에 비료를 자주 준다.
시든 꽃 따기	꽃이 시들면 바로 시든 꽃을 잘라낸다.
가지치기	사계성 장미는 가지를 자르면 다시 새로운 싹이 나와서 꽃을 피우는 성질이 있기 때문에, 가지치기가 중요하다. 8~9월의 여름 가지치기는 나무 모양을 정리하고 포기를 회복시키기 위해서 한다. 1~2월의 겨울 가지치기는 나무 모양을 정리하고 포기를 갱신시키기 위해서 한다. 3월에는 순따기를 한다.
사이갈이 (중갈이)	흙이 굳으면 흙 표면을 얕게 갈아서 토양의 통기성이나 물빠짐 등을 개선한다.
번식방법	꺾꽂이, 씨앗으로 번식시킨다. 씨앗은 꽃이 진 뒤 맺힌 열매에서 채취하여 바로 심는다.

1 화분에서 꺼내도 뿌리분이 흐어지지 않고 뿌리가 많이 감기지 않은 매우 좋은 상태. 뿌리 상태가 지상부의 생육에 영향을 준다.
2 가느다란 흰 뿌리가 영양분이나 수분을 흡수한다.

재배 포인트

| 순따기

1 3월이 되어 봄 햇살을 받으면 새싹이 움튼다. 포기가 튼튼해서 가지 1곳에서 3개의 싹이 나왔다.

2 싹이 많이 나오면 잎이나 가지가 지나치게 무성해져서 병해충이 발생할 위험이 있기 때문에, 이 시기에 싹을 솎아준다. 한편, 이 시기에는 바람이 강해서 가지가 흔들리거나 서로 부딪혀서 남겨둔 새싹이 떨어질 수 있으므로 주의한다.

3 가지 가운데에 있는 큰 새싹을 남겼다.

| 시든 꽃 따기

• 한 가지에 여러 송이가 피는 품종

1 한 가지에 여러 송이의 꽃이 모여서 피는 플로리분다 계열의 장미는, 1송이씩 꽃을 잘라낸다. 사진의 품종은 '더블 딜라이트'.

2 꽃이 시들 때마다 1송이씩 잘라낸다. 자르는 위치는 관계없다.

3 남은 장미는 보기에도 좋고 바람도 잘 통해서 오래 즐길 수 있다. 꽃이 모두 지면 맨 위에 있는 5장의 잎 위나, 그 밑에 있는 5장의 잎과의 사이를 기준으로 자른다. 포기 전체의 길이를 고려해서 자른다.

• 한 가지에 한 송이만 피는 품종

한 가지에 한 송이만 피는 품종은 꽃이 지면 5장의 잎 위에서 잘라낸다. 자르는 시기는 꽃색이 변하기 시작할 때. 사진의 품종은 '파롤'이다. 잎 위에 꽃잎이 떨어지면 그대로 두지 말고 제거해야, 광합성도 잘 되고 병 예방에도 도움이 된다.

잘라낸 시든 꽃. 사진은 꽃에 가장 가까운 5장의 잎 밑에서 자른 모습.

시든 꽃을 잘라낸 가지. 절단면 밑에는 이미 2번째 꽃이 될 새싹이 움트고 있다.

재배 포인트

생장지 처리

• 흡지

밑동에서 기세 좋게 나오는 흡지. 특히 강력한 이 가지를 방치하면, 영양이 집중되어 주위 가지의 성장을 방해하므로, 순지르기를 한다. 꽃봉오리가 보일 때쯤 하는 것이 좋다.

• 도장지

가지 중간에서 힘차게 뻗어나오는 도장지. 이것도 순지르기를 해준다.

• 덩굴장미의 생장지

덩굴장미는 새롭게 자란 가지 끝에서 이듬해 봄에 꽃이 핀다. 튼튼하게 자란 생장지도 자르지 말고, 햄프(마)끈 등으로 주위의 가지에 묶어둔다.

가지치기

• 여름 가지치기

여름에 가지치기를 하는 목적은 나무 모양을 정리하고 포기를 회복시키기 위해서이다. 최근에는 더위가 매우 심해져서, 잎이 누렇게 변하는 포기도 자주 눈에 띈다.

1 화분 위에 떨어진 시든 잎이나 잡초 등을 제거한다. 병해충 발생을 예방하기 위해서라도 시든 잎 등은 그때그때 제거해야 한다.

2 복잡한 가지 중 첫 번째 꽃이 핀 튼튼한 가지를 골라서 남기고, 바람을 막는 주위의 가는 가지와 뒤엉킨 가지를 잘라낸다. 잎은 조금씩 남겨둔다.

3 남겨둔 튼튼한 가지를 1/2~2/3 정도 남기고 가지치기한다.

4 균형을 고려하면서 전체를 가지치기한다.

5 많은 가지와 잎을 잘라서 여름 가지치기를 끝낸 모습. 가을의 장미 시즌을 위한 준비를 시작한다. 가지치기 뒤에는 영양제를 준다.

재배 포인트

• 더위로 아랫잎이 떨어졌을 때

1 여름 더위로 아랫잎이 모두 떨어져 약해진 포기. 시들시들한 잎이 가지 위쪽에만 남아 있다.

2 가지 끝만 가지치기한다. 약해진 포기는 가지를 지나치게 많이 자르면 회복하기 힘들다.

3 가지치기 완성. 더 허전한 모습이 되었지만, 시원한 계절이 오면 포기가 다시 튼튼해진다. 영양제를 알맞게 준다.

• 겨울 가지치기

1 나무 모양을 정리하고 포기를 새롭게 갱신시키는 겨울 가지치기. 기온이 낮아 포기가 휴면하는 1~2월이 적당하다.

2 가는 가지, 약한 가지, 마른 가지를 가지치기한다. 복잡하게 모여 있어서 바람이나 햇빛을 막는 가지를 가지치기한다.

3 전체적인 균형을 확인하면서 1/3~1/2 높이로 가지치기하면 겨울 가지치기 끝.

4 4월의 모습. 가지와 잎이 튼튼하게 자랐다.

| 큰 묘목심기, 옮겨심기

1 장미 묘목은 봄에 나오는 새 묘목(신묘), 새 묘목을 키워서 11~2월에 나오는 큰 묘목(2년생 묘목, 대묘), 그리고 좀 더 크게 키운 화분 묘목이 있다. 큰 묘목과 화분 묘목의 심기, 화분 묘목의 옮겨심기는 11~2월에 한다

2 옮겨심는 용토는 적옥토 경질 40%, 부엽토 30%, 우분 퇴비 25%, 어분 5%에 왕겨숯(훈탄)과 규산염 백토를 조금 첨가한 배양토를 사용한다.

3 완전히 뿌리를 내리면 화분에서 잘 빠지지 않는다. 뿌리에 상처가 나지 않도록 화분 바깥쪽을 두드려서 뿌리분을 꺼낸다.

재배 포인트

4 뿌리분은 위쪽 1/3과 바닥쪽의 흙을 털어내서 둥글게 만든다.

5 워터 스페이스를 확보할 수 있도록 높이를 조절하고, 묘목을 화분 가운데에 놓는다.

6 용토를 넣고 뿌리 틈새에도 용토가 들어가도록 꼼꼼하게 심는다.

7 심기 완성. 화분에서 물이 흘러나올 정도로 충분히 물을 준다. 그 뒤에는 용토가 마르면 물을 준다.

새 묘목 심기

1 새 묘목(신묘)은 겨울에 접붙이기한 묘목이다. 4월 하순~6월에 유통되며, 어린 묘목, 봄 묘목이라고도 한다.

2 꽃봉오리가 맺혀 있는 경우도 있지만, 꽃을 피우려면 체력이 소모되므로 잘라버린다

3 뿌리분을 꺼낸다. 새 묘목은 어린 묘목이기 때문에, 보통 뿌리는 많이 감겨 있지 않다.

4 겨울에 심을 때는 뿌리분을 흩트리지만, 봄에 심는 새 묘목은 기본적으로 뿌리분을 건드리지 않고 그대로 심는다. 묘목의 상태에 따라서는 새 뿌리를 유도하기 위해 살짝 풀어준다.

5 화분 가운데에 새 묘목을 놓는다. 묘목이 똑바로 설 수 있도록 손으로 받쳐가며 꼼꼼하게 용토를 넣는다. 손으로 용토를 누르지 않는다.

6 표면의 흙을 평평하게 정리하면 완성. 가을에 꽃을 피울 수 있다.

장미 품종

• 모던 로즈

아이스버그

하츠네

피스

스카보로 페어

세인트 세실리아

프린세스 드 모나코

앰브리지 로즈

그레이스

자스미나

뉴 웨이브

카페 라테

프리지아

세헤라자드

녹 아웃

레오나르도 다 빈치

지크프리트

• 올드 로즈

뒤셰스 드 브라방

바롱 지로드 랭

• 장미 열매

해당화

개장미(로사 카니나)

코넬리아

프린세스 시빌 드 룩셈부르크

로사 기간테아

알바 세미 플레나

레이디 힐링던

• 원종

해당화

콤플리카타

찔레꽃

요크 앤 랭커스터

찔레꽃

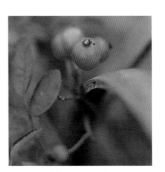
로사 글라우카

둥근인가목

수국

과 · 속	범의귀과 수국속	분 류	꽃나무(갈잎나무), 작은키나무
원산지	동아시아	꽃 색	●●○○●●●●○

장마철의 우중충한 하늘 아래서 푸른빛과 보랏빛의 청량감 넘치는 꽃을 피우는 꽃나무. 일본에서 육종된 품종으로, 유럽으로 건너가 개량되어 'Hydrangea'라는 이름으로 전 세계에 널리 퍼졌다. 건조에 주의한다.

기본 재배방법

화분 위치 심는 장소	해가 잘 들고, 물이 잘 빠지며, 바람이 잘 통하는 장소가 좋다. 강한 햇살이나 석양빛이 화분 속 온도를 높이면 잎이 탈 수 있으므로 주의한다.
심기 옮겨심기	도자기 화분에 심으면 쉽게 마르기 때문에, 플라스틱 화분을 사용하는 것이 좋다. 또는 밑동에 부엽토를 덮어준다.
물주기	화분이나 노지 모두 물이 마르지 않도록 주의하고, 흙 표면이 마르기 시작하면 물을 듬뿍 준다. 노지에 심은 경우 건조해서 잎이 늘어지면, 밑동에 부엽토나 낙엽을 덮어준다.
비료주기	심고 나서 2주가 지나면 과립형 완효성 화성비료를 알맞게 준다. 그런 다음 화분에 심은 경우에는 2주에 1번 액체비료를 알맞게 준다. 노지에 심은 경우에는 3월 하순에 포기 주위에 깊이 10㎝ 정도의 도랑을 파고 비료를 준 뒤, 다시 흙을 덮어준다.
시든 꽃 따기	가지치기 시기에 시든 꽃을 딴다. * 꽃이 활짝 핀 뒤 색이 변하기 시작한 수국을 꽃꽂이에 활용하기도 한다.
가지치기	시기가 중요하다. 수국은 이듬해 필 꽃눈을 가을에 만들기 때문에, 꽃눈이 형성된 뒤에 가지치기하면 꽃눈이 떨어지므로 주의한다. 5년에 1번 정도 짧게 잘라서 포기 크기를 조절한다.
번식방법	꺾꽂이로 번식시킨다. 지난해 가지를 사용해 봄에 꺾꽂이를 하거나, 6월경에 그해에 자란 가지를 사용하여 꺾꽂이한다.

START	묘목
일조조건	양지~반그늘
생육 적정온도	15~25℃
재배적지	내한성: 강, 내서성: 중
용토	기본 배양토 60%, 코코피트 미립 35%, 펄라이트 5% (기본 배양토는 적옥토 소립 60%, 부엽토 40%)
비료	과립형 완효성 화성비료, 액체비료, 유기질 비료
식물의 높이	0.8~2m

재배력

	1	2	3	4	5	6	7	8	9	10	11	12
개화기						▨	▨					
심기·옮겨심기	▨	▨	▨							▨	▨	▨
비료주기	▨	▨	▨									

1 수국의 시든 꽃은 7월 중순~8월 중순에 따는 것이 좋다.

2 꽃에서 2번째 마디의 위, 2㎝ 정도 되는 위치에서 자른다.

3 가을에는 이듬해 꽃이 필 꽃눈이 달리므로, 8월 말 이후에 시든 꽃을 따면 꽃눈이 떨어진다.

재배 포인트

3월

3월 초. 가지 끝에 달린 싹은 아직 단단하지만, 지난해 가을 싹 안에 꽃눈이 형성되었다.

4월

민들레꽃 등이 피는 계절. 수국의 가지 끝이나 밑동에서 어린잎이 나오기 시작한다.

5월

잎이 크게 자라고 중심에 작은 꽃이 보이기 시작한다. 1달 뒤에는 수국이 핀다.

수국 품종

• 수국

화이트 섀도   무늬가 있는 잎   스미다노하나비

코튼캔디   애프터눈 드림   소국

은하   프린세스 샬롯   포지 부케

기리시마노메구미   매지컬 수국   블루 피코티 마나슬루

수국 품종

카사노바

팝콘

아키시노테마리

• 수국의 근연종

애너벨

페어리 러브

무희

칠변화

떡갈잎수국 '스노 플레이크'

딥 퍼플

블랙 다이아몬드

기요스미사와

핑크 애너벨

컬리 스파클

• 산수국

구로히메

아이히메

상산

이탈리아목형

과 · 속	마편초과 순비기나무속	분 류	허브, 작은키나무, 꽃나무(갈잎나무)
원산지	유럽 남부	꽃 색	●●●○

한여름에 산뜻한 푸른빛 꽃을 보여준다. 생육이 왕성하고 추위에 강해 정원
수로도 인기가 많다. 가지를 넓게 뻗기 때문에 노지에 심는 것이 좋다. 오랫
동안 꽃을 피우는데, 꽃과 잎에서 나는 스파이시한 향이 특징이다. 예전에
는 아그누스카스투스 목형이라고 부르기도 했다.

기본 재배방법	
화분 위치 심는 장소	해가 잘 들고, 물이 잘 빠지며, 바람이 잘 통하는 장소가 좋다. 지나치게 건조하지 않고 겨울에 찬바람이 닿지 않는 곳이 좋다.
심기 옮겨심기	뿌리분을 1/3 정도 털어내고 2~3배 깊이의 구덩이를 판 뒤, 부엽토를 1/3 정도 섞어서 심는다. 자란 뒤에는 옮겨심기 어려우므로, 심는 장소를 신중하게 선택한다.
물주기	화분에 심은 경우에는 흙 표면이 마르면 물을 충분히 주고, 과습에 주의한다. 노지에 심은 경우에는 뿌리를 내릴 때까지는 물을 충분히 주고, 그 뒤에는 기본적으로 물을 줄 필요가 없다.
비료주기	심고 나서 2주가 지나면, 유기질 비료 또는 과립형 완효성 화성비료를 알맞게 준다. 겨울 웃거름으로 2~3월에 같은 방법으로 비료를 준다.
시든 꽃 따기	꽃이 시들면 그때그때 딴다.
가지치기	강한 가지치기는 되도록 피한다. 자름 가지치기나 웃자란 가지와 마른 가지를 가지치기한다.
번식방법	꺾꽂이로 번식시킨다. 9월에는 그해에 자란 새가지, 3월에는 전년도 가지를 사용한다. 2~3마디 정도로 자른 뒤 잎을 1/3~1/2 크기로 잘라서 꺾꽂이한다. 그늘에서 마르지 않도록 관리하면 2~3달 뒤에 뿌리가 나온다.

START	묘목
일조조건	양지
생육 적정온도	20~30℃ *-6℃ 이하로 기온이 내려가는 한랭지에서는 실외에서 겨울을 나기 어렵다.
재배적지	내한성: 강, 내서성: 강
용토	기본 배양토 60%, 코코피트 미립 35%, 펄라이트 5% (기본 배양토는 적옥토 소립 60%, 부엽토 40%)
비료	과립형 완효성 화성비료, 액체비료, 유기질 비료
식물의 높이	2~4m

재배력

	1	2	3	4	5	6	7	8	9	10	11	12
개화기							■	■	■			
심기·옮겨심기			■	■						■	■	
비료주기			■	■								

로즈 가든에서는 꽃이 적어지는 여름에 정원을 보기 좋게 꾸미기 위
해 이 꽃나무를 많이 심는다. 열매는 허브티나 향신료 등으로 활용할
수 있다. 여성 호르몬을 조절하고 긴장을 풀어주는 효과가 있다. 꽃색
은 남보라색 외에 흰색이나 핑크색도 있다.

블루베리

과 · 속	진달래과 산앵두나무속	분류	과일나무, 작은키나무, 꽃나무(갈잎나무)
원산지	북아메리카	꽃 색	●○	열매색	●●

블루베리는 키우기 쉽고 열매도 맛이 좋아서 인기가 많은 나무이다. 블루베리의 경우 1가지 품종만 재배하면 열매가 달리지 않으므로, 2가지 품종 이상을 함께 재배해야 한다. 보수성이 좋은 산성 흙이나 전용 흙을 사용하고, 물을 충분히 주면 풍성한 열매를 맺는다.

Close-up!

기본 재배방법

화분 위치 심는 장소	해가 잘 들고, 물이 잘 빠지며, 바람이 잘 통하는 장소가 좋다. 산성 토양을 좋아한다.
심기 옮겨심기	품종을 확인하여 묘목을 준비한다. 산성 용토 또는 블루베리용 배양토를 사용한다. 화분에 심는 경우 3년에 1번 옮겨심는다. 노지에 심을 때는 녹소토를 섞는다.
물주기	심고 나서 물을 듬뿍 주고, 그 뒤에도 화분에 심은 경우에는 겉흙이 마르면 물을 충분히 준다. 노지에 심은 경우에는 여름에 비가 내리지 않아 심하게 건조할 때 물을 준다.
비료주기	묘목을 심고 2주가 지나면, 유기질 비료 또는 과립형 완효성 화성비료를 알맞게 준다. 그런 다음 화분이나 노지 모두 3월에는 봄비료를, 9월 중하순에는 덧거름을 준다. 유기질 비료 또는 과립형 완효성 화성비료를 알맞게 준다.
인공 꽃가루받이	꽃 밑에 종이를 펼쳐 놓고 가지를 흔들어서 꽃가루를 채취한다. 꽃가루를 다른 품종의 암꽃술에 묻혀서 꽃가루받이를 시킨다.
수확	익어서 보랏빛으로 변한 열매를 수확한다.
가지치기	겨울 가지치기는 전년도 가지 끝에 커다란 꽃눈이 맺힌 것은 남기고, 가늘고 약한 가지를 중심으로 솎아낸다. 여름 가지치기는 무성하게 우거진 가지를 가지치기한다.
번식방법	꺾꽂이로 번식시킨다. 겨울에 가지치기한 웃자란 가지를 마르지 않게 물을 보충해서 냉장고 채소칸 등에 보관한 뒤, 싹이 움트는 시기에 꺾꽂이한다.

START	묘목
일조조건	양지
생육 적정온도	15~25℃
재배적지	내한성: 강(하이부시), 약(래빗아이) 내서성: 중(하이부시), 강(래빗아이)
용토	블루베리 전용 용토, 산성(pH4.5 정도)으로 보수성이 좋은 흙
비료	과립형 완효성 화성비료, 액체비료, 유기질 비료
식물의 높이	1~3m

재배력

	1	2	3	4	5	6	7	8	9	10	11	12
수확기*												
개화기												
심기 · 옮겨심기												
비료주기												

* 품종에 따라 다르다.

1 품종에 따라 꽃 색깔이나 모양, 열매 크기, 맛도 다르다. 사진은 '보니타블루'의 꽃.
2 붉은 기가 도는 꽃이 핀 품종.
3 열매는 녹색에서 익으면 보라색으로 변한다. 녹색 열매가 달린 가지가 꽃꽂이용으로 유통되기도 한다.

무궁화

과·속	아욱과 무궁화속	분류	꽃나무(갈잎나무), 작은키나무
원산지	중국	꽃색	●●○○●◎

영원히 지지 않는 꽃이라는 의미가 있는 무궁화는 한국의 국화이다. 7월부터 10월까지 계속해서 꽃이 피고, 추위에 강해서 가로수로도 이용된다. 열대지방에서 자생하는 히비스커스 등과 같은 속으로, 생육이 왕성해 노지심기에 적합하다. 이른 봄(2~4월)에 가지치기하면 여름에 꽃이 활짝 핀다. 손이 많이 가지 않아 초보자도 키우기 쉬운 나무다.

기본 재배방법

화분 위치 심는 장소	해가 잘 들고, 물이 잘 빠지며, 바람이 잘 통하는 장소가 좋다. 특별히 토양을 가리지는 않지만, 부식질이 풍부한 땅에 심으면 꽃이 잘 핀다.
심기 옮겨심기	노지에 심을 때는 뿌리분보다 한 치수 더 크게 구덩이를 파고, 부엽토 등을 섞은 뒤 심는다.
물주기	화분에 심은 경우에는 흙 표면이 마르면 물을 충분히 주고, 과습에 주의한다. 노지에 심은 경우에는 뿌리를 내릴 때까지는 물을 충분히 주고, 그 뒤에는 기본적으로 물을 줄 필요가 없다.
비료주기	묘목을 심고 2주가 지나면 과립형 완효성 화성비료를 알맞게 준다. 그 뒤에는 꽃이 많이 피도록 꽃이 피는 시기에 비료를 준다. 겨울비료로 12~1월에도 과립형 완효성 합성비료를 알맞게 준다.
가지치기	봄에 가시가 자란 뒤 꽃눈이 달리므로, 가지치기는 가을에 잎이 떨어진 다음부터 3월까지 한다. 가지가 자란 뒤에도 5월까지 가지치기를 끝내면 여름에 꽃이 핀다.
번식방법	꺾꽂이로 번식시킨다. 끝부분의 잎을 4~6장 남기고 가지를 15cm 정도로 잘라서 꺾꽂이를 한다. 그늘에 두고 마르지 않도록 물을 듬뿍 주면, 1달 정도 뒤에 뿌리가 나온다.

START	묘목
일조조건	양지
생육 적정온도	15~25℃
재배적지	내한성: 강, 내서성: 강
용토	기본 배양토 60%, 코코피트 미립 35%, 펄라이트 5% (기본 배양토는 적옥토 소립 60%, 부엽토 40%)
비료	과립형 완효성 화성비료, 액체비료, 유기질 비료
식물의 높이	1~3m

코엘레스티스

핑크 딜라이트

재배력

	1	2	3	4	5	6	7	8	9	10	11	12
개화기							■	■	■			
심기·옮겨심기*		■	■	■					■	■		
비료주기		■	■				■	■	■			

* 한겨울은 피한다.

나쓰조라

백화립

매실나무

과 · 속	장미과 벚나무속	분 류	꽃나무(갈잎나무), 큰키나무
원산지	중국	꽃 색	●●○○◎

아직 봄기운이 옅을 때 맑고 달콤한 향을 내뿜는 꽃을 피우는 꽃나무. 매실나무의 꽃을 매화, 열매를 매실이라고 부른다. 매화는 모양과 향기가 다재로우며, 매실은 산미가 강해서 날것으로는 먹지 못하고 매실장아찌나 매실주 등으로 이용한다.

START	묘목
일조조건	양지
생육 적정온도	5~25℃
재배적지	내한성: 강, 내서성: 중
용토	기본 배양토 60%, 코코피트 미립 35%, 펄라이트 5% (기본 배양토는 적옥토 소립 60%, 부엽토 40%)
비료	과립형 완효성 화성비료, 액체비료, 유기질 비료
식물의 높이	4~8m

재배력

	1	2	3	4	5	6	7	8	9	10	11	12
수확기*					■	■						
개화기	■	■										
심기 · 옮겨심기**	■	■	■									■
비료주기	■	■										■

* 품종에 따라 다르다.　** 한겨울은 피한다.

기본 재배방법

화분 위치 심는 장소	해가 잘 들고, 물이 잘 빠지며, 바람이 잘 통하는 장소가 좋다.
심기 옮겨심기	한겨울을 피해 싹이 트기 전까지 심는 것이 좋다. 옮겨심기는 2~3년에 1번.
물주기	화분에 심은 경우에는 흙 표면이 마르면 물을 충분히 주고, 과습에 주의한다. 노지에 심은 경우에는 뿌리를 내릴 때까지는 물을 충분히 주고, 그 뒤에는 기본적으로 물을 줄 필요가 없다.
비료주기	묘목을 심고 2주가 지나면 유기질 비료 또는 과립형 완효성 화성비료를 알맞게 준다. 그런 다음 12월 상순~1월 하순에 액체비료를 알맞게 준다.
가지치기	겨울 가지치기는 열매가 잘 달리도록 바깥쪽을 향해 맺힌 눈 위에서 가지를 잘라낸다. 여름 가지치기는 6~7월에 웃자란 가지를 잘라내고, 필요 없는 가지를 솎아낸다. 7~8월에 튼튼한 가지에 달린 눈이 꽃눈이 되도록 가지 끝을 조금씩 순지르기 한다.
수확	열매로 매실주나 매실청을 만들 경우, 열매가 둥그스름해지고 껍질 표면의 털이 줄어서 매끈해지면 수확한다.
번식방법	접붙이기로 번식시킨다. 3월 중하순에 가지에서 5cm 정도의 접수를 잘라서 바탕나무에 접붙인다. 접붙인 부분에 비닐테이프를 감아서 고정시키고, 화분을 통째로 비닐봉지에 넣고 밀봉해서 마르지 않게 관리한다.

1 일본에서는 꽃을 목적으로 키우는 매실나무를 야매계, 비매계, 풍후계로 나눈다. 사진은 목질부의 속이 하얀 야매계로, 가는 가지에 작은 겹꽃이 피었다.
2 만개한 홍매화.
3 3월 초, 매실은 아직 2cm 크기.

은엽아카시아

과 · 속	콩과 아카시아속	분 류	꽃나무(늘푸른나무), 큰키나무
원산지	호주 남동부	꽃 색	●

이른 봄 달콤한 향기가 나는, 작고 노란 꽃이 주렁주렁 달려서 눈길을 끈다. 은회색 잎도 아름다워서 정원수로 심어도 좋다. 생육이 빠르고 줄기가 두껍지만 부드럽기 때문에, 지지대가 필요하다. 꽃이 달린 가지로 리스나 스와그를 만들 수 있다.

START	묘목
일조조건	양지
생육 적정온도	10~25℃
재배적지	내한성: 중, 내서성: 강
용토	기본 배양토 60%, 코코피트 미립 35%, 펄라이트 5% (기본 배양토는 적옥토 소립 60%, 부엽토 40%)
비료	과립형 완효성 화성비료, 액체비료, 유기질 비료
식물의 높이	4~8m

재배력

	1	2	3	4	5	6	7	8	9	10	11	12
개화기												
심기 · 옮겨심기*												
비료주기												

* 한여름은 제외한다.

기본 재배방법

화분 위치 심는 장소	해가 잘 들고, 물이 잘 빠지며, 바람이 잘 통하는 장소가 좋다. 강한 햇살이나 석양빛이 화분 속 온도를 높이면 포기가 약해지므로 주의한다. 바람이 강하면 가지가 부러질 수 있으므로, 바람이 강하게 불지 않는 곳을 선택한다. 다 자란 뒤에는 옮겨심기 어려우므로, 심는 장소를 신중하게 선택해야 한다.
심기 옮겨심기	성장이 빠르기 때문에 화분에 심는 경우, 가능한 한 커다란 화분에 심는다. 노지에 심을 때는 뿌리분 크기의 2배 정도 되는 깊이와 지름의 구덩이를 판 뒤, 퇴비와 부엽토를 20~30% 정도 섞어서 심는다.
물주기	화분에 심은 경우에는 흙 표면이 마르면 물을 충분히 주고, 과습에 주의한다. 노지에 심은 경우에는 뿌리를 내릴 때까지는 물을 충분히 주고, 그 뒤에는 기본적으로 물을 줄 필요가 없다.
지지대 세우기	바람에 가지가 부러지기 쉬운 어린나무는 지지대를 세워준다.
비료주기	묘목을 심고 2주 뒤에 과립형 완효성 화성비료를 알맞게 준다.
가지치기	필요 없는 가지를 잘라낸다. 6월 중하순 무렵부터 꽃눈이 형성되므로, 그 전에 가지치기를 한다.
번식방법	휘묻이로 번식시킨다.

1 활짝 핀 은엽아카시아. 꽃송이가 공처럼 둥근 모양이다.
2 9월의 은엽아카시아. 이미 꽃이삭이 달리고 자그마한 꽃봉오리가 보인다.
3 같은 아카시아 종류인 아카시아 포달리리 폴리아. 매우 닮은 노란색 꽃을 피운다.

벚나무

과 · 속	장미과 벚나무속	분 류	꽃나무(갈잎나무), 큰키나무
원산지	동아시아 온대	꽃 색	●●○●●

봄을 상징하는 아름다운 꽃나무. 한국, 일본, 중국에 서식하며 한국에는 20여 종의 벚나무가 자생한다. 꽃은 흰색 또는 분홍색을 띠고, 열매인 버찌는 날것으로 먹거나 술을 빚기도 한다. 벚나무에는 여러 종류가 있는데, 공원이나 정원에 많이 심는 벚나무는 왕벚나무, 산벚나무, 수양벚나무 등이다.

START	묘목
일조조건	양지
생육 적정온도	10~25℃
재배적지	내한성: 중~강, 내서성: 중~강 *품종에 따라 다르다.
용토	기본 배양토 60%, 코코피트 미립 35%, 펄라이트 5% (기본 배양토는 적옥토 소립 60%, 부엽토 40%)
비료	과립형 완효성 화성비료, 액체비료, 유기질 비료
식물의 높이	3~20m

재배력

	1	2	3	4	5	6	7	8	9	10	11	12
개화기			▓	▓	▓							
심기 · 옮겨심기*	▓	▓	▓								▓	▓
비료주기										▓	▓	▓

* 한겨울은 제외한다.

기본 재배방법

화분 위치 심는 장소	해가 잘 들고, 물이 잘 빠지며, 바람이 잘 통하는 장소가 좋다. 강한 햇살이나 석양빛이 화분 속 온도를 높이면 포기가 약해지므로 주의한다.
심기 옮겨심기	화분에 심을 때는 뿌리분을 1/3 정도 털어내고 긴 뿌리를 잘라서 심는다. 노지에 심을 때는 뿌리분의 1.5배 정도 되는 깊이와 지름의 구덩이를 파고, 퇴비와 부엽토를 20~30% 정도 섞어서 심는다.
물주기	화분에 심은 경우에는 흙 표면이 마르면 물을 충분히 주고, 과습에 주의한다. 노지에 심은 경우에는 뿌리를 내릴 때까지는 물을 충분히 주고, 그 뒤에는 기본적으로 물을 줄 필요가 없다.
비료주기	묘목을 심고 2주가 지나면 과립형 완효성 화성비료를 알맞게 준다. 그런 다음 11~12월에 완효성 화성비료나 유기질 비료를 알맞게 준다.
가지치기	강한 가지치기는 좋아하지 않으므로, 꽃이 진 뒤 겹쳐진 가지나 복잡해진 가지를 잘라내는 정도로 가지치기한다. 이때 나무 밑동에서 나온 움돋이나 줄기에서 자란 가지는 밑동에서 잘라낸다. 웃자람가지는 꽃이 진 뒤 또는 가을에 가지치기한다. 12월 하순 이후에 가지치기를 하면, 추위로 인해 상할 수 있으므로 주의한다. 잘라낸 단면에는 반드시 식물 유합제를 발라서 보호한다.
번식방법	꺾꽂이나 접붙이기로 번식시킨다. 벚나무는 뿌리가 잘 나오지 않는 품종이 많아서, 발근촉진제를 사용하면 좋다.

야에베니시다레

오무로아리아케

다이하쿠

무라사키자쿠라

꽃산딸나무

과 · 속	층층나무과 층층나무속	분 류	꽃나무(갈잎나무), 큰키나무
원산지	북미 동부~멕시코 북동부	꽃 색	●●○

미국산딸나무라고도 한다. 가로수로 심으면 늦은 봄 핑크색 꽃과 흰색 꽃이 거리를 아름답게 수놓는다. 가지가 지나치게 무성해지지 않아서 자연스러운 모양으로 키우기 좋고, 활짝 핀 꽃이 아름다워서 정원수로도 많이 심는다. 가을에는 단풍이 들고 작은 열매가 붉게 물든다.

기본 재배방법

화분 위치 심는 장소	해가 잘 들고, 물이 잘 빠지며, 바람이 잘 통하는 장소가 좋다. 강한 햇살이나 석양빛이 화분 속 온도를 높이면 포기가 약해지므로 주의한다. 가지가 옆으로 자라는 종류이기 때문에 바람이 강하게 부는 곳은 피한다.
심기 옮겨심기	노지에 심을 때는 뿌리분 크기의 2배 정도 되는 깊이와 지름의 구덩이를 파고, 퇴비와 부엽토를 1/3 정도 섞어서 심는다. 화분에 심은 경우 2~3년에 1번 옮겨심는다.
물주기	화분에 심은 경우에는 흙 표면이 마르면 물을 충분히 주고, 과습에 주의한다. 노지에 심은 경우에는 뿌리를 내릴 때까지는 물을 충분히 주고, 그 뒤에는 기본적으로 물을 줄 필요가 없다.
지지대 세우기	바람으로 가지가 부러지기 쉬운 어린나무는 지지대를 세워준다.
비료주기	씨앗을 뿌리거나 묘목을 심고 2주가 지나면, 과립형 완효성 화성비료를 알맞게 준다. 그런 다음 낙엽기에 겨울비료로 완효성 화성비료나 유기질 비료를 알맞게 준다. 겨울비료를 주지 않았을 때는, 꽃이 진 뒤 비료를 준다. 비료를 지나치게 많이 주면 꽃눈이 잘 맺히지 않으므로 주의한다.
가지치기	마른 가지나 웃자란 가지를 제거하는 정도로 한다. 낙엽이 진 뒤에 하며, 꽃눈을 남기고 나무 모양을 정리한다. 꽃이 진 뒤 5월에는 무성하게 우거진 가지를 잘라낸다.
번식방법	씨앗으로 번식시킨다. 익은 열매에서 씨앗을 채취한 뒤, 물로 씻어서 바로 뿌린다. 본잎이 3~4장 나오면 화분에 심는다.

START	묘목, 씨앗
일조조건	양지
발아 적정온도	15℃ 전후
생육 적정온도	15~25℃
재배적지	내한성: 강, 내서성: 강
용토	기본 배양토 60%, 코코피트 미립 35%, 펄라이트 5% (기본 배양토는 적옥토 소립 60%, 부엽토 40%)
비료	과립형 완효성 화성비료, 액체비료, 유기질 비료
식물의 높이	4~10m

재배력

	1	2	3	4	5	6	7	8	9	10	11	12
개화기				■	■							
씨뿌리기			■	■	■							
심기 · 옮겨심기*											■	■
비료주기	■										■	■

* 한겨울은 제외한다.

1 꽃잎처럼 보이는 것은 큰꽃싸개조각(총포편)으로, 잎이 변한 것이다. 가운데에 모인 알갱이가 본래의 꽃. 같은 층층나무과의 산딸나무는 6월에 꽃이 핀다.

2 핑크색 꽃.

3 가을이 되면 열매가 익는다. 단풍나무와 함께 거리에 가을 느낌을 선사한다.

유칼립투스

과 · 속	도금양과 유칼립투스속	분 류	늘푸른나무, 작은키나무, 큰키나무
원산지	호주, 동남아시아, 미크로네시아	꽃 색	●●○○

정원수나 실내 식물로 인기가 많고, 상쾌한 향기가 있어서 허브로도 이용된다. 작은키나무부터 수십 미터나 되는 큰키나무까지 수백 종류가 있다. 유칼립투스 폴리안, 유칼립투스 구니, 레몬 유칼립투스 등은 손쉽게 구할 수 있고 키우기도 쉬운 품종이다.

기본 재배방법

화분 위치 심는 장소	해가 잘 드는 양지나 반나절 이상 해가 드는 장소, 물이 잘 빠지고 바람이 잘 통하는 장소가 좋다. 크게 자라기 때문에 여유 있는 공간에 심는다.
심기 옮겨심기	화분에 심을 때는 뿌리분에서 상한 뿌리를 잘라낸 뒤 심는다. 옮겨심기는 1~2년에 1번 정도. 노지에 심을 때는 경질의 적옥토 소립과 펄라이트를 섞어서 심는다. 뿌리를 얕게 뻗기 때문에 높게 심지 않는다.
물주기	화분에 심은 경우에는 흙 표면이 마르면 물을 충분히 주고, 과습에 주의한다. 노지에 심은 경우에는 뿌리를 내릴 때까지는 물을 충분히 주고, 그 뒤에는 기본적으로 물을 줄 필요가 없다.
비료주기	묘목을 심고 2주가 지나면 과립형 완효성 화성비료를 알맞게 준다. 그런 다음 3월 하순~4월 하순에 완효성 화성비료나 유기질 비료를 알맞게 준다.
가지치기	매우 왕성하게 자라기 때문에 가지치기를 자주해야 한다. 무성하게 우거진 가지를 잘라서 바람이 잘 통하게 하고, 나무 모양을 유지한다.
여름나기 겨울나기	여름에는 짓무르거나 강한 직사광선으로 잎이 타지 않도록 주의한다. 화분에 심은 경우 바람이 잘 통하는 반그늘로 옮기는 것이 좋다. 추위에 약한 품종은 화분에 심고, 겨울철에는 실내로 옮겨서 해가 잘 드는 곳에서 관리한다.
번식방법	꺾꽂이로 번식시킨다. 품종에 따라 다르지만 빠른 것은 5~6주 뒤에 뿌리가 나온다.

START	묘목
일조조건	양지, 반그늘
생육 적정온도	15~25℃
재배적지	내한성: 중, 내서성: 강
용토	기본 배양토 60%, 코코피트 미립 35%, 펄라이트 5% (기본 배양토는 적옥토 소립 60%, 부엽토 40%)
비료	과립형 완효성 화성비료, 액체비료, 유기질 비료
식물의 높이	5~50m

재배력

	1	2	3	4	5	6	7	8	9	10	11	12
개화기*				폴리안종 등					구니종 등			
심기·옮겨심기												
비료주기												

* 품종에 따라 다르다.

유칼립투스 구니

베이비 블루

은세계

유칼립투스 파비폴리아

올리브나무

과 · 속	물푸레나무과 올리브나무속	분류	과일나무, 큰키나무, 꽃나무(늘푸른나무)		
원산지	지중해 연안~중동 일대	꽃색	○	열매색	● ●

경쾌한 느낌의 은빛 잎과 하늘하늘한 나뭇가지, 앙증맞은 열매로 매우 인기가 많은 나무이다. 고향인 지중해 연안 지역처럼 해가 잘 들고 물이 잘 빠지는 곳에서 재배하면 풍성한 열매를 선사한다. 포인트는 2가지 품종 이상 심는 것. 1가지 품종만 심으면 열매가 달리지 않는다.

기본 재배방법

화분 위치 심는 장소	해가 잘 들고, 물이 잘 빠지며, 바람이 잘 통하는 장소가 좋다. 겨울 추위에 노출되지 않으면 꽃이나 열매를 맺지 않으므로, 겨울에는 10℃ 이하에서 관리한다.
심기 옮겨심기	화분에 심을 때는 뿌리분을 흩트리고 뿌리를 펼쳐서 심는다. 노지에 심을 때는 심기 2주 전에 깊이와 지름이 각각 50cm 정도 되는 구덩이를 판 뒤, 퇴비와 부엽토, 고토석회를 섞은 용토를 만들어둔다. 얕게 심고, 높이는 50cm로 잘라준다.
물주기	화분에 심은 경우에는 흙 표면이 마르면 물을 충분히 주고, 과습에 주의한다. 노지에 심은 경우에는 뿌리를 내릴 때까지는 물을 충분히 주고, 그 뒤에는 기본적으로 물을 줄 필요가 없다.
지지대 세우기	바람에 가지가 꺾이기 쉬운 어린나무는 지지대를 세워준다.
비료주기	묘목을 심고 2주 뒤에 과립형 완효성 화성비료를 알맞게 준다. 그런 다음 2월과 10월에 각각 1번씩 유기질 비료나 속효성 화성비료를 알맞게 준다.
가지치기	가지가 퍼지지 않게 하고, 필요 없는 가지를 솎아내기 위해 솎음 가지치기를 한다.
수확	덜 익은 열매를 절일 때는 9월 이후, 기름을 짤 때는 열매가 완전히 익는 12월경에 수확한다.
번식방법	꺾꽂이로 번식시킨다. 2달 정도 지나면 뿌리가 나온다.

네바딜로 블랑코 품종의 열매

START	묘목
일조조건	양지
생육 적정온도	15~30℃
재배적지	내한성: 중, 내서성: 강
용토	기본 배양토 60%, 코코피트 미립 35%, 펄라이트 5% (기본 배양토는 적옥토 소립 60%, 부엽토 40%)
비료	과립형 완효성 화성비료, 액체비료, 유기질 비료
식물의 높이	2~6m

재배력

	1	2	3	4	5	6	7	8	9	10	11	12
수확기*									■	■	■	
개화기					■							
심기·옮겨심기			■	■	■							
비료주기		■								■		

* 품종에 따라 다르다.

1 올리브나무는 가지를 솎아주는 솎음 가지치기를 한다.
2 한 가지에 여러 송이가 피는 올리브나무의 꽃.
3 꺾꽂이하고 1~2년 정도 지난 묘목을 심으면, 열매를 수확할 때까지 3~4년 걸린다. 덜 익은 녹색 열매는 소금에 절이면 좋다.

배롱나무

과 · 속	부처꽃과 배롱나무속	분 류	꽃나무(갈잎나무), 큰키나무
원산지	중국 남부	꽃 색	●●○○●

고운 빛깔의 꽃을 경쾌하게 피운다. 초여름부터 가을까지 오랜 시간 꽃을 피우기 때문에, 나무 백일홍이라는 의미로 목백일홍이라고 부르기도 한다. 아름다운 꽃뿐 아니라 유난히 매끈한 줄기도 배롱나무의 특징이다. 키가 작은 개량 품종 등 다양한 품종이 유통되고 있으며, 정원수로 인기가 많다.

기본 재배방법

화분 위치 심는 장소	해가 잘 드는 양지나 반나절 이상 해가 드는 곳, 물이 잘 빠지고 바람이 잘 통하는 장소가 좋다.
심기 옮겨심기	화분에 심을 때는 왜성 품종을 심는다. 노지에 심을 때는 뿌리분의 2배 정도 되는 깊이와 폭의 구덩이를 파고, 흙에 부엽토를 1/3 정도 섞어서 심는다.
물주기	화분에 심은 경우에는 흙 표면이 마르면 물을 충분히 주고, 과습에 주의한다. 노지에 심은 경우에는 뿌리를 내릴 때까지는 물을 충분히 주고, 그 뒤에는 기본적으로 물을 줄 필요가 없다. 건조에 약하기 때문에 여름철에 주의한다.
지지대 세우기	바람에 가지가 꺾이기 쉬운 어린나무는 지지대를 세워준다.
비료주기	묘목을 심고 2주가 지나면 과립형 완효성 화성비료를 알맞게 준다. 그런 다음 2월 상순~3월 상순에 밑동쪽에 유기질 비료를 묻어준다.
가지치기	봄에 자란 가지 끝에 꽃눈이 맺히기 때문에, 그 전에 가지치기한다.
번식방법	씨앗이나 꺾꽂이로 번식시킨다. 씨앗은 가을에 채취해서 냉장보관한 뒤 3~4월에 심는다. 2~3월에 가지치기한 가지도 꺾꽂이에 사용할 수 있다.

START	묘목, 씨앗
일조조건	양지, 반그늘
발아 적정온도	15℃ 전후
생육 적정온도	20~30℃
재배적지	내한성: 강, 내서성: 강
용토	기본 배양토 60%, 코코피트 미립 35%, 펄라이트 5% (기본 배양토는 적옥토 소립 60%, 부엽토 40%)
비료	과립형 완효성 화성비료, 액체비료, 유기질 비료
식물의 높이	3~7m

재배력

	1	2	3	4	5	6	7	8	9	10	11	12
개화기							■	■	■			
심기·옮겨심기		■	■	■					■	■		
비료주기		■	■									

1 일본에서는 줄기가 매끈해서 원숭이가 미끄러진다는 의미로, 사루스베리라고 부른다.
2 9월의 가지 상태. 이미 많은 씨앗이 맺혀 있다.
3 12월의 청명한 겨울 하늘 아래, 잎은 모두 떨어졌지만 씨앗은 잘 붙어 있다.

배롱나무 품종

작은키나무 종류

세미놀

나체즈

디어 위핑

하디 핑크

디어 루즈

column

계절을 알려주는 가로수

가로수는 봄에는 꽃, 여름에는 녹음을 선사하고, 가을이면 단풍으로 눈을 즐겁게 해준다. 가로수로 많이 심는 은행나무, 벚나무, 느티나무 등은 오래전부터 우리 곁을 지켜왔다. 최근에 가로수로 많이 심는 꽃산딸나무는 벚꽃이 진 뒤에 꽃이 피고, 가을이면 단풍이 들고 붉은 열매를 맺는 갈잎나무이다. 또한 아름다운 꽃이 피는 수국과 향기가 좋은 치자나무는 장마철이 다가왔음을 알려주는 가로수이다. 한편 무더운 여름 거리에서 배롱나무나 무궁화 꽃을 보면 마음에 위안이 된다.

가로수는 보기 좋을 뿐 아니라 쉽게 구할 수 있고 병충해에도 강한 나무를 많이 심는다. 최근에는 한층 더 심해진 여름 더위와 건조에 잘 견디는 것도, 가로수가 되기 위해 갖춰야 할 조건 중 하나가 되었다.

벚나무

무궁화

수국

금목서

과·속	물푸레나무과 목서속	분류	꽃나무(늘푸른나무), 큰키나무
원산지	중국	꽃색	●

향이 진한 꽃으로 유명한 나무이다. 달콤하고 청량한 향기는 해가 지면 특히 강해진다. 원산지인 중국에서는 말린 금목서꽃으로 요리에 넣거나 리큐어를 만들어서 향을 즐긴다. 성장이 빠르기 때문에 여유 있는 공간에 심는 것이 좋다.

기본 재배방법

화분 위치 심는 장소	해가 잘 드는 양지나 반나절 이상 해가 드는 곳, 물이 잘 빠지고 바람이 잘 통하는 장소가 좋다. 추위에는 약한 편이어서 서리가 내리는 곳은 피한다. 찬바람이 직접 닿지 않는 곳을 고른다.
심기 옮겨심기	화분에 심을 때는 묘목보다 두 치수 정도 큰 화분에 심고, 2~3년에 1번 옮겨심는다. 노지에 심을 때는 뿌리분의 2배 정도 되는 깊이와 지름의 구덩이를 파고, 부엽토나 퇴비를 적당히 섞어서 심는다.
물주기	화분에 심은 경우에는 흙 표면이 마르면 물을 충분히 주고, 과습에 주의한다. 노지에 심은 경우에는 뿌리를 내릴 때까지는 물을 충분히 주고, 그 뒤에는 기본적으로 물을 줄 필요가 없다.
비료주기	묘목을 심고 2주가 지나면 과립형 완효성 화성비료를 알맞게 준다. 겨울비료로 과립형 완효성 화성비료 또는 유기질 비료를 알맞게 준다.
가지치기	필요 없는 가지를 솎아내거나, 가지 끝을 2~3마디 남기고 잘라낸다. 꽃눈은 7~8월에 만들어진다.
번식방법	꺾꽂이로 번식시킨다. 2~3달이면 뿌리가 나온다.

START	묘목
일조조건	양지, 반그늘
생육 적정온도	10~25℃
재배적지	내한성: 중~강, 내서성: 중~강
용토	기본 배양토 60%, 코코피트 미립 35%, 펄라이트 5% (기본 배양토는 적옥토 소립 60%, 부엽토 40%)
비료	과립형 완효성 화성비료, 액체비료, 유기질 비료
식물의 높이	4~6m

재배력

	1	2	3	4	5	6	7	8	9	10	11	12
개화기									■	■		
심기·옮겨심기			■	■								
비료주기			■	■								

1 금목서는 흰꽃이 피는 목서(은목서)의 변종이다. 암수딴그루.
2 깔끔하게 정리된 나무지만, 가지치기를 하지 않으면 5~6m까지 성장한다.
3 향기로운 꽃은 9월 하순~10월 중순에 핀다.

동백나무

과·속	차나무과 동백나무속	분 류	꽃나무(늘푸른나무), 큰키나무
원산지	한국(남부), 일본, 타이완, 중국	꽃 색	●●○○◐○

윤기 있는 잎에 잘 어울리는 화려한 겹꽃 품종과 단아하게 피는 홑꽃 품종이 있다. 꽃이 적은 겨울부터 봄까지 탐스럽게 피는 꽃이 매우 아름다워서 인기가 많다. 흰동백, 애기동백 등 다양한 품종이 있으며, 유럽이나 미국에서도 카멜리아라는 이름으로 사랑받고 있다.

기본 재배방법

화분 위치 심는 장소	해가 잘 드는 양지나 반나절 이상 해가 드는 곳, 물이 잘 빠지고 바람이 잘 통하는 장소가 좋다. 석양빛이 닿지 않는 반그늘이 가장 좋다.
심기 옮겨심기	뿌리분을 1/3 정도 털어내고 뿌리를 잘라낸다. 화분에 심을 때는 한 치수 정도 큰 화분에 심고, 2~3년에 1번 옮겨심는다. 노지에 심을 때는 뿌리분의 1.5배 정도 되는 깊이와 지름의 구덩이를 파고, 부엽토나 퇴비를 적당히 섞어서 심는다.
물주기	화분에 심은 경우에는 흙 표면이 마르면 물을 충분히 주고, 과습에 주의한다. 노지에 심은 경우에는 뿌리를 내릴 때까지는 물을 충분히 주고, 그 뒤에는 기본적으로 물을 줄 필요가 없다.
비료주기	묘목을 심고 2주가 지나면 과립형 완효성 화성비료를 알맞게 준다. 그런 다음 2~3월에 밑동 주위에 과립형 완효성 화성비료를 1바퀴 정도 둘러준다.
가지치기	가지치기는 꽃이 시들기 전에 한다. 포기 안쪽의 가지와 웃자란 가지 등을 솎아내고, 바깥쪽은 자름 가지치기로 정리한다. 꽃눈은 5월 하순~6월 하순에 만들어진다.
번식방법	꺾꽂이로 번식시킨다.

START	묘목
일조조건	양지, 반그늘
생육 적정온도	15~25℃
재배적지	내한성: 강, 내서성: 강
용토	기본 배양토 60%, 코코피트 미립 35%, 펄라이트 5% (기본 배양토는 적옥토 소립 60%, 부엽토 40%)
비료	과립형 완효성 화성비료, 액체비료, 유기질 비료
식물의 높이	2~10m

재배력

	1	2	3	4	5	6	7	8	9	10	11	12
개화기		■	■	■							■	■
심기·옮겨심기			■	■					■	■		
비료주기		■	■									

애기동백나무

오토메쓰바키

와비스케 스키야

쓰가와시보리(진천교)

딸기

과·속	장미과 딸기속	분류	채소
원산지	북아메리카, 칠레 등	꽃 색	●●○

한국의 설향과 금실, 일본의 도요노카와 도치오토메 등 다양한 품종이 있다. 가을에 유통되는 모종은 겨울 추위에 노출되어야 열매가 달콤해진다. 한 번 심으면 여러 해 동안 수확할 수 있다는 점도 매력적이다. 봄에는 하얀 꽃이 핀 모종이 유통된다.

기본 재배방법

화분 위치 심는 장소	해가 잘 들고, 물이 잘 빠지며, 바람이 잘 통하는 장소가 좋다. 겨울에는 찬바람이 닿지 않는 곳에 둔다. 열매가 달리면 익을 때까지 비를 맞지 않게 한다.
심기 옮겨심기	모종을 심을 때는 잘라낸 기는줄기 끝부분의 방향을 일정하게 정리하는 것이 중요하다. 화분에 심을 때는 채소용 배양토 또는 딸기 전용 배양토에 심는다. 노지에 심을 때는 흙을 준비한 뒤 15~20㎝ 간격으로 심는데, 줄기 밑동쪽의 크라운(딸기 포기의 중심부)이 살짝 가려질 정도로 얕게 심는다.
물주기	모종을 심을 때는 물을 충분히 준다. 그런 다음 화분이나 노지 모두, 흙 표면이 마르면 물을 듬뿍 준다. 꽃이나 열매에는 물이 닿지 않도록 주의한다.
비료주기	모종을 심고 2주가 지나면, 과립형 완효성 화성비료나 유기질 비료를 알맞게 준다. 그런 다음 봄과 가을에 각각 1번씩 완효성 화성비료를 알맞게 준다.
사이갈이 (중경)	모종을 심은 뒤 잡초 제거와 사이갈이를 몇 번 정도 해야 한다. 병해충 예방을 위해 시든 잎을 제거한다.
겨울나기	화분에 심은 경우에는 겨울 동안 남향 처마 밑 등으로 옮긴다. 노지에 심은 경우에는 2~3월에 위쪽에 구멍을 뚫은 멀칭 시트를 덮어, 땅의 온도를 높여준다.
인공 꽃가루받이	꽃이 피면 붓 등을 사용해서 꽃가루받이를 시킨다.
수확	꼭지 바로 아래까지 붉게 익은 것부터 수확한다.
번식방법	포기나누기로 번식시킨다. 수확 시기부터 자라기 시작하는 줄기(기는줄기)에 달린 새끼포기로, 다음에 심을 모종을 만든다.

START	모종
일조조건	양지
생육 적정온도	15~20℃
재배적지	내한성: 강, 내서성: 중
용토	기본 배양토 60%, 코코피트 미립 35%, 펄라이트 5% (기본 배양토는 적옥토 소립 60%, 부엽토 40%)
비료	과립형 완효성 화성비료, 액체비료, 유기질 비료
식물의 높이	20~30㎝

재배력

	1	2	3	4	5	6	7	8	9	10	11	12
수확기												
개화기												
심기·옮겨심기												
비료주기												

열매가 붉게 익으면 1알씩 딴다. 딸기는 하나의 줄기에 여러 송이의 꽃이 피기 때문에, 꽃이 지나치게 많이 피면 열매에 영양이 충분히 전달되지 못하므로 줄기를 솎아낸다. 열매가 붉게 물들기 시작하면 새들의 표적이 되므로 방충망 등을 씌워 두는 것이 좋다.

재배 포인트

| 심기

잘라낸 기는줄기(덩굴)의 끝부분이 화분의 중심을 향하도록, 모종을 배치한다. 줄기 밑동쪽의 톱니모양 크라운이 살짝 가려질 정도로 얕게 심는다. 이 크라운에서 새싹이 나온다. 구입할 때는 크라운이 튼튼한 모종을 고른다.

| 꽃눈이 맺힌다

2월이 되면 꽃눈이 올라온다. 꽃은 바깥쪽을 향해 피고, 열매는 화분에서 흘러내리듯이 달린다.

| 꽃이 핀다

꽃이 피면 열매를 맺도록 인공 꽃가루받이를 시킨다. 곤충이 드나들기 힘든 베란다나, 곤충이 활동하지 않는 추운 시기에 특히 필요한 작업이다. 부드러운 붓으로 꽃가루를 암꽃술에 묻혀서 꽃가루받이를 시킨다. 꽃가루가 부족하면 모양이 이상한 열매가 된다.

| 열매가 달린다

꽃이나 열매에 물이 닿지 않도록 주의해서 물을 주면, 1달 정도 뒤에 열매가 붉게 익으며 수확기를 맞이한다.

| 포기를 번식시키는 비결

1 열매를 수확하기 시작할 무렵, 포기는 기는줄기를 뻗기 시작한다. 기는줄기 끝에 달린 새끼포기를 비닐포트에 심는다.

2 흙 위에 기는줄기 끝부분을 올리고, U자핀 등으로 고정한다.

3 뿌리가 나오면 기는줄기를 잘라서 모종을 만든다.

누에콩

과 · 속	콩과 잠두속	분 류	채소
원산지	서남아시아~북아프리카	꽃 색	○●◎

잠두라고도 한다. 일본에서는 하늘을 향해 자란다고 해서 소라마메(하늘콩)라고 부른다. 대두나 땅콩과 함께 많이 먹는 콩 중 하나이다. 겨울이 지나면 싹이 트고 봄이 오면 빠르게 성장한다. 수확한 뒤에는 신선도가 빠르게 떨어지므로, 바로 소금물에 데치는 것이 좋다.

기 본 재 배 방 법

기 본 재 배 방 법

화분 위치 심는 장소	해가 잘 들고, 물이 잘 빠지며, 바람이 잘 통하는 장소가 좋다. 강한 햇살이나 석양빛이 화분 속 온도를 높이면 포기가 약해지므로 주의한다.
씨뿌리기	직접 땅에 뿌리거나 비닐포트에 심는다. 지름 9㎝ 비닐포트에 1알을 심는다. 본잎이 2~3장 나오고 7~8㎝ 정도로 자라면, 원가지(처음에 나온 가지)를 땅쪽에서 잘라낸 뒤 옮겨심는다. 노지에 심을 때는 40㎝ 간격으로 2알씩 심는다.
심기 옮겨심기	화분에 심을 때는 채소용 배양토에 심는다. 노지에 심을 때는 흙을 만든 뒤 30~40㎝ 간격으로 심는다.
물주기	씨앗을 뿌리거나 모종을 심을 때는 물을 듬뿍 준다. 그런 다음 화분이나 노지 모두, 흙 표면이 마르면 물을 충분히 준다. 물을 지나치게 많이 주면 안 된다.
겨울나기	포기 주위에 왕겨나 짚을 깐다. 방한 대책으로 부직포, 한랭사 등을 덮어준다.
비료주기	씨앗을 뿌리거나 모종을 심고 2주가 지나면, 과립형 완효성 화성비료나 유기질 비료를 알맞게 준다. 그런 다음 3월에 완효성 화성비료를 알맞게 준다.
가지치기	30~40㎝ 정도로 자라면 화분에 심은 경우에는 1포기의 가지가 4~5개가 되도록, 노지에 심은 경우에는 1포기의 가지가 6~7개가 되도록, 여분의 가지를 잘라서 정리한다.
지지대 세우기	40~50㎝ 정도로 자라면 지지대를 세워서 줄기를 유인한다.
수확	위를 향해 있던 꼬투리가 무게 때문에 내려오기 시작하면, 수확할 때이다. 꼬투리가 달린 부분을 가위로 잘라낸다.

START	씨앗, 모종	일조조건	양지
발아 적정온도	15~20℃	생육 적정온도	15~20℃
재배적지	내한성: 중~강, 내서성: 약~중		
용토	기본 배양토 60%, 코코피트 미립 35%, 펄라이트 5% (기본 배양토는 적옥토 소립 60%, 부엽토 40%)		
비료	과립형 완효성 화성비료, 액체비료, 유기질 비료		
식물의 높이	60~80㎝		

재배력

	1	2	3	4	5	6	7	8	9	10	11	12
수확기				▨	▨	▨						
개화기			▨	▨	▨							
씨뿌리기	▨	▨	▨							▨	▨	
심기·옮겨심기											▨	▨
비료주기			▨	▨								

손이 많이 가지 않아서 재배하기 쉬울 뿐 아니라, 단백질, 비타민B군, 비타민C, 철분 등 영양가가 높다. 제철은 짧지만 인기가 많은 콩이다.

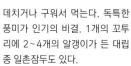

데치거나 구워서 먹는다. 독특한 풍미가 인기의 비결. 1개의 꼬투리에 2~4개의 알갱이가 든 대립종 일촌잠두도 있다.

재배 포인트

씨앗

병해충 방제를 위해 살균제 등을 넣고 코팅한 씨앗.

씨뿌리기

검은 선이 있는 부분이 아래로 가도록 흙에 밀어 넣고 2알을 심는다. 머리가 흙 위로 1/3 정도 나오게 심어야 한다.

발아

씨앗을 심고 7~10일이 지나면 싹이 튼다. 본잎이 나오고 7~8㎝ 정도로 자라면, 2개 중 1개를 솎아내고 아주심기한다.

건조 예방

아주심기한 뒤에는 물을 지나치게 많이 주지 않도록 주의한다. 마르지 않게 포기 주위에 왕겨나 짚을 깔아주면 좋다.

성장기 대비

잎이 자라기 시작하는 2월 하순 무렵, 날이 따뜻해지면 방한용 부직포 등을 제거하고 덧거름을 준다. 이때부터 쑥쑥 자라난다.

북주기

덧거름을 줄 때마다 밑동에 흙을 덮어서, 자라나는 포기를 지탱해준다. 가지가 갈라지는 부분을 흙으로 덮으면 겨드랑눈이 늘어나지 않는다.

꽃이 피면

꽃이 피고 열매를 맺을 때(4월 상순~5월 중순)까지는 물이 많이 필요하다. 수분량이 콩의 질을 좌우한다.

Check

잎이 무성해지며 성장하는 포기. 60~70㎝ 정도로 자란 뒤 순지르기로 줄기가 더 이상 자라지 않게 하면, 꼬투리가 굵어진다.

수확

꽃이 핀 뒤 수확할 때까지 35~40일 정도 걸린다. 하늘을 향해 있던 꼬투리가 무게 때문에 고개를 숙인다. 가위로 잘라서 수확한다.

풋콩

과 · 속	콩과 대두속	분 류	채소
원산지	중국 동북부	꽃 색	●○

완전히 여물지 않은 대두를 채소로 먹는 것이 풋콩이다. 여름, 가을, 그리고 그 중간에 수확할 수 있는 것까지 3가지 종류가 있다. 씨앗을 심은 뒤 본잎이 나올 때까지는 그물망을 쳐서 새들로부터 보호한다. 수확한 뒤에는 신선도가 빠르게 떨어지므로 바로 삶는 것이 좋다.

기본 재배방법

화분 위치 심는 장소	해가 잘 들고, 물이 잘 빠지며, 바람이 잘 통하는 장소가 좋다. 연작장해가 발생하기 쉬우므로, 한 번 심었던 곳에는 2~3년 동안 심지 않는다.
씨뿌리기	직접 흙에 씨앗을 심는다. 20~30㎝ 간격으로 3~4알을 심고, 1~2㎝ 정도 흙을 덮어준다.
심기 옮겨심기	화분에 심을 때는 채소용 배양토에 심고, 노지에 심을 때는 흙을 만든 뒤 20~30㎝ 간격으로 심는다.
물주기	씨앗을 뿌리거나 모종을 심을 때는 물을 듬뿍 준다. 그런 다음 화분이나 노지 모두, 흙 표면이 마르면 물을 충분히 준다.
비료주기	씨앗을 뿌리거나 모종을 심고 2주 뒤에, 과립형 완효성 화성비료를 알맞게 준다. 그런 다음 꽃이 피기 시작하면, 화분에 심은 경우에는 완효성 화성비료를 알맞게 주고, 노지에 심은 경우에는 완효성 화성비료를 적정량의 1/2 정도 준다. 비료는 적게 주는 것이 좋다.
사이갈이	10㎝ 정도로 자랐을 때와 20~30㎝ 정도로 자랐을 때, 흙 표면을 얕게 갈아서 바람이 잘 통하고 물이 잘 빠지게 해준다. 그런 다음 흙을 덮어준다.
수확	열매는 밑동쪽부터 순서대로 익는다. 통통해진 꼬투리부터 따거나, 포기째 뽑아서 수확한다.

START	씨앗, 모종	일조조건	양지
발아 적정온도	25~30℃	생육 적정온도	20~30℃
재배적지	내한성: 약~중, 내서성: 중~강		
용토	기본 배양토 60%, 코코피트 미립 35%, 펄라이트 5% (기본 배양토는 적옥토 소립 60%, 부엽토 40%)		
비료	과립형 완효성 화성비료, 액체비료, 유기질 비료		
식물의 높이	40~80㎝		

재배력

	1	2	3	4	5	6	7	8	9	10	11	12
수확기							■	■				
개화기						■	■					
씨뿌리기					■							
심기·옮겨심기					■							
비료주기						■	■					

1 모종은 본잎이 완전히 벌어지기 전에 심는 것이 가장 좋다.
2 꼬투리가 부풀어 오른 상태. 이 시기에는 비료가 부족하지 않도록 주의한다.
3 꼬투리가 점점 부풀어오른다. 포기째 수확해도 좋고, 통통해진 꼬투리부터 수확해도 좋다.

옥수수

과·속	볏과 옥수수속	분 류	채소
원산지	아메리카 대륙	꽃 색	◍ (수꽃)、● (암꽃)

대표적인 품종은 달콤한 맛이 나는 감미종인 스위트콘이다. 겨드랑눈에도 열매가 달리지만, 가장 위쪽에 있는 열매에 영양분이 충분히 가도록 다른 열매는 잘라낸다. 일찍 수확한 어린 스위트콘을 영콘이라고 한다. 풋콩과 함께 심으면 해충이 발생하지 않는다.

기본 재배방법

화분 위치 심는 장소	해가 잘 들고, 물이 잘 빠지며, 바람이 잘 통하는 장소가 좋다.
씨뿌리기	흙에 직접 씨앗을 3~4알씩 심는다. 2번 솎아내고, 본잎이 3~4장 정도 나오면 옮겨심는다.
심기	기온이 20℃ 이상이고 15~20cm 정도로 자랐을 때 심는다. 화분에 심을 때는 채소용 배양토에 심고, 노지에 심을 때는 흙을 만들어서 30cm 정도의 간격으로 심는다.
물주기	씨앗을 뿌리거나 모종을 심을 때는 물을 듬뿍 준다. 그런 다음 화분이나 노지 모두, 흙 표면이 마르면 물을 충분히 준다. 싹이 트면 2~3일에 1번 정도 물을 준다.
비료주기	씨앗을 뿌리거나 모종을 심고 2주가 지나면 과립형 완효성 화성비료를 알맞게 준다. 그런 다음 솎아낸 뒤와 밑동에서 겨드랑눈이 나왔을 때, 각각 액체비료를 알맞게 준다.
인공 꽃가루받이	암꽃 1송이만 꽃가루받이를 시킨다. 수꽃을 손으로 흔들어 꽃가루를 날려서 암꽃의 수염에 꽃가루받이를 시킨다. 암꽃 수염의 색이 변하기 시작하면 수꽃을 잘라낸다.
수확	1개의 열매에 영양분이 충분히 공급될 수 있도록, 다른 열매는 자라기 전에 제거한다. 암꽃의 수염이 갈색으로 변하면 수확할 때이다.

START	씨앗, 모종	일조조건	양지
발아 적정온도	25~30℃	생육 적정온도	20~30℃
재배적지	내한성: 약, 내서성: 강		
용토	기본 배양토 60%, 코코피트 미립 35%, 펄라이트 5% (기본 배양토는 적옥토 소립 60%, 부엽토 40%)		
비료	과립형 완효성 화성비료, 액체비료, 유기질 비료		
식물의 높이	150~200cm		

재배력

	1	2	3	4	5	6	7	8	9	10	11	12
수확기							■	■				
개화기						■						
씨뿌리기				■	■							
심기·옮겨심기				■	■	■						
비료주기				■	■							

1 싹이 트고 본잎이 1~2장 나오면 가위로 솎아낸다.

2 맨 위에 있는 수꽃이 자라면 꽃가루가 떨어진다. 수꽃은 해충을 불러들이므로 꽃가루받이가 끝나면 잘라낸다.

3 수염처럼 보이는 암꽃(암이삭)에 꽃가루가 붙어서 꽃가루받이가 이루어진다.

토마토

과 · 속	가지과 가지속	분류	채소		
원산지	남아메리카 안데스지방의 고지	꽃 색	●	열매색	●●●◑●

원산지인 안데스에서 유럽으로 건너올 당시에는 관상용이었지만, 19세기에 들어서면서 식용으로 널리 재배되기 시작했다. 지금은 이탈리아나 스페인 요리에 빼놓을 수 없는 존재. 초보자도 비교적 재배하기 쉬운 토마토는 방울토마토와 중간 크기 토마토이다. 살짝 건조하게 재배한다.

기본 재배방법

화분 위치 심는 장소	바람이 잘 통하는 양지를 좋아한다. 화분에 심은 경우 비가 닿지 않는 처마 밑 등에 둔다.
씨뿌리기	비닐포트에 일정한 간격으로 점뿌리기한다. 빛을 싫어하는 혐광성 씨앗이기 때문에, 반드시 1cm 정도 흙을 덮어준다. 지름 9cm 비닐포트에 3알씩 심은 뒤 2번 솎아내고, 본잎이 8~9장 정도 나오면 옮겨심는다. 노지에 심을 때는 50~60cm 간격으로 2~3알씩 심는다.
심기 옮겨심기	화분에 심을 때는 채소용 배양토에 심는다. 노지에 심을 때는 고토석회, 우분퇴비, 완효성 화성비료를 섞어서 흙을 만들고 45~50cm 간격으로 심는다.
물주기	씨앗을 뿌리거나 모종을 심을 때는 물을 듬뿍 준다. 그런 다음 화분과 노지 모두, 흙 표면이 마르면 물을 충분히 준다.
지지대 세우기	1포기에 1개씩 지지대를 세운다. 비닐끈으로 줄기와 지지대를 살짝 묶어준다.
비료주기	씨앗을 뿌리거나 모종을 심고 2주가 지나면, 과립형 완효성 화성비료를 알맞게 준다. 그리고 아래쪽에 첫 번째 열매가 맺히면, 2주에 1번 과립형 완효성 화성비료를 알맞게 준다.
겨드랑눈 따기	줄기 밑동에서 나온 겨드랑눈은 모두 손으로 딴다.
순지르기	줄기 끝부분이 지지대 정상까지 올라오면, 끝부분을 잘라낸다. 꽃송이 위에 2~3장 정도 잎을 남겨두고 자른다.
수확	녹색 꽃받침이 뒤집어지면 수확할 때이다. 열매 1개 또는 1송이씩 가위로 잘라낸다.

START	씨앗, 모종	일조조건	양지
발아 적정온도	20~30℃	생육 적정온도	20~30℃
재배적지	내한성: 약, 내서성: 중		
용토	기본 배양토 60%, 코코피트 미립 35%, 펄라이트 5% (기본 배양토는 적옥토 소립 60%, 부엽토 40%)		
비료	과립형 완효성 화성비료, 액체비료, 유기질 비료		
식물의 높이	30~200cm		

재배력

	1	2	3	4	5	6	7	8	9	10	11	12
수확기						███	███	███	███	███		
개화기					███	███	███	███	███			
씨뿌리기			███	███								
심기·옮겨심기				███	███							
비료주기			███	███	███							

1 노란색이나 오렌지색, 보라색 열매도 있다.
2 초보자는 껍질이 단단해서 잘 터지지 않는 방울토마토부터 시작하는 것이 좋다. 열매가 많이 달리고 색도 다양하다.
3 지름 1cm 이하의 마이크로 토마토 씨앗과 모종도 유통된다. 요리에 곁들이거나 관상용으로 인기가 높다.

재배 포인트

| 싹트기

지름 9㎝ 비닐포트와 흙을 준비해서 씨앗을 일정한 간격으로 점뿌리기하면, 4~6일 뒤에 싹이 튼다.

| 솎아내기

본잎이 나오기 시작하면 1줄기를 솎아내고, 2번째 본잎이 나오기 시작하면 두 번째 줄기를 솎아낸다.

| 아주심기

본잎이 4~5장이 되면 지름 30㎝ 화분에 아주심기한다.

| 지지대 세우기

지지대는 1포기에 1개씩 세운다. 여기서는 3포기에 각각 지지대를 세웠다. 지지대는 뿌리가 상하지 않도록 포기와 조금 떨어뜨려서 똑바로 세운다.

| 유인

비닐끈 또는 마끈 등으로 줄기를 지지대에 묶는다. 바람에 쓰러지지 않게 하는 것이 목적이다. 줄기는 서서히 두꺼워지므로 사진처럼 여유를 두고 8자 모양으로 돌려서 묶는 것이 좋다. 줄기가 자랄 때마다 유인한다.

| 겨드랑눈 따기

잎이 달린 부분에 겨드랑눈이 나올 때마다 손으로 딴다. 겨드랑눈이 있으면 줄기나 잎이 지나치게 무성해져 에너지가 소모된다.

| 사이갈이

흙 표면이 단단해지면 얕게 갈아서, 물이 잘 빠지고 바람이 잘 통하게 한다. 이때 흙을 북돋워주면 줄기가 흔들리지 않는다.

| 꽃

꽃은 살짝 고개를 숙인 것처럼 핀다. 자연스럽게 제꽃가루받이를 하지만, 살짝 꽃을 흔들어주면 수분율이 높아진다.

가지

과 · 속	가지과 가지속	분류	채소		
원산지	인도	꽃 색	●	열매색	●○●

인도 원산의 가지는 고온다습한 환경에 강한 채소이다. 초여름부터 한여름까지 열매가 달리고, 가지치기하면 가을에 다시 품질 좋은 가지가 달리는 신통방통한 채소이기도 하다. 동아시아에는 5~6세기에 전파되었다. 열매는 달걀 모양, 공 모양, 긴 모양 등 품종에 따라 다양한 모양이 있는데, 한국에서는 주로 긴 모양의 가지를 재배한다.

기본 재배방법

화분 위치 심는 장소	해가 잘 들고, 물이 잘 빠지며, 바람이 잘 통하는 장소가 좋다. 연작장해가 발생하기 쉬우므로 한 번 심었던 곳에는 4~5년 정도 심지 않는다.
심기	화분에 심을 때는 채소용 배양토에 심는다. 노지에 심을 때는 흙을 만들어서 60㎝ 정도의 간격으로 심는다.
물주기	모종을 심을 때는 물을 듬뿍 준다. 그런 다음 화분, 노지 모두 흙 표면이 마르면 물을 충분히 준다.
지지대 세우기	포기에서 5㎝ 정도 떨어진 곳에 지지대를 세워 줄기를 유인한다.
겨드랑눈 따기	원가지 1개와 겨드랑눈 2개(총 3개)를 남기고 다른 겨드랑눈은 모두 따낸다.
비료주기	모종을 심고 2주가 지나면 과립형 완효성 화성비료를 알맞게 준다. 그런 다음 아래쪽에 첫 번째 열매가 맺힌 뒤부터, 2주에 1번 과립형 완효성 비료를 알맞게 준다.
수확	품종의 크기에 맞게 자라면 꼭지에서 잘라낸다.
가지치기	한 차례 수확을 마치면 3개의 가지를 각각 전체의 1/2~2/3 길이까지 잘라낸다. 가을이 오면 가지치기한 뒤 자란 가지에 다시 맛있는 열매가 달린다.

START	모종
일조조건	양지
생육 적정온도	20~30℃
재배적지	내한성: 약, 내서성: 중~강
용토	기본 배양토 60%, 코코피트 미립 35%, 펄라이트 5% (기본 배양토는 적옥토 소립 60%, 부엽토 40%)
비료	과립형 완효성 화성비료, 액체비료, 유기질 비료
식물의 높이	50~200㎝

재배력

	1	2	3	4	5	6	7	8	9	10	11	12
수확기						■	■	■	■	■		
개화기					■	■	■	■	■			
심기·옮겨심기				■	■							
비료주기				■	■	■	■	■	■			

가지 종류

1 흔히 보는 긴 모양의 가지 외에 둥근 모양의 가지도 있다.
2 긴 달걀모양의 천양가지.
3 보라색 가지 외에 흰색 가지와 녹색 가지도 있다. 흰색 가지는 과육도 하얗고, 꼭지는 녹색이다.

재배 포인트

| 모종 고르기

위 / 본잎이 7~9장이고, 줄기가 굵고 마디 간격이 좁으며, 첫 번째 꽃의 꽃봉오리가 피기 시작한 것을 고른다.
아래 / 채소는 뿌리가 중요하다. 뿌리가 감기기 전에 심는 것이 좋지만, 사진처럼 뿌리가 감겼다면 뿌리분을 흩트리지 않고 그대로 심는다.

| 꽃

가지는 꽃의 상태로 포기의 생육 상태를 알 수 있다. 꽃이 크고 중심에 있는 암꽃술이 길수록, 꽃가루받이를 하기 쉽다.

| 지지대 세우기

노지에 심은 경우에는 30~40cm로 자란 뒤, 지지대를 세운다. 2개 또는 3개를 세우고, 줄기가 자라면 지지대로 유인한다.

| 수확

처음 맺힌 열매는 아주 작을 때 수확한다. 먼저 포기를 성장시켜서, 다음 열매를 충실하게 만들기 위해서이다.

| 가지치기

더위로 열매가 잘 안 달리는 포기가 쉴 수 있도록, 가지와 뿌리를 잘라준다. 노지에 심은 경우 포기 중심에서 반지름 30cm 정도의 원을 그리고, 원둘레 위에 삽을 꽂아서 뿌리를 자른다(뿌리 자르기).

포기 전체를 1/2 크기로 가지치기한다. 포기 크기에 맞게 뿌리도 잘라냈기 때문에, 포기와 뿌리가 균형을 이룬다. 이렇게 하면 먹음직스러운 가을 가지를 기대할 수 있다.

 One Point Advice **동반식물 활용**

동반식물이란 병해충을 억제하거나 생장을 돕는 등, 서로 좋은 영향을 주는 식물의 조합을 말한다. 가지에 어울리는 좋은 동반식물로는 바질이나 마리골드가 있는데, 함께 심으면 가지에 해충이 들러붙는 것을 막을 수 있다.

양배추

과 · 속	배추과 배추속	분 류	채소
원산지	지중해 연안, 소아시아	꽃 색	●

봄, 여름, 가을 등 1년에 3번 재배를 시작할 수 있다. 초보자는 온도 관리가 쉽고 해충도 비교적 적은 가을에 시작하는 것이 좋다. 겨울에 수확하는 겨울 양배추는 가열 요리에 사용하기 좋고, 봄에 수확하는 봄 양배추는 수분을 많이 함유해서 부드럽기 때문에 샐러드 등에 적합하다.

기본 재배방법

화분 위치 심는 장소	해가 잘 들고, 물이 잘 빠지며, 바람이 잘 통하는 장소가 좋다. 연작장해가 발생하기 쉬우므로, 노지에 심을 때는 2~3년 동안 배추과 채소를 재배하지 않은 곳을 고른다.
씨뿌리기	직접 땅에 씨앗을 심거나 비닐포트에 심는다. 지름 9㎝ 비닐포트에 5~6알을 심는데, 2번 솎아낸 뒤 본잎이 5~6장 정도 나오면 옮겨심는다. 노지에 심을 때는 40~45㎝ 간격으로 5~6알씩 심는다.
심기	화분에 심을 때는 채소용 배양토에 심는다. 노지에 심을 때는 알맞은 흙을 만들어서 40~45㎝ 간격으로 심는다.
물주기	씨앗을 뿌리거나 모종을 심을때는 물을 듬뿍 준다. 그런 다음 화분과 노지 모두, 흙 표면이 마르면 물을 충분히 준다.
해충 대책	벌레가 잘 꼬이기 때문에, 심은 직후부터 터널형 지지대를 꽂아서 방충망을 씌운다.
비료주기	씨앗을 뿌리거나 모종을 심고 2주가 지나면, 과립형 완효성 화성비료를 알맞게 준다. 그런 다음 화분에 심은 경우에는 적정량을 2배로 희석한 액체비료를 1주일에 1번 주고, 노지에 심은 경우에는 과립형 완효성 화성비료를 2주일에 1번 알맞게 준다. 비료를 준 뒤 흙을 북돋워준다.
수확	결구 부분이 단단해지면 수확할 때이다. 바깥쪽 잎 1~2장과 함께 잘라낸다.

START	씨앗, 모종
일조조건	양지
발아 적정온도	15~30℃
생육 적정온도	15~20℃
재배적지	내한성: 강, 내서성: 중
용토	기본 배양토 60%, 코코피트 미립 35%, 펄라이트 5% (기본 배양토는 적옥토 소립 60%, 부엽토 40%)
비료	과립형 완효성 화성비료, 액체비료, 유기질 비료
식물의 높이	40~50㎝

재배력

	1	2	3	4	5	6	7	8	9	10	11	12
개화기												
씨뿌리기												
심기·옮겨심기												
비료주기												

1 본잎이 5~6장 정도 나오면 옮겨심는다. 가을에 심을 때 모종이 지나치게 자라 있으면, 잘 결구하지 않으므로 주의한다.

2 11월의 양배추밭. 양배추는 세로 30~40㎝, 가로 50~60㎝ 정도로 크게 자란다.

3 잎이 얇고 부드러운 봄 양배추.

소송채

과 · 속	배추과 배추속	분 류	채소
원산지	지중해연안 지방, 중앙아시아, 북유럽	꽃 색	🟣

소송채는 일본에서 많이 먹는 채소로, 도쿄의 고마쓰가와 지구에서 재배하기 시작해서 일본이름은 고마쓰나이다. 키우기도 쉽고 심으면 수확할 때까지 1달~1달 반 정도 밖에 걸리지 않아, 초보자가 키우기에 적합하다. 연중재배가 가능하며, 계절에 맞는 품종을 선택하면 좋다.

기본 재배방법

화분 위치 심는 장소	해가 잘 들고, 물이 잘 빠지며, 바람이 잘 통하는 장소가 좋다.
씨뿌리기	씨앗은 약 1cm 간격으로 줄뿌리기 하거나 직접 땅에 심는다. 호광성 씨앗이기 때문에 흙을 얇게 덮는다. 2번 솎아내고 본잎이 5~6장 정도 나오면 옮겨심는다. 직접 땅에 심을 때는 40~45cm 간격으로 5~6알씩 심는다.
심기	화분에 심을 때는 채소용 배양토에 심는다. 노지에 심을 때는 알맞은 흙을 만든 뒤, 40~45cm 간격으로 심는다.
물주기	씨앗을 심고 싹이 틀 때까지는 매일 물을 듬뿍 준다. 그런 다음 화분과 노지 모두, 흙 표면이 마르면 물을 충분히 준다.
솎아내기	떡잎이 벌어지면 솎아내서 3~4cm 간격으로 만든다. 본잎이 1~2장 나오면, 포기 간격이 3~4cm가 되도록 솎아낸다. 솎아낸 뒤 밑동에 흙을 살짝 북돋워준다.
해충대책	방충망을 씌운다.
비료주기	씨앗을 심고 2주가 지나면 과립형 완효성 화성비료를 알맞게 준다. 첫 번째 솎아내기 후 액체비료를 알맞게 주고, 그 뒤에는 1주일에 1~2번 액체비료를 알맞게 준다.
수확	20~25cm 정도로 자라면 수확할 때이다. 땅쪽의 줄기 부분을 잡고 단숨에 뽑아낸다. 덜 자란 상태에서 수확하는 편이, 식감이 부드럽고 풍미도 좋다.

START	씨앗
일조조건	양지, 반그늘
발아 적정온도	20~30℃
생육 적정온도	15~25℃
재배적지	내한성: 약~중, 내서성: 중~강
용토	기본 배양토 60%, 코코피트 미립 35%, 펄라이드 5% (기본 배양토는 적옥토 소립 60%, 부엽토 40%)
비료	과립형 완효성 화성비료, 액체비료, 유기질 비료
식물의 높이	20~40cm

재배력

	1	2	3	4	5	6	7	8	9	10	11	12
수확기					■	■	■	■	■	■	■	
씨뿌리기			■	■	■	■	■	■	■	■		
비료주기			■	■	■	■	■	■	■	■	■	

1 1cm 깊이로 홈을 파고 일정한 간격으로 심는다. 큰 플랜터에 직접 심어도 좋다. 발아율이 매우 높다.

2 떡잎이 나오면 3~4cm 간격으로 솎아낸다.

3 옮겨심지 않고 재배할 수 있다. 베란다에서 키우면 신선한 소송채를 맛볼 수 있다.

감자

과·속	가지과 가지속	분류	채소
원산지	남미 안데스지방의 고원지대	꽃색	●○●

씨감자로 재배한다. 품종에 따라 키울 수 있는 계절도 다르고 식감도 다르기 때문에, 알맞은 것을 고른다. 초보자도 키우기 쉽고, 수확할 때까지 걸리는 시간은 3개월 정도다. 수확한 뒤에는 그대로 말려서 서늘하고 어두운 곳에 보관한다. 화분 대신 커피 포대 등에 심어도 문제없이 열매를 맺는다.

기본 재배방법

화분 위치 심는 장소	해가 잘 들고, 물이 잘 빠지며, 바람이 잘 통하는 장소가 좋다.
씨감자 준비	씨감자는 어미감자와 이어져 있던 부분(씨눈)이 고르게 남아 있도록 잘라서 나눈다. 그늘에서 2~3일 말린다. 또는 자른 면에 재거름을 묻힌다.
심기	씨감자의 자른 면이 아래로 가게 놓고 흙을 5cm 정도 덮는다. 화분에 심을 때는 채소용 배양토에 심는다. 노지에 심을 때는 알맞은 흙을 만들어서 30cm 정도의 간격으로 심는다.
물주기	씨감자를 심을 때는 물을 듬뿍 준다. 그런 다음 화분에 심은 경우에는 흙 표면이 마르면 물을 충분히 준다. 노지에 심은 경우에는 건조한 날이 계속될 때를 빼고는 거의 줄 필요가 없다.
눈따기	눈이 10~15cm 정도로 자라면 1포기에 1~2개를 남기고, 나머지는 밑동에서 잘라낸다.
비료주기	씨감자를 심고 2주가 지나면 과립형 완효성 화성비료를 알맞게 준다. 눈을 딴 뒤, 그리고 꽃봉오리가 맺히면 완효성 화성비료를 알맞게 준다.
북돋우기	덧거름을 준 뒤 줄기가 흔들리거나 감자가 노출되지 않도록 흙을 북돋워준다.
수확	잎이 누렇게 변하기 시작하면 물은 되도록 주지 않는다. 누렇게 시들면 수확할 때이다. 캐낸 감자는 햇빛이 닿지 않는 서늘하고 어두운 곳에 보관한다.

START	씨감자	일조조건	양지
발아 적정온도	10~15℃	**생육 적정온도**	15~20℃
재배적지	내한성: 중, 내서성: 중		
용토	기본 배양토 60%, 코코피트 미립 35%, 펄라이트 5% (기본 배양토는 적옥토 소립 60%, 부엽토 40%)		
비료	과립형 완효성 화성비료, 액체비료, 유기질 비료		
식물의 높이	30~60cm		

재배력

	1	2	3	4	5	6	7	8	9	10	11	12
수확기						■	■				■	
개화기					■	■						
심기·옮겨심기			■	■	■			■				
비료주기			■	■								

 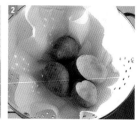

1 씨감자 표면에 배꼽처럼 오목하게 들어간 부분이 씨눈이다. 커다란 씨감자를 잘라서 사용할 때는 씨눈이 고르게 나뉘도록 자른다.
2 밝고 바람이 잘 통하는 곳에서 2~3일 말린 뒤 심는다. 싹이 튼 것을 심어도 된다. 감자를 재배할 때는 반드시 씨감자를 구입하는 것이 좋다. 식용 감자는 먹는 데는 문제가 없지만, 바이러스 등에 감염된 경우 제대로 자라지 못하는 경우가 있다.

포대 재배

준비물

포대, 배양토 15~20ℓ, 삽, 커터칼, 씨감자 '신시아'

* 포대는 커피 포대나 흙 포대 등을 사용한다. 1~3년 정도 사용할 수 있는 내구성이 있는 포대를 사용하는 것이 좋다.

포대에 구멍뚫기

물을 주면 물이 빠져나올 수 있도록 커터칼 등으로 몇 군데에 약 8㎜ 정도의 구멍을 뚫어준다.

씨감자 심기

포대에 채소용 배양토를 넣는다. 씨감자는 배꼽이 위로 오게 놓는다. 씨감자를 잘라서 심을 때는 절단면이 아래로 가게 놓는다. 씨감자 위에 5㎝ 정도 흙을 덮고, 포대 구멍에서 물이 나올 정도로 물을 듬뿍 준다.

물주기, 비료주기

씨감자를 심은 뒤 흙 표면이 마르면 물을 준다. 심고 나서 2주가 지나면 과립형 완효성 비료를 알맞게 준다. 눈을 딴 뒤, 그리고 봉오리가 맺히면 마찬가지로 비료를 준다.

꽃

청초한 꽃이 핀 뒤 작은 열매가 맺히는 경우가 있다. 이 열매에는 알칼로이드계의 독성이 있으므로 주의한다.

누렇게 변한 잎

잎이 누렇게 변하고 줄기가 쓰러지려고 하면 수확할 때이다. 흙이 젖어 있으면 감자를 캘 때 생기는 상처를 통해 세균이 들어가 썩을 수 있기 때문에, 수확하기 전에는 비를 맞지 않는 처마 밑 등으로 옮긴다. 물은 되도록 주지 않고 흙을 말린다.

흙을 파내면 감자가 나온다. 감자는 줄기를 잡고 뽑아내는 것이 좋다. 그런 다음 흙 속에 감자가 남아 있지 않은지 잘 확인한다. 수확할 수 있는 감자의 수량은 품종에 따라 다르다.

수확

바람이 잘 통하는 곳에 펼쳐놓고 감자의 흙을 살짝 털어낸 뒤 말린다. 신문지 등으로 싸서 서늘하고 어두운 곳에 보관한다.

무

과 · 속	배추과 무속	분 류	채소
원산지	중국, 지중해 연안, 중앙아시아	꽃 색	○●

무는 배추, 고추와 함께 3대 채소로 꼽힌다. 11월에 수확하는 가을무와 5, 6월에 수확하는 봄무, 7, 8월에 수확하는 여름무 종류가 있으며, 중국에서 들어온 재래종과 일본을 통해 들어온 일본무가 주를 이룬다. 무청에도 카로틴이나 비타민 C가 많이 들어 있다.

기본 재배방법

화분 위치 심는 장소	해가 잘 들고, 물이 잘 빠지며, 바람이 잘 통하는 장소가 좋다. 10℃ 이하로 내려가면 꽃눈분화가 시작되어, 뿌리가 비대해지지 않으므로 주의한다.
씨뿌리기	노지에 심을 때는 알맞은 흙을 만든 뒤, 30㎝ 간격으로 5~6알씩 직접 땅에 씨앗을 뿌린다. 호광성 씨앗이기므로 흙을 얇게 덮는다.
물주기	씨앗을 심고 싹이 틀 때까지는 물을 듬뿍 준다. 그런 다음 화분과 노지 모두, 흙 표면이 마르면 물을 충분히 준다.
솎아내기	본잎이 나오면 솎아내서 3포기만 남긴다. 본잎이 3~4장이 되면 다시 솎아내서 2포기만 남기고, 본잎이 6~7장이 되면 마지막으로 솎아내서 1포기만 남긴다. 솎아낼 때마다 흙을 북돋워준다.
비료주기	씨앗을 심고 2주가 지나면 과립형 완효성 화성비료를 알맞게 준다. 그런 다음 2달에 1번 완효성 화성비료를 알맞게 준다.
수확	씨앗을 심고 경과한 날수가 수확의 기준이 되기도 한다. 조생종은 55~60일, 만생종은 90~100일이 지나면 수확할 때이다. 또는 땅 위로 보이는 뿌리의 지름이 6~8㎝ 정도 되면 수확할 때이다.

START	씨앗
일조조건	양지
발아 적정온도	20~25℃
생육 적정온도	20~25℃
재배적지	내한성: 약~중, 내서성: 중
용토	기본 배양토 60%, 코코피트 미립 35%, 펄라이트 5% (기본 배양토는 적옥토 소립 60%, 부엽토 40%)
비료	과립형 완효성 화성비료, 액체비료, 유기질 비료
식물의 높이	50㎝(지상부)

재배력

	1	2	3	4	5	6	7	8	9	10	11	12
수확기												
씨뿌리기												
비료주기												

1 7~10일이 지나면 싹이 튼다. 비닐포트에 심은 것은 뿌리가 감기기 전에 빨리 아주심기한다.
2 2주에 1번 정도 완효성 화성비료를 준다.
3 청수무는 땅 위로 보이는 뿌리의 지름이 6~8㎝ 정도면 수확한다.

고구마

과 · 속	메꽃과 고구마속	분 류	채소
원산지	중앙아메리카	꽃 색	●

고구마는 덩굴줄기로 재배한다. 덩굴이 자라면서 잎이 무성해지면 더위와 건조로부터 뿌리를 보호하기 때문에, 척박한 토지에서도 잘 자란다. 수확한 다음에는 3주 정도 서늘하고 어두운 곳에 보관한다. 후숙시키면 단맛이 강해진다.

기본 재배방법

화분 위치 심는 장소	해가 잘 들고, 물이 잘 빠지며, 바람이 잘 통하는 장소가 좋다.
꺾꽂이모 준비	씨고구마에서 자란 덩굴을 잘라서 만든 꺾꽂이모를 준비한다. 마디가 많고 잎이 7~8장 정도 달린 꺾꽂이모를 고르는 것이 좋다. 시들어 있으면 물에 담가서 물을 흡수시킨 뒤 심는다.
심기	심는 방법은 2가지가 있다. '빗심기'는 비닐 멀칭으로 땅의 온도를 높인 뒤, 약 20cm 깊이의 구덩이를 판다. 꺾꽂이모의 3/4을 구덩이에 비스듬히 꽂아서 심는다. '휘어심기'는 이랑에 깊이 약 5cm, 길이 약 30cm의 홈을 판 뒤, 꺾꽂이모를 반달모양으로 구부려서 줄기의 3~4마디를 묻는다. 화분에 심을 때는 채소용 배양토를 사용하고, 노지에 심을 때는 알맞은 흙을 만든 뒤 50cm 간격으로 심는다.
물주기	꺾꽂이모를 심을 때는 물을 듬뿍 준다. 그런 다음 화분과 노지 모두, 잎이 시들 것 같으면 물을 충분히 준다.
비료주기	꺾꽂이모를 심고 2주가 지나면 과립형 완효성 화성비료를 적정량의 1/5 정도 준다. 보통 덧거름은 줄 필요가 없다.
덩굴뒤집기	여름 이후 덩굴이 주위로 퍼지면, 덩굴을 꺾어서 이랑 위로 올린다.
수확	줄기나 잎이 누렇게 변하기 시작하면 수확할 때이다. 서리가 내리기 전에 수확한다. 줄기를 자르고, 고구마에 흠집이 생기지 않도록 주위의 흙을 파낸 뒤, 밑동을 잡고 뽑아낸다. 수확한 뒤에는 바람이 잘 통하는 그늘에서 며칠 동안 말리고, 흙을 제거한 뒤 보관한다.

START	꺾꽂이모, 덩굴
일조조건	양지
발아 적정온도	15~25℃
생육 적정온도	20~25℃
재배적지	내한성: 중, 내서성: 중~강
용토	기본 배양토 60%, 코코피트 미립 35%, 펄라이트 5% (기본 배양토는 적옥토 소립 60%, 부엽토 40%)
비료	과립형 완효성 화성비료, 액체비료, 유기질 비료
식물의 높이	30cm~

재배력

	1	2	3	4	5	6	7	8	9	10	11	12
수확기									■	■	■	
심기·옮겨심기					■	■						
비료주기					■	■						

1 빗심기는 태양을 향해 45도 각도로 비스듬히 꺾꽂이모를 심는 방법이다.
2 물이 잘 빠지고 공기가 잘 통하는 토양을 좋아하므로, 이랑을 높이 쌓아서 재배한다.
3 이랑 밖으로 삐져 나온 덩굴은, 꺾어서 이랑 위로 올린다.

에케베리아

과 · 속	돌나물과 에케베리아속
원산지	중앙·남아메리카
분 류	다육식물, 여러해살이풀, 관엽식물
꽃 색	●●●
잎 색	●○●●●● ●

서리의 아침

초보자도 쉽게 키울 수 있는 대표적인 봄가을형 다육식물. 다육식물은 변화가 적을 것 같지만, 에케베리아는 햇빛을 잘 쬐어주면 늦가을부터 이른 봄까지 단풍이 든다. 아름다운 로제트 모양으로 퍼지고, 2~8월에는 꽃이 핀다. 높이는 5~80cm.

그랍토베리아

과 · 속	돌나물과 그랍토베리아속
원산지	—
분 류	다육식물, 여러해살이풀, 관엽식물
꽃 색	●●
잎 색	●○●●●◎

홍포도(아메토룸)

그랍토페탈룸의 두터운 잎과 에케베리아의 로제트 모양을 이어받은 교배종. 더위와 추위에 강하고 쉽게 키울 수 있는 점도 물려받은 성질이다. 단풍이 들면 잎 끄트머리가 연한 핑크색으로 물들고, 4~7월에 꽃이 핀다. 높이는 5~30cm.

파키피툼

과 · 속	돌나물과 파키피툼속
원산지	멕시코
분 류	다육식물, 여러해살이풀, 관엽식물
꽃 색	●●●
잎 색	●●◎

볼록하고 둥근 잎이 특징. 하얀 가루로 덮인 종류가 많고, 잎끝이 둥그스름하거나 뾰족한 것 등 다양한 종류가 있다. 잎이 무거워서 작게 키워도 좋다. 비를 맞으면 잎의 하얀 가루가 떨어지므로 주의한다. 높이는 10~20cm, 꽃은 2~4월에 핀다.

세둠

과 · 속	돌나물과 세둠속
원산지	전 세계의 온대~아열대 지역
분 류	다육식물, 여러해살이풀, 관엽식물
꽃 색	●●●○
잎 색	●●●◎

홍옥

동그랗고 작은 모양과 선명하고 고운 색깔이 특징으로, 모아심기나 다육아트에 사용하는 원예식물로 널리 사랑받고 있다. 낙엽성 세둠은 1년 내내 실외에서 재배할 수 있고, 지피식물이나 녹화식물로 이용된다. '홍옥'은 기온이 내려가면 단풍이 든다. 3~11월에 꽃이 피고 높이는 5~60cm.

셈페르비붐

과 · 속	돌나물과 셈페르비붐속
원산지	유럽~중동, 러시아, 코카서스, 모로코
분 류	다육식물, 여러해살이풀, 관엽식물
꽃 색	●○
잎 색	●●●●●

생육이 왕성하고 어미포기가 기는줄기를 뻗어 새끼포기를 만들며 생장한다. 길이 5~8㎝의 로제트 모양 포기가 모여서 자란다. 봄에는 본래의 색이고, 늦가을에는 거무스름한 단풍이 든다. 추위에 강하고, 남쪽 지방에서는 1년 내내 실외에서 키울 수 있다. 2~7월에 꽃이 핀다.

비톰

기본 재배방법

화분 위치 심는 장소	해가 잘 들고 바람이 잘 통하는 곳이 좋다. 여름에는 바람이 잘 통하는 반그늘에서 관리하거나, 빛을 차단해 잎이 타는 것을 막아준다. 겨울에는 5℃ 이상을 유지하고 해가 잘 드는 창가에서 관리한다.
심기 옮겨심기	봄가을에 옮겨심는다. 심기 며칠 전부터는 물을 주지 말고 화분에서 포기를 뽑아 방치한 뒤 옮겨심는다. 뿌리가 많이 감겨 있는 경우에는 뿌리를 정리해서 같은 화분에 심거나, 한 치수 큰 화분에 옮겨심는다. 화분이 지나치게 크면 화분 안에 습기가 많아져서 뿌리가 상하기 쉽다.
물주기	봄가을에는 흙 표면이 마르면 물을 듬뿍 준다. 여름철에는 10일에 1번 정도 주고, 겨울에는 1달에 1~2번 흙이 마르면 조금씩 준다. 잎과 잎 사이에 물이 들어가 고이지 않도록 주의한다.
비료주기	모종을 심고 2주가 지나면 과립형 완효성 화성비료를 알맞게 준다. 생육기인 봄가을에는 표준 비율의 2배로 희석한 액체비료를 1주일에 1번 준다.
여름나기 겨울나기	여름에는 바람이 잘 통하게 하고 직사광선이나 장맛비에 노출되지 않게 한다. 겨울에는 휴면하므로 서리가 내리기 전에 실내로 옮기고 해가 드는 곳에서 관리한다.
번식방법	포기나누기, 꺾꽂이로 번식시킨다. 모두 3월~6월 상순, 9월 중순~10월 중순에 하는 것이 좋다. 종류에 따라 잎꽂이나 씨앗으로 번식시키는 것도 있다.

하워르티아

과 · 속	아스포델루스아과 하워르티아속
원산지	남아프리카
분 류	식물, 여러해살이풀, 관엽식물
꽃 색	●○○●
잎 색	●●

바위 그늘이나 나무 밑동 등에서 잎끝을 땅위로 내밀고 자생한다. 직사광선에 약하고 밝은 실내나 창가를 좋아한다. 잎이 부드러운 종류는 잎끝에 '창'이라고 부르는 반투명한 부분이 있어서, 빛이 투과되는 모습이 아름답다. 로제트 모양으로 자라며 높이는 5~20㎝.

옵투사

START	모종
일조조건	양지
생육 적정온도	10~25℃
재배적지	에케베리아·하워르티아_ 내한성: 약~중, 내서성: 약~중 파키피툼_ 내한성: 약~중, 내서성: 약~중 그랍토베리아_ 내한성: 약~중, 내서성: 강 세둠_ 내한성: 중~강, 내서성: 중~강 셈페르비붐_ 내한성: 강, 내서성: 약~중
용토	다육용 배양토 / 기본 배양토 50%, 코코피트 미립 40%, 펄라이트 10%(기본 배양토는 적옥토 소립 60%, 부엽토 40%)
비료	과립형 완효성 화성비료, 액체비료
식물의 높이	5~80㎝

재배력

	1	2	3	4	5	6	7	8	9	10	11	12
수확기												
심기·옮겨심기												
비료주기												

겨울형
겨울형 다육식물의 생육 적정온도는 5~20℃이다.
겨울에 생육이 활발하고, 봄가을에는 생육이 느려지며, 여름에 휴면한다.

리토프스

과 · 속	석류풀과 리토프스속	분류	관엽식물, 다육식물, 여러해살이풀
원산지	아프리카 남부	꽃 색	●●◐○	잎 색	●●●

잎 끝부분이 평평하고 동글동글한 모양이 개성적이다. 리토프스는 곤충 등
으로부터 몸을 보호하기 위해 이렇게 돌을 닮은 모양이 되었다고 한다. 잎
은 옅은 갈색이나 녹색 등을 띠고 대부분 무늬가 있다. 또한 오래된 껍질이
갈라지면서 새로운 잎이 얼굴을 내미는 '탈피'로 생장하는 점도 독특하다.
겨울형이지만 서리가 내릴 정도로 온도가 낮으면 견디지 못한다.

기본 재배방법

화분 위치 심는 장소	해가 잘 드는 양지를 좋아한다. 겨울형이지만 겨울에는 따뜻한 낮 시간에만 실외에 둔다. 서리가 내릴 정도의 추위는 견디지 못하기 때문에, 밤에는 5℃ 정도의 현관 등에서 관리한다. 단, 따뜻한 방 안에 두면 생육이 멈춘다. 여름에는 직사광선을 피해야 한다.
심기 옮겨심기	흙이 젖어 있으면 뿌리가 쉽게 상하므로, 옮겨심기 며칠 전부터 물을 주지 말고 용토를 말려준다. 화분에서 포기를 뽑아낸 다음에도, 며칠 동안 방치해서 말린다. 9월 중순~11월에 심는 것이 좋다.
물주기	생육기인 겨울에는 10일에 1번이 기준이다. 겉흙이 마르면 날씨가 좋은 날 오전 중에 준다. 봄가을에는 겉흙이 마르면 물을 듬뿍 주고, 늦봄부터 초여름까지는 휴면에 대비해 물 주는 횟수를 줄인다. 여름에는 물을 주지 말고 탈수될 것 같은 경우에만 저녁에 조금씩 준다.
비료주기	모종을 심거나 옮겨심고 2주가 지나면, 완효성 화성비료를 알맞게 준다. 생육기에는 표준 비율의 2배로 희석한 액체비료를 1주일에 1번 준다.
번식방법	포기나누기, 꺾꽂이로 번식시킨다. 모두 9~3월에 하는 것이 좋다. 종류에 따라 잎꽂이나 씨앗으로 번식시키는 것도 있다.

START	모종
일조조건	양지
생육 적정온도	5~25℃
재배적지	내한성: 약~중, 내서성: 약~중 ＊품종에 따라 다르다.
용토	다육용 배양토 / 기본 배양토 50%, 코코피트 미립 40%, 펄라이트 10%(기본 배양토는 적옥토 소립 60%, 부엽토 40%)
비료	과립형 완효성 화성비료, 액체비료
식물의 높이	2~6cm

재배력

	1	2	3	4	5	6	7	8	9	10	11	12
개화기												
심기·옮겨심기												
비료주기												

1 평평한 잎 표면에 무늬나 점이 있는 것도 특징 중 하나다.
2 리토프스 아우캄피에의 꽃. 갈라진 틈 사이로 꽃이 핀다. 꽃은 밝을
때 피고, 피고 지고를 반복한다. 꽃이 핀 뒤에 달리는 열매는 말라서
갈색이 되면 딴다. 열매 속에 있는 작은 씨앗을 냉장보관하면 10~11
월에 씨앗을 심을 수 있다. 색상과 무늬가 다양하며, 해마다 초봄에 탈
피를 반복하는 것이 재미있어서, 수집가들에게도 인기가 많은 다육식
물이다.

여름형

여름형 다육식물의 생육 적정온도는 20~30℃이다.
여름에 생육이 활발하고, 봄가을에는 생육이 느려지며, 겨울에는 휴면한다.

칼랑코에

과 · 속	돌나물과 칼랑코에속	분 류	관엽식물, 다육식물, 여러해살이풀
원산지	아프리카 남부·동부, 아라비아반도, 동아시아, 동남아시아	꽃 색	●●●◐○

붉은색, 핑크색 등 고운 빛깔의 꽃을 감상할 수 있는 다육식물. 인공적으로 일조시간을 단축하는 단일처리로 꽃을 피워서, 1년 내내 손쉽게 개화 모종을 구할 수 있다. 겹꽃과 종모양 꽃은 절화로도 유통된다. 화분에서 재배하는 것이 일반적이며, 물빠짐이 좋은 배양토에 얕게 심는다.

기본 재배방법

화분 위치 심는 장소	해가 잘 들고, 물이 잘 빠지며, 바람이 잘 통하는 장소가 좋다. 강한 햇살이나 석양빛이 화분 속 온도를 높이면 포기가 약해지므로 주의한다. 추위에 약하기 때문에 실온이 10℃ 이상인 밝은 장소에서 키운다. 그보다 낮으면 꽃봉오리가 잘 맺히지 않고, 5℃ 이하에서는 휴면 상태가 된다.
심기 옮겨심기	뿌리분을 얕게 심는다.
물주기	4~9월의 생육기에는 흙 표면이 마르면 물을 듬뿍 준다. 가을부터 봄까지는 살짝 건조한 상태로 관리한다. 다육식물은 습기가 많을 경우, 뿌리가 가늘어서 쉽게 썩기 때문에 주의한다.
비료주기	모종을 심고 2주가 지나면 과립형 완효성 화성비료를 알맞게 준다. 생육기에는 표준 비율의 2배로 희석한 액체비료를 1주일에 1번 준다.
단일처리	약 2달 동안 17시~9시까지 화분에 골판지 상자를 덮어서 빛을 차단하는 단일처리를 하면, 3월 하순~9월 상순에 꽃이 핀다.
시든 꽃 따기	시든 꽃은 꽃이 달린 부분 밑에서 잘라낸다.
순지르기 옮겨심기	화분에 심고 1년이 지나면 모양이 흐트러지고 꽃이 잘 피지 않으므로, 밑동에서 약 10cm 높이로 순지르기를 한다. 한 치수 큰 화분에 옮겨심는다.
번식방법	포기나누기, 꺾꽂이, 잎꽂이로 번식시킨다.

START	모종
일조조건	양지, 반그늘, 그늘
생육 적정온도	20~25℃
재배적지	내한성: 약~중, 내서성: 강 　★ 품종에 따라 다르다.
용토	다육용 배양토 / 기본 배양토 50%, 코코피트 미립 40%, 펄라이트 10%(기본 배양토는 적옥토 소립 60%, 부엽토 40%)
비료	과립형 완효성 화성비료, 액체비료
식물의 높이	10~50cm

재배력

	1	2	3	4	5	6	7	8	9	10	11	12
개화기												
심기·옮겨심기												
비료주기												

1 소박하게 피는 홑꽃 종류. 꽃색이 풍부해서 노란색 외에도 붉은색, 핑크색 등 다양한 색깔을 자랑한다. 꽃은 작지만 수가 많아서 오래 즐길 수 있다.

2 12~3월에 종모양의 꽃이 피는 칼랑코에. 밝은 창가가 아니어도 계속 꽃이 피어서, 꽃이 적은 겨울철에 눈을 즐겁게 해준다. 절화로 유통되는 품종도 많으며, 꽃이 오래 간다.

꽃이나 잎 모양이 각각 다른 것처럼 씨앗의 모양도
다양하고 성질도 제각각이다. 떨어진 씨앗에서 저
절로 싹이 트는 화초처럼 햇빛을 받으면 싹이 트는
식물도 있지만, 햇빛이 차단되어야 비로소 싹이 트
는 식물도 있다. 여기서는 식물의 신기한 힘을 느낄
수 있는 씨뿌리기와 식물 심기에 대해 알아본다.

씨뿌리기와 식물 심기

씨뿌리기

노력과 시간이 필요하지만 원예를 시작한 이상 반드시 해봐야 할 씨뿌리기.
자그마한 씨앗에서 자라나는 식물을 한순간도 놓치지 말고 관찰해보자.

씨앗으로 시작할 때의 장점

식물을 재배하고 싶다면 어떻게 시작하는 것이 좋을까.

꽃가게나 원예점에서 원하는 모종을 골라 화분에 심으면, 간편하고 빠르게 다양한 꽃이나 허브, 채소를 즐길 수 있다.

반면, 씨앗부터 시작하는 방법도 있다. 자그마한 씨앗에서 싹이 트고 성장하여 꽃봉오리를 맺고, 이윽고 꽃이 피고 열매가 맺히는……, 식물의 모든 성장 과정을 빠짐없이 관찰할 수 있는 방법이다. 그리고 이것이야말로 원예의 묘미다. 또한 모종으로 구하기 힘든 품종을 씨앗으로 구할 수도 있고, 씨앗이 모종에 비해 저렴하기도 하다. 씨앗에는 수많은 장점이 있다.

모든 식물의 출발점인 씨앗은 종류가 매우 다양하다

같은 과의 식물이라도 씨앗의 크기, 색, 모양은 각각 다르다. 여기서는 몇 가지 씨앗을 모아서 사진으로 소개하였다. 한 가지도 같은 것이 없다. 일반적으로 씨앗으로 키운 모종은 성장이 왕성하고 튼튼하다. 이제부터 씨앗으로 시작하는 원예의 즐거움을 소개한다.

한해살이풀

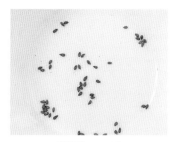

비올라 → p.24

일일초 → p.32

네모필라 → p.26

백일홍 → p.33

나팔꽃 → p.29

해바라기 → p.34

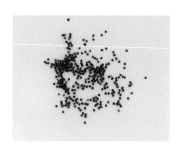

페튜니아 → p.30

코스모스 → p.36

성형이나 착색으로 다루기 편해진 씨앗

씨앗 중에는 가공 씨앗이라고 부르는 종류가 있다. 가공 씨앗은 쉽게 심을 수 있도록 처리한 씨앗을 말한다. 오른쪽 사진은 양배추 씨앗을 필름코팅한 것이다. 약제나 착색제 용액으로 코팅한다. 이 밖에 크기가 매우 작거나 모양이 고르지 않은 씨앗을 점토 등으로 코팅해서 다루기 쉽게 성형하고 착색한 펠렛코팅 씨앗도 있다. 착색한 씨앗은 흙에 심을 때 구분하기 쉽다는 장점이 있다.

여러해살이풀

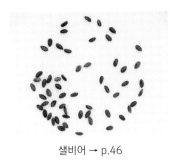

샐비어 → p.46

크리스마스로즈 → p.54

채소

풋콩 → p.116

허브

소엽(청소엽) → p.78

차이브 → p.81

토마토 → p.118

타임 → p.79

바질 → p.82

가지 → p.120

저먼 캐모마일 → p.80

로즈메리 → p.86

무 → p.126

기초 지식

씨앗이 싹을 틔우기 위해 필요한 3가지 조건

씨앗이 싹을 틔우려면 다음과 같은 3가지 요소가 필요하다.

- 물
- 산소
- 온도

구입한 씨앗은 휴면 중인 상태이므로 먼저 수분을 공급한다. 물과 산소를 공급하면 씨앗에 함유된 효소(단백질)가 활동을 시작한다. 이렇게 되면 잠에서 깨어나듯이 차례차례 세포가 분열하여 뿌리가 나오고 싹이 트기 시작한다.

싹이 트려면 각각의 식물에 적합한 발아 적정온도가 필요하다. 발아 적정온도는 원산지의 기후나 환경에서 유래되는데, 대략 15℃ 전후, 20℃ 전후, 25℃ 전후의 3그룹으로 나뉜다.

씨앗으로 시작할 때 중요한 것이 심는 시기다. 앞에서 소개한 것처럼, 식물의 발아 적정온도는 대략 15~25℃의 범위 안에 있다. 즉, 춥지도 덥지도 않은, 봄 또는 가을의 기온이 일반 식물이 싹을 틔우기에 적합한 온도인 셈이다.

심는 시기의 기준은 벚나무와 석산

남쪽 지방과 북쪽 지방은 기온에 차이가 있기 때문에 같은 달력을 보고 씨앗을 심는 시기를 정하기는 어렵다. 일본에서는 오래전부터 씨앗을 심는 시기를 알려주는 식물이 있는데, 봄의 벚나무와 가을의 석산이 그것이다.

봄에 심는 씨앗은 왕벚나무가 만개할 무렵(4월 초중순)부터 겹벚나무가 꽃을 피울 무렵(4월 중하순)까지가 심는 시기이다. 봄에

꽃이 알맞은 시기를 알려준다

봄의 상징인 왕벚나무. 졸업과 입학 시즌이 다가옴을 알려주는 동시에, 봄철 정원 작업을 시작하는 기준이 되기도 한다.

붉은 석산이 필 무렵, 드디어 여름 더위가 물러간다. 이때부터 가을철 정원 작업을 시작한다.

식물의 발아 적정온도

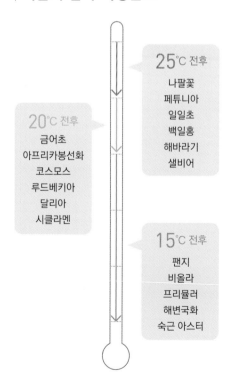

25℃ 전후
나팔꽃
페튜니아
일일초
백일홍
해바라기
샐비어

20℃ 전후
금어초
아프리카봉선화
코스모스
루드베키아
달리아
시클라멘

15℃ 전후
팬지
비올라
프리뮬러
해변국화
숙근 아스터

는 따뜻해졌다고 느껴도 꽃샘추위가 있기 때문에 주의가 필요하다. 서리에 약한 식물은 늦서리에 주의하고, 겹벚꽃이 피는 시기(4월 중하순)를 기다려서 씨앗을 심어야 한다. 또한 봄에 천둥이 치면 우박이 내릴 수 있기 때문에 주의해야 한다.

가을에 심는 식물은 늦더위가 물러갈 무렵, 석산이 피어 있는 동안(9월)이 심는 시기이다. 추위에 강한 식물이라도 서리가 내리는 혹독한 추위를 견뎌내기 위한 준비가 필요하다. 겨울이 오기 전에 단단히 뿌리를 내리도록 키워야 한다.

씨뿌리기는 지나치게 빨라도 또는 지나치게 늦어도 식물의 성장에 커다란 영향을 준다. 시기를 놓치지 말고 씨앗을 심는 것이 성공적인 재배를 위한 가장 중요한 비결이다.

그리고 발아 적정온도가 같은 식물이라도 추위에 약하면 봄에 심고 추위에 강하면 가을에 심는다. 즉, 내한성, 내서성의 유무에 따라서도 씨앗을 심는 시기가 달라진다.

추위에 약한 식물을 가을에 심으면 겨울 동안 보온이나 난방이 필요하다. 또한 추위에 강하고 더위에 약한 식물을 봄에 심으면 여름 더위로 상하기 쉽다.

씨앗봉지의 재배 정보를 확인한다

씨앗은 보통 봉지에 담아서 판매한다.

발아 적정온도와 빛이 필요한지 아닌지를 비롯하여, 수많은 중요한 정보가 이 봉지에 기재되어 있다.

그래서 씨앗봉지의 앞뒷면을 복사해서 재배 기록과 함께 보관하면 편리하다. 구입일이나 옮겨심은 날, 생육 상태(개화일 등)를 함께 적어두면 나중에 참조할 수 있다.

재배 기록에는 씨앗을 심은 날, 싹이 튼 날, 꽃이 핀 날, 날씨, 최고 기온, 최저 기온, 습도를 기록한다. 생육 과정의 사진과 함께 기록하면 원예의 즐거움이 배가 된다.

남은 씨앗은 휴지에 싸서 비닐봉투에 넣고 냉장고 채소칸에 보관한다. 식물 이름이나 구입일을 적고 유효 기한 내에 심는다.

씨앗봉지 뒷면을 체크한다

씨앗봉지 뒤쪽에는 씨앗을 심는 방법부터 식물의 특징이나 재배방법까지 정보가 가득하다.

식물 이름

품종의 특징

씨앗 심는 방법

심기 알맞은 시기, 꽃이 피는 시기

발아까지 걸리는 날수, 발아 적정온도, 생육 적정온도

생산지, 품종명, 유효기간 등

재배방법

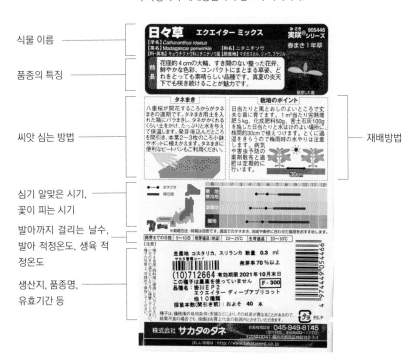

씨앗을 심은 화분에는 이름표를 꽂아둔다

이름표에 이름을 적어 화분에 꽂아놓으면, 매일 관찰할 때 기대감이 훨씬 높아진다. 이름표에는 씨앗을 심은 날짜와 식물 이름, 품종 이름을 적는다. 4B 정도의 짙은 연필로 적는 것이 좋은데, 연필은 강한 햇빛이나 비에도 강하고 지우개로 지울 수도 있어서 매우 편리하다.

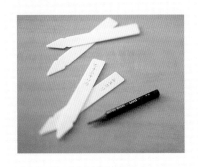

씨앗과 빛의 관계

식물이 싹을 틔울 때 반드시 빛이 필요한 것은 아니다

식물이 자라기 위해서는 물, 빛, 온도가 반드시 필요하다. 식물은 광합성을 통해 성장에 필요한 것을 만들어낸다. 그러나 싹을 틔우기 위해서 반드시 빛이 필요한 것은 아니다. 씨앗에는 다음과 같은 3가지 종류가 있다.

• 호광성 씨앗
• 혐광성 씨앗
• 중성 씨앗

호광성 씨앗는 빛을 받으면 발아율이 높아진다. 반대로, 빛을 차단하면 발아율이 높아지는 씨앗이 혐광성 씨앗이다. 빛을 받아도 받지 않아도 발아하는 것은 중성 씨앗이다.

씨앗 위에 흙을 꼼꼼히 덮었는데도 싹이 트지 않았다면, 호광성 씨앗이기 때문일지도 모른다. 이런 경험이 없는지 잘 생각해보자. 빛에 상관없이 싹이 트는 종류도 있다.

호광성 씨앗을 심을 때 주의할 점

싹을 틔울 때 빛이 필요한 호광성 씨앗의 경우, 씨앗을 심을 때 흙을 두껍게 덮으면 빛을 받지 못해서 싹이 트지 않는다.

이러한 식물의 경우 씨앗봉지에 호광성 씨앗이므로 씨앗을 심은 뒤 흙을 덮지 말라거나 얇게 덮으라는 내용이 적혀 있다.

씨앗이 바람에 날리거나 마르는 등의 문제를 피하기 위해, 흙을 얇게 덮는 대신 모종판이나 화분 위에 신문지 1장을 덮어주는 방법도 효과적이다.

꽃이 진 뒤 씨앗이 저절로 떨어져 싹이 트는 식물은 이러한 호광

호광성 씨앗 식물

작은 씨앗을 흙 위에 뿌린다. 바람 등으로 날아가지 않도록 흙을 덮어줄 때는, 5mm 정도의 두께로 덮어준다.

> **호광성 씨앗의 예**
>
> **꽃**
> 팬지, 비올라, 금어초, 페튜니아,
> 아프리카봉선화, 프리뮬러 등
>
> **허브·채소**
> 소엽, 저먼 캐모마일, 바질,
> 양배추, 소송채 등

양배추

바질

페튜니아

성 씨앗 식물이다. 하천가에 핀 코스모스는 땅 위로 씨앗이 떨어진 뒤 흙을 덮어주지 않아도 저절로 싹이 튼다. 저면 캐모마일이나 소엽, 페튜니아, 아프리카봉선화 등도 같은 종류이다.

또한, 잡초 종류 중에도 호광성 씨앗 식물이 많다. 땅 위로 떨어진 씨앗이 빛을 받으면 싹이 트기 때문에, 잡초는 뽑아도 뽑아도 다시 자란다고 느끼게 된다.

호광성 씨앗은 입자가 매우 작은 것이 많다. 따라서 매우 가볍기 때문에 물을 줄 때마다 쉽게 쓸려 내려가므로 주의해야 한다. 물뿌리개의 헤드를 위로 향하게 끼워서 부드럽게 물을 준다. 분무기 등을 사용하는 것도 좋은 방법이다. 물을 채운 트레이 위에 화분을 놓아두는 저면관수도 효과적이다. 이때 트레이가 얕은 경우에는 물의 양을 자주 체크해야 한다. 또한 흙이 계속 젖어 있는 환경은 뿌리의 성장을 방해하므로, 싹이 튼 다음에는 저면관수용 플레이트를 분리한다.

흙을 충분히 덮어야 하는 혐광성 씨앗

혐광성 씨앗 식물은 호광성 씨앗 식물에 비해 수가 적다. 호광성 씨앗과는 대조적으로 싹을 틔우기 위해 빛이 필요하지 않는다. 빛을 차단하지 않으면 싹이 트지 않으므로 씨앗을 심은 다음 흙을 두껍게 덮어준다. 보통 씨앗 크기의 2~3배가 기준이다. 또는 1cm 정도 덮어준다. 씨앗을 심은 다음에는 흙이 마르지 않도록 물을 충분히 준다.

씨앗봉지에서 확인한다

호광성이나 혐광성을 구분하기 위해서는 씨앗봉지에 기재된 정보가 도움이 된다.

예를 들어, 국화과에는 호광성 씨앗 식물이 많지만, 반드시 그런 것은 아니다. 씨앗봉지에 적힌 정보를 확인하여 각각의 식물과 품종에 적합한 방법으로 씨앗을 심어야 한다. 최근에는 식물간 교잡이 많아서 같은 식물이라도 품종에 따라 다른 경우도 있다.

혐광성 씨앗 식물

먼저 씨앗을 심을 구멍을 파고 그 안에 씨앗을 심는다. 씨앗 위에 흙을 1cm 정도 잘 덮어준다.

혐광성 씨앗의 예

꽃
네모필라, 나팔꽃, 일일초,
해바라기, 시클라멘 등

허브·채소
토마토, 가지, 무, 파 등

가지

나팔꽃

해바라기

씨뿌리기 준비

화분이나 화단에 그대로 씨앗을 심는 직파

씨앗을 심기 전에 어디에 심을지, 어떻게 심을지를 먼저 결정해야 한다. 어디에 심을지는 크게 2가지 방법을 생각할 수 있는데, 첫 번째가 직파이다.

직파는 화분이나 화단, 밭 등에 직접 씨앗을 심고 재배하는 방법이다. 이러한 방법이 적합한 식물은 뿌리를 똑바로 뻗는 곧은뿌리 식물이다.

또한 곧은뿌리 식물은 옮겨심는 것을 싫어한다. 옮겨심으면 생육 장해를 일으켜 말라죽을 수도 있다.

용기에 심을 때는 포트나 모종판 등에 심는다

다른 하나는 용기에 심는 방법이다. 일반적인 비닐포트 외에 얇고 평평한 화분이나 모종판 등을 이용해도 좋다. 또한 과일 포장용으로 사용하는 플라스틱 케이스 등도 밑바닥에 구멍을 뚫어서 사용할 수 있다. 용기에 심은 씨앗은 싹이 튼 뒤 한동안 키운 다음, 화분이나 화단에 옮겨심는다.

용기에 심는 방법의 장점은 장소를 쉽게 이동할 수 있어서 비나 바람, 강한 햇살 등에 의한 문제를 막을 수 있다는 점이다. 막 싹이 튼 어린 모종을 관리할 때 적합하다.

앞에서 설명한 뿌리를 똑바로 뻗는 곧은뿌리 식물을 용기에 심고 싶을 때는, 보통 용기보다 깊은 용기를 사용한다. 그리고 뿌리가 용기 바닥에 닿기 전에, 뿌리분을 흩트리지 말고 그대로 화분 등에 옮겨심는다.

씨앗을 심을 때는 전용 용토를 사용한다

어디에 심을지 결정했다면 다음으로 생각해야 하는 것이 흙이다. 씨앗을 심을 흙은 깨끗하고 퇴비나 비료 성분이 없어야 한다. 또한 이제 막 싹을 틔운 식물은 연약하기 때문에, 병에 걸리지 않도록 새로운 용토를 사용해서 심어야 한다. 시판되는 씨앗 발아용 용토는 비료 성분이 들어 있지 않은지 확인한 뒤 구입한다.

준비물

비닐포트와 모종판
포트는 그대로, 모종판은 종이를 1장 깔고 흙을 넣는다. 모두 플라스틱 제품으로 다양한 사이즈가 있다.

모종 트레이
작은 틀이 연결된 트레이로, 틀 바닥에 구멍이 뚫려 있다. 각각의 틀에 용토를 넣고 씨앗을 1~2알씩 심어 모종을 만든다.

발아용 용토
전용 흙 중에서 비료 성분이 포함되지 않은 것을 고른다. 씨앗을 심는 용토는 꺾꽂이에도 사용할 수 있다.

싹이 잘 트지 않는 씨앗은 밑처리를 한다

씨앗 중에는 물이나 산소를 잘 흡수하지 못하는 종류가 있다. 나팔꽃이나 풋콩 등과 같이 단단한 껍질로 덮여 있는 씨앗은 p.142의 순서대로 물을 흡수시켜 발아를 촉진시킨다.

솜털로 덮여 있는 클레마티스나 목화의 씨앗은 솜털을 제거한 뒤 심는다. 물 1ℓ에 계면활성제(가정용 세제)를 1방울 넣고 씨앗을 담근다. 심기 전에 물로 씨앗을 깨끗이 씻어준다. 장미는 껍질에 발아 억제 물질이 함유되어 있기 때문에, 껍질을 제거하고 흐르는 물로 깨끗이 씻은 뒤 심는다.

시판되는 씨앗 중에는 발아 촉진 처리를 해서 판매하는 것도 있다. 씨앗봉지에 표시가 있으므로 구입할 때 확인한다.

준비와 뿌리는 방법

| 비닐포트

1 비닐포트에 용토를 80% 정도 담는다. 화분 바닥용 깔망은 깔지 않아도 관계없다.

2 씨앗을 심기 전에 물을 뿌린다. 모종판에 올려두면 작업하기 쉽고 관리하기도 편하다.

3 물을 뿌리면 용토가 단단해진다. 비닐포트의 흙이 충분히 적셔지면 준비 완료.

| 모종판

1 모종판 바닥에 신문지를 1장 깐다.

2 용토를 넣고 두께가 균일해지도록 평평하게 만든다. 워터 스페이스는 2㎝ 정도.

3 용토가 충분히 젖도록 물을 듬뿍 뿌린다.

| 종이를 이용하여 뿌린다

1 씨앗, 편지봉투 등의 힘이 있는 종이, 용토를 넣은 모종판을 준비한다.

2 봉투를 반으로 접고, 접힌 곳에 작은 씨앗을 올려놓는다.

3 고르게 뿌릴 수 있도록 봉투를 든 손이나 봉투를 톡톡 쳐서, 씨앗을 뿌린다.

밑처리가 필요한 씨앗

| 나팔꽃

하룻밤 물에 담가둔 씨앗(왼쪽)과 물에 담그기 전의 씨앗(오른쪽). 크기가 많이 다르다.

| 풋콩

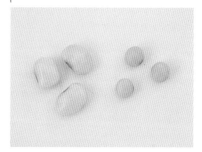

1 하룻밤 물에 담가둔 씨앗(왼쪽)과 물에 담그기 전의 씨앗(오른쪽).

2 하룻밤 물에 담가둔 씨앗에 핀셋 등으로 흠집을 내서, 표면의 껍질을 조금 벗겨낸다.

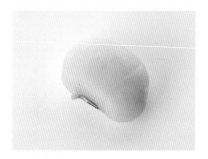

3 뿌리가 될 부분의 끝쪽에 흠집을 낸 상태. 이렇게 하면 싹이 빨리 튼다.

| 장미

1 씨앗을 채취한 뒤 바로 심는다. 알맞은 시기는 12월. 2월이 되면 열매가 마른다.

2 손가락으로 누르면 터질 정도로 완전히 익은 장미 열매를 고르면, 씨앗이 튼실하다.

3 물로 씻어서 과육을 제거한다. 품종에 따라 5~30알의 씨앗이 들어있다.

4 채취한 씨앗을 물에 넣으면 덜 여물어서 가벼운 씨앗은 물 위로 뜬다. 제거한다.

5 씨앗을 씻는다. 껍질에 발아 억제 물질이 함유되어 있기 때문에 씻어서 제거한다.

6 키친타월로 물기를 제거하고 말린다.

7 3㎝ 간격으로 심고 5㎜ 정도 흙을 덮어준다. 1주일에 1번 물을 주면 봄에 싹이 튼다.

| 클레마티스

보송보송한 솜털을 씻어서 제거한 다음, 씨앗을 심는다.

기본적인 씨뿌리기 방법

기본적인 씨뿌리기 방법 3가지

씨앗을 어디에 심을지 정했다면, 이제 어떻게 심을지 정해야 한다. 심는 방법은 3가지가 있다.

- 점뿌리기(점파)
- 줄뿌리기(조파)
- 흩어뿌리기(산파)

화분이나 화단에 직접 심거나 비닐포트 등을 사용하여 용기에 심을 때도, 이 3가지 방법 중 1가지 방법으로 씨앗을 심는다.

씨앗을 흩어서 뿌리는 흩어뿌리기는 간단하지만 씨앗이 한곳에 몰리기 쉽기 때문에, 초보자는 피하는 것이 좋다.

심는 장소와 심는 방법이 정해지면, 씨앗을 심기 전에 씨앗의 위아래를 확인해야 한다. 그리고 물뿌리개나 분무기 등으로 물을 뿌려서 용토를 충분히 적셔두는 것도 중요하다. 씨앗을 심은 뒤에는 심은 방법에 관계없이, 모두 성장에 따라 솎아내기를 한 뒤 아주심기한다.

크게 성장하는 식물은 점뿌리기

점뿌리기는 1곳에 1알씩 또는 몇 알씩 같은 간격으로 심는 방법이다. 커다란 씨앗부터 미세한 씨앗까지 적합한 방법이다.

커다란 씨앗의 경우에는 용토에 손가락이나 젓가락, 페트병 뚜껑 등으로 구멍을 뚫어 씨앗을 심는다. 미세한 씨앗은 흙 위에 몇 알씩 놓고 흙을 덮어준다.

점뿌리기는 포기를 크게 키울 때 사용하는 방법이다. 채소 중에는 열매채소나 뿌리채소 종류에 적합하다. 심을 때 씨앗의 방향을 가지런히 맞춰두면, 싹이 텄을 때 잎의 방향이 일정해서 쉽게 솎아낼 수 있다.

점뿌리기

손가락으로 구멍을 판다

나팔꽃

1 촉촉하게 젖은 용토에 손가락으로 구멍을 판다. 발아용 용토는 부드럽기 때문에 쉽게 팔 수 있다.

2 여기서는 2개의 구멍을 판다. 구멍 1개에 씨앗을 1알씩 심는다.

3 나팔꽃 씨앗은 각진 쪽이 아래로 가고, 둥근 쪽이 위로 오게 심는다.

4 나팔꽃 씨앗은 혐광성이기 때문에 1cm 정도 흙을 덮어준다.

5 물을 충분히 준다. 미세한 씨앗은 쓸려 내려가기 쉬우므로, 저면관수로 물을 줘도 좋다.

점뿌리기

페트병 뚜껑을 활용한다

토마토

1 용토 위에 페트병 뚜껑을 놓고 눌러서 구멍를 낸다.

2 씨앗을 1개의 구멍에 1알씩 심는다.

3 토마토 씨앗은 혐광성이므로 1㎝ 정도 흙을 덮고 물을 준다.

4 씨앗을 심은 다음에는 반드시 이름과 심은 날짜를 적은 이름표를 꽂는다.

모종 트레이를 사용한다

비올라

1 모종을 대량으로 만들고 싶을 때는 모종 트레이를 사용한다. 모종을 쉽게 꺼낼 수 있다.

2 각각의 틀에 용토를 가득 채운다.

3 다루기 힘든 작은 씨앗은 이쑤시개를 이용한다. 이쑤시개를 눌러서 끝부분을 뭉툭하게 만들어서 사용한다.

4 이쑤시개를 양쪽으로 움직이면서 한 번 더 눌러서 부드럽게 만든다.

5 끝이 부드러워진 이쑤시개. 사진과 같은 상태로 만든다.

6 이쑤시개 끝에 물을 묻히면 씨앗을 1알씩 집을 수 있다.

7 이쑤시개 끝에 붙은 비올라 씨앗. 이 씨앗을 모종 트레이에 1알씩 심는다.

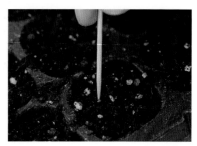

8 비올라 씨앗은 호광성이므로 흙을 얇게 덮는다. 물은 저면관수로 주는 것이 좋다.

채소 씨앗을 심을 때는 줄뿌리기

줄뿌리기는 흙 표면에 일직선으로 홈(줄)을 파고 그 속에 같은 간격으로 씨앗을 뿌리는 방법이다. 홈의 폭은 손가락이 들어가는 정도가 좋다.

정원이나 밭에 직접 씨를 뿌리는 채소의 씨앗을 뿌릴 때 자주 사용되는 방법으로, 소송채 등의 잎채소나 래디시 등의 작은 뿌리

채소에 적합하다.

커다란 씨앗은 1알씩 심고, 작은 씨앗은 점뿌리기보다 씨앗을 많이 뿌린 뒤 솎아내면서 재배한다. 모종판이나 길이가 긴 플랜터 등을 사용할 경우에는, 줄마다 씨앗 종류를 다르게 심을 수 있다. 이때, 씨앗의 성질이 같은 것을 조합하는 것이 좋다.

줄뿌리기

| 모종판을 이용한다

소송채	소엽	저먼 캐모마일

※ 성질이 같은 식물을 조합하여 하나의 모종판에 심는다.

1 충분히 적신 용토에 나무젓가락 등으로 얕은 홈을 판다.

2 씨앗의 크기와 호광성인지 또는 혐광성인지에 따라 홈의 깊이가 달라진다.

3 손가락으로 씨앗을 집어 홈 속에 씨앗을 놓는 느낌으로 조심스럽게 심는다.

4 소엽, 캐모마일, 소송채는 모두 호광성 씨앗이므로 흙을 얇게 덮는다.

5 물이 고이지 않도록 용토의 표면을 평평하게 정리하고 이름표를 꽂는다.

6 씨앗이 쓸려 내려가지 않도록 물뿌리개 헤드가 위를 향하게 끼워서 물을 준다. 저면관수도 가능하다.

작은 씨앗을 넓은 면적에 뿌리는 흩어뿌리기

많은 씨앗을 넓은 면적에 흩어서 뿌리는 방법이다. 씨앗을 밭이나 화단에 뿌릴 경우에 사용한다. 싹이 골고루 나오도록, 그리고 씨앗의 양을 조절하기 위해, 용토에 씨앗을 섞어서 심는 경우도 있다. 그리고 모종판으로 많은 모종을 만들 때도 이 방법을 사용한다.

물을 뿌린 용토 위에 끝에서 끝까지 가능한 한 고르게 퍼지도록

씨앗을 흩어서 뿌리는 것이 포인트. 모종포트에 씨앗을 심을 경우에는 엄지손가락과 집게손가락으로 씨앗을 몇 알 집은 뒤, 손가락을 비벼서 뿌린다.

흩어뿌리기에 적합한 것은 작은 씨앗이나 솎아내면서 재배하는 종류이다. 페튜니아나 코스모스, 바질 등이 흩어뿌리기에 적합하다.

흩어뿌리기

페튜니아

1 호광성 씨앗 식물의 특징인 작은 씨앗. 손가락을 비벼서 씨앗을 뿌린다.

2 싹을 틔울 때 빛이 필요한 호광성 씨앗이므로, 흙은 덮지 않아도 된다.

일일초

1 씨앗 몇 알을 손가락으로 집어서 흙 위에 뿌린다.

2 일일초는 혐광성 씨앗 식물이므로 1cm 이상 흙을 덮어준다.

3 이름표에 씨앗을 심은 날짜도 적는다. 일일초는 옮겨심기를 싫어하는 곧은뿌리 식물이기 때문에, 아주심기는 빨리하는 것이 좋다.

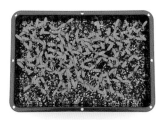

모종판에 흩어서 뿌린 마리골드 씨앗에서 싹이 튼 모습. 가능한 한 싹이 겹치지 않도록 주의해서 씨앗을 뿌려야 한다.

가을의 정취가 느껴지는 코스모스밭은 흩어뿌리기 덕분이다. 넓은 꽃밭은 이 방법으로 완성된다.

식물마다 다른 싹트기

싹이 틀 때까지 걸리는 날수, 떡잎의 크기와 모양은 식물에 따라 다르다. 떡잎이 나온 뒤 본잎이 나올 때까지는
보통 1~2주 정도 걸린다. 주요 식물의 성장 모습을 사진으로 살펴보자.

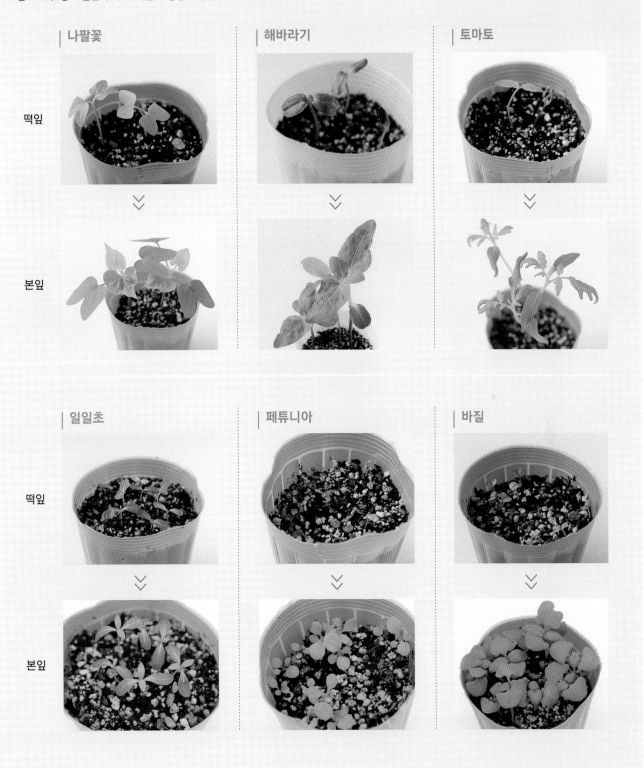

| 나팔꽃 | 해바라기 | 토마토 |

떡잎

본잎

| 일일초 | 페튜니아 | 바질 |

떡잎

본잎

모종 키우기

씨앗을 뿌린 뒤 싹이 트거나 뿌리를 확실히 내릴 때까지는 몇 가지 주의할 점이 있다.

싹이 틀 때까지
용토는 항상 촉촉한 상태로

씨앗을 심은 뒤의 관리 포인트는 싹 트기 전과 후로 달라진다.

싹 트기 전

바람이 잘 통하는 밝은 그늘, 비를 맞지 않는 처마 밑 등에서 물이 마르지 않도록 관리한다.

싹이 튼 후

해가 잘 드는 곳으로 서서히 이동한다. 물은 용토가 마른 다음에 준다.

흙에 심은 씨앗에서는 뿌리가 나오기 시작한다. 이때 조금이라도 건조하면 성장이 멈추기 때문에, 용토는 항상 촉촉한 상태를 유지해야 한다. 혐광성 씨앗은 흙을 덮어 건조를 막는다. 호광성 씨앗은 투명한 랩을 씌우고 공기구멍을 뚫어 습도와 온도를 유지하는 방법도 있다.

물주기

물뿌리개를 사용할 경우에는 씨앗이 쓸려 내려가지 않도록, 헤드가 위로 향하게 돌려서 살살 뿌린다.

물을 줄 때 쓸려 내려가기 쉬운 미세한 씨앗의 경우, 받침접시 위에 올리고 접시에 물을 부어서 흡수시킨다.

젖은 신문지를 덮어주면 습도를 유지하고 햇빛을 차단해서 싹이 트는 데 도움이 된다.

솎아내기

1 본잎이 나오면 솎아낼 타이밍. 잎이 겹치는 싹이 있다. 사진의 모종은 일일초.

2 잎이 겹쳐진 2개의 싹 중 덜 자란 쪽의 싹을 솎아낸다.

3 튼튼해 보이고 서로 떨어져서 싹이 튼, 2개의 싹을 남긴다.

2번 솎아내서 튼튼한 포기로 키운다

싹이 트고 떡잎이 벌어지고……, 식물은 날마다 성장하여 어느덧 비닐포트나 모종판 안이 복잡해진다. 햇빛이 부족하거나 바람이 잘 통하지 않게 되면 모종끼리 앞다투어 빛을 찾느라 줄기가 약해지기 쉽다.

솎아내기는 이렇게 줄기가 웃자라는 것을 방지하고 튼튼한 화초로 키우기 위한 작업이다.

본잎이 나오면 첫 번째 솎아내기를 한다. 그리고 본잎이 3~4장이 되면 두 번째 솎아내기를 한다.

솎아낼 때는 손가락이나 핀셋을 사용해 모종과 모종 사이에 충분한 간격을 만들어 준다. 덜 자란 것부터 차례차례 뽑고, 잎 모양이 좋지 않은 모종도 솎아낸다. 끝이 얇은 가위 등으로 모종의 밑동을 잘라내는 방법도 있다.

모종의 성장에 따라 옮겨심고 비료를 준다

씨앗을 뿌린 용토에는 비료 성분이 없다. 떡잎이 벌어지고 뿌리나 줄기가 튼튼해지면 규정 비율의 1/2 농도로 희석한 액체비료를 10~14일에 1번 준다.

포트나 모종판에서 여러 개의 모종이 싹을 틔운 경우, 본잎이 3~4장이 되는 타이밍에 임시로 비닐포트 등에 1포기씩 각각 옮겨심는 경우가 있다. 모종은 뿌리, 잎, 줄기 모두 연약하기 때문에, 상처가 나지 않도록 흙째로 파서 조심스럽게 옮겨심는다.

옮겨심을 때는 식물성 부엽토나 동물성 퇴비가 포함된 배양토를 사용한다. 옮겨심은 다음에는 밝은 그늘 또는 부드러운 햇살 아래에서 관리하고, 모종이 적응하면 해가 잘 드는 환경으로 옮겨서 튼튼하게 키운다. 옮겨심고 2주가 지나면 과립형 완효성 화성비료를 알맞게 뿌려준다.

옮겨심기

ㅣ 페튜니아

1 1번 솎아낸 뒤 성장한 모습. 잎이 커지고 무성해졌다.

2 포트에서 꺼내면 뿌리가 지나치게 감기지 않고 딱 적당한 상태다. 순조롭게 성장하고 있다.

3 뿌리가 잘리지 않도록 1포기씩 조심스럽게 나눠서, 비닐포트에 각각 옮겨심는다.

4 부엽토나 퇴비가 포함된 배양토를 사용한다. 옮겨심은 뒤 제대로 뿌리를 내리면 아주심기한다.

One Point Advice

가위를 사용하여 과감하게 솎아내기

미세한 씨앗의 경우 흩어뿌리기 방법을 이용하여 대량으로 심어서, 싹이 지나치게 복잡해지는 경우가 있다. 싹이 밀집되면 뿌리가 뒤엉켜서 같이 뽑히는 경우도 있기 때문에, 뿌리에 영향이 없도록 가위를 사용해서 솎아내는 방법도 있다.

캐모마일

심기

씨앗으로 키운 모종이나 원예점에서 구입한 모종, 어떤 모종이든 심는 방법은 같다.
원예 초보자라면 씨앗보다 먼저 모종부터 키워보는 것이 좋다.

모종을 심어 식물을 키운다

씨앗에서 싹이 나와 어느 정도까지 자란 것을 모종이라고 한다.
씨앗에서 싹이 나와 잎 수가 증가하고 뿌리가 성장하여 모종이
되는 것이다.

시판 모종은 비닐포트에서 키운 것이 대부분이며, 원예점 등에
서는 지름 10㎝ 정도의 검은색 비닐포트에 심은 모종을 흔히 볼
수 있다.

작은 포트는 모종이 성장하면서 뿌리가 가득차기 때문에 넓은
곳에 심을 준비를 해야 한다.

모종을 구입할 때는 라벨을 확인해야 한다. 성장했을 때의 높이
와 포기의 너비, 햇빛을 좋아하는지 아닌지, 습기에 강한지 아닌
지 등 생육 환경과 꽃이 피는 시기 등의 정보를 확인한다. 원예책
이나 인터넷으로도 정보를 모아 두면 원활하게 다음 작업을 진
행할 수 있다.

식물의 성장을 좌우하는 용토와 비료

키울 식물을 정했다면 흙을 준비한다. 흙은 식물의 생육을 좌우
하는 중요한 요소이다. 원예에서는 흙에 부엽토 등의 개량 용토
를 섞은 배양토를 사용한다. 식물 재배를 위한 흙을 용토라고 부
른다.

용토는 목적에 따라 여러 가지 방법으로 배합한다. 또한, 화분심
기인지 노지심기인지에 따라 흙과 개량 용토의 조합이 달라진다.

화분심기의 기본 배양토

• 적옥토(소립) 60%
• 부엽토 40%

화분심기에서 일반적인 배합은 위와 같다. 이 용토를 기본으로
개량 용토를 더해, 키우는 식물에 적합한 배양토를 만든다.
또한, 원예점 등에서는 각각의 식물에 특화된 배양토를 판매하
기도 한다.

노지심기 용토

심는 식물, 심는 환경에 따라 정원 흙에 섞는 개량 용토가 달라
진다. 살짝 건조한 상태, 다습, 비옥, 척박 등, 토양의 조건을 제대
로 파악하여 개량 용토를 선택한다.

비료 주는 방법

심고 나서 싹이 틀 때까지는 보통 2주 정도 걸리는데, 그동안은
비료를 주어도 물을 줄 때마다 비료가 화분에서 흘러나간다. 비
료를 주는 타이밍은 뿌리를 제대로 내리는 2주 뒤가 적당하다.
과립형 완효성 비료 또는 액체비료를 준다.

화분심기의 기본 배양토

부엽토 40%

적옥토(소립) 60%

모종을 심기 전에 필요한 준비

구입한 모종을 심기 전에 다음과 같은 준비를 해야 한다.

- 시든 잎과 잡초 제거
- 시든 꽃 따기
- 순지르기

포트 안에 있는 시든 잎이나 쓰레기, 잡초를 제거한 뒤 시든 꽃을 따고 순지르기를 하면, 병해충 예방과 모종의 순조로운 생육으로 이어진다. 그리고 준비를 마치고 심을 때는 포트에서 조심스럽게 꺼낸다.

심기 전에 필요한 준비

시든 잎과 잡초 제거

오래된 모종일수록 흙 표면에 시든 아랫잎 등이 쌓이고, 잡초나 이끼가 생기는 경우도 있다. 제거해서 깔끔하게 정리한다.

시든 꽃 따기

시든 꽃을 따면 씨앗이 생기지 않기 때문에, 다음에 피는 꽃에 영양분이 전달된다. 시든 꽃에 생기는 병해충 예방에도 도움이 된다.

순지르기

1 사진은 꽃이 핀 비올라 모종이다. 끝눈을 자르는 순지르기를 하면 겨드랑눈이 증가하고, 그 결과 꽃 수가 증가한다.

2 가능한 한 꽃은 자르지 않도록 주의하면서, 순지르기를 한다. 순지르기에 적합한 시기는 꽃이 피기 전이다.

모종 꺼내는 방법

1 오른쪽은 본잎이 4장 나온 나팔꽃 모종, 왼쪽은 비올라 모종이다. 한 손으로 포트 바닥을 잡고, 다른 한 손의 손가락 2개 사이에 모종을 끼운다.

2 양손은 그대로 두고 포트를 거꾸로 뒤집는다. 포트를 잡아당기면 뿌리분이 빠진다.

3 거꾸로 뒤집어도 모종이 빠지지 않는 것은, 뿌리가 지나치게 자랐기 때문이다. 포트 바닥의 구멍을 손가락으로 눌러서 빼낸다.

화초 모종 심기

모종을 구입할 때는 심는 시기를 확인한다

화초 모종은 다양한 종류가 합리적인 가격에 유통되고 있다. 제대로 심으면 바로 회초를 키우는 즐거움을 맛볼 수 있다.

단, 모종이 원예점 등에 나오는 시기와 심기에 적합한 시기가 반드시 일치하지는 않는데, 가온 하우스 재배 등으로 모종이 나오는 시기가 심는 시기보다 계속 빨라지고 있기 때문이다.

예를 들어, 더위가 남아 있는 초가을에 팬지·비올라 모종을 구입해 심기 적당한 시기가 될 때까지 비닐포트 상태로 두면, 꽃이 피지 않고 말라버리기도 한다. 팬지·비올라를 심기 적당한 시기는 10월 하순~12월 중순이므로, 서둘러서 구입하지 말고 심을 수 있는 시기까지 기다리는 것도 중요하다.

구입한 모종은 가능한 한 오래 두지 말고 바로 심는다. 기준은 1주일 이내. 모종은 작은 포트에서 뿌리를 내리고 영양을 흡수하기 때문에, 늦게 심으면 뿌리가 가득차거나 비료가 부족해서 꽃이 작아지고 잎이 누렇게 변하는 등 문제의 원인이 된다.

화분심기 순서와 비결

작은 모종을 크게 성장시켜 꽃을 피우기 위해 알아두면 좋은 비결을 소개한다.

화분심기의 기본 순서

1 화분에 용토를 넣는다.

2 모종을 포트에서 빼낸다.

3 뿌리 상태를 확인한다.

4 워터 스페이스를 남기고 모종을 심을 높이를 정한다.

5 화분 안에 모종을 넣고 용토를 넣는다.

화초 모종 심기(화분심기)

나팔꽃

1 나팔꽃 포트묘, 화분, 시판하는 화초용 배양토를 준비한다.

3 포트묘를 거꾸로 뒤집어서 모종을 빼낸다. 뿌리가 많이 자라지 않은 적당한 상태.

5 워터 스페이스 확보. 물을 주면 흙이 가라앉기 때문에 흙을 많이 넣는다.

2 한 손은 포트 바닥에 대고, 나머지 한 손의 두 손가락 사이에 모종을 끼운다.

4 모종을 화분 가운데에 놓고, 높이를 확인한다. 빈틈이 없도록 용토를 넣는다.

6 손가락으로 살짝 용토 표면을 정리해서 마무리한다. 세게 누르지 않는다.

6 흙 표면을 정리한다.

모종을 심을 때 용토를 누르면 안 된다. 용토 안의 공기가 빠져나가기 때문이다. 용토 표면을 정리할 때는 손가락으로 살짝 만져주는 정도가 적당하다.

또한, 화분에 여러 개의 모종을 심은 경우, 모종과 모종 사이의 간격에도 주의가 필요하다. 특히 봄여름은 성장이 빨라서 잎이 빠르게 무성해지므로, 미리 간격을 충분히 확보해야 한다.

뿌리분을 다룰 때는 주의가 필요하다

비닐포트에서 모종을 꺼낼 때는 뿌리분을 주의해서 다루어야 한다. 뿌리를 똑바로 뻗는 곧은뿌리 식물은 뿌리분을 흩트리지 않는 것이 기본이다. 옮겨심기를 싫어하는 성질이 있기 때문에, 포트 바닥에 뿌리가 감기기 전에 심는다. 나팔꽃이나 일일초, 해바라기가 곧은뿌리 식물에 속한다.

한편, 가는 뿌리가 많이 나오는 수염뿌리 식물의 경우 뿌리가 가득차서 뿌리분이 단단해지면, 뿌리분을 흩트리거나 뿌리분 바닥을 5㎜ 정도 잘라낸다. 페튜니아나 비올라 등이 수염뿌리이다.

뿌리분 다루는 방법

| 뿌리분을 흩트리지 않는다

1 한여름에도 꽃을 피우는 매우 작은 꽃잎을 가진 일일초. 곧은뿌리 식물 중 하나이다.

2 사진은 뿌리가 감기지 않은 상태. 용토 속의 뿌리가 뒤엉켜 있지 않은 것을 알 수 있다.

3 뿌리분을 흩트리지 않고 그대로 화분에 모종을 넣는다. 높이를 정한 뒤 용토를 넣는다.

| 뿌리분을 흩트린다

1 페튜니아는 수염뿌리다. 포트의 벽을 따라 뿌리가 감겨 있다. 가위로 칼집을 낸다.

2 뿌리분 바닥을 5㎜ 정도 잘라낸다. 화초 뿌리는 부드럽기 때문에 손으로 자를 수 있다.

3 뿌리분 바닥을 잘라낸 상태. 뿌리를 자르면 성장이 촉진되어 빨리 뿌리를 내린다.

4 화분 바닥에 깔망을 깔고 용토를 1/3 높이 정도 넣는다.

5 모종을 넣고 워터 스페이스와 밑동의 높이를 확인한다.

6 높이를 조절한 뒤 뿌리분 주위에 용토를 넣고 모종을 심는다.

노지에 심을 때는 환경에 맞게 흙을 만든다

앞에서는 화초를 화분에 심었는데 여기서는 노지에 심는 방법을 설명한다.

노지심기의 경우 한 번 심으면 옮기기 어려우므로, 먼저 심는 장소의 환경을 잘 이해하는 것이 중요하다. 흙이 건조한지, 습기가 많은지, 토질은 비옥한지 척박한지 등 환경에 맞게 개량 용토를 섞어야 한다.

또한, 비가 많이 오는 지역의 경우 알칼리 성분이 흘러나가 산성 토양이 되기 쉽다. 따라서 개량 용토를 섞기 전에 알칼리성 석회 등을 추가하는 경우도 많다. 토질을 중화시키면 비료를 쉽게 흡수한다.

갈잎나무가 있는 정원에 심을 경우

예를 들어, 생육이 왕성한 알뿌리식물인 크리스마스로즈를 화분에 심으면, 2~3년 뒤 화분 안에 뿌리가 가득찬다. 그래서 노지에 심게 되는데, 심는 시기는 10~3월(한겨울은 피한다)이 적당하다.

화초 모종 심기(노지심기)

| 크리스마스로즈

1 보수성, 보비성은 높지만, 물을 머금으면 질척해지는 흑토에 경석을 10% 섞는다.

2 포트보다 한두 치수 정도 크고, 포트의 높이보다 5㎝ 정도 깊은 구덩이를 판다.

3 파낸 흙은 심을 때 용토로 사용하기 위해, 구덩이 주위에 펼쳐놓는다.

4 경석의 1/2을 구덩이 바닥에 넣고 섞는다. 남은 1/2은 파낸 흙에 섞는다.

5 크리스마스로즈의 모종을 구덩이 안에 넣고, 높이를 조절한다.

6 포트에서 모종을 빼낸다. 화분 바닥을 두드리면 쉽게 빠진다.

7 포트를 제거한 크리스마스로즈의 뿌리분. 뿌리분이 단단하게 만들어졌다.

8 단단한 뿌리분 아래쪽을 풀어주면, 환경에 빨리 적응하고 뿌리를 잘 내린다

9 뿌리를 펴주면서 구덩이에 모종을 넣는다. 높이는 용토로 조절한다.

11월까지는 뿌리분을 흩트린 뒤 흙을 털어내고, 3월에는 뿌리분 주위만 살짝 털어내고 심는다.

여기서 모종을 심는 장소는 흑토 화단이다. 이 화단의 흙은 갈잎나무의 낙엽이 쌓여서 부엽토가 많이 함유되어 있기 때문에, 파낸 흙에 경석을 10% 정도 섞어서 토양을 개량하였다.

10 경석을 섞은 용토를 사용하여 모종을 심는다.

11 모종 주위에 둥글게 물집을 만든다. 물을 부어 안쪽에 물이 고이게 한다.

12 물이 빠지면 물을 채우고, 이 과정을 3번 정도 반복한다. 충분히 물을 준 뒤 용토를 원래대로 되돌려 놓는다.

One Point Advice
뿌리 상태에 따라 뿌리분을 처리한다

화초는 성장이 빠르고, 특히 뿌리를 빠르게 내리는 수염뿌리 화초는 눈 깜짝할 사이에 뿌리가 감겨서 뿌리분을 뒤덮는다. 이러한 상태로는 심어도 빨리 뿌리를 내리지 못한다. 신선한 모종을 고른 뒤 구입하면 바로 심는 것이 중요하다. 여기서는 뿌리 상태에 따라 뿌리를 처리하는 기준을 설명한다.

용토에 비해 하얀 뿌리가 조금밖에 보이지 않는 비올라의 뿌리분. 싱싱하고 상태가 좋다.

왼쪽보다 하얀 뿌리가 많이 보이는 비올라 모종. 그래도 용토가 보이는 비율이 더 높다. 이것도 양호한 상태.

뿌리가 지나치게 감긴 마리골드의 모종. 뿌리가 지나치게 많아 용토는 거의 보이지 않는다. 뿌리분을 흩트려야 한다.

뿌리의 상태가 좋아서 그대로 심는다.   **뿌리를 자른 뒤 심는다.**

수염뿌리 식물
팬지, 비올라, 샐비어,
마가렛, 백일홍 등

곧은뿌리 식물
튤립, 히아신스, 금어초,
네모필라, 나팔꽃,
일일초, 클레마티스,
소송채, 무 등

※ 곧은뿌리 식물은 뿌리분을 흩트리지 않는다.

채소 모종 심기

허브 모종을 화분에 심는다

대부분의 허브는 영양분이 적은 토양에서 자생하기 때문에, 가능한 한 비료를 적게 주고 키운다. 물이 잘 빠지는 용토에 심고 살짝 건조한 상태를 유지하는 것이 좋다.

허브용 배양토

- 기본 배양토 60%
- 코코피트 미립 35%
- 펄라이트 5%

※ 기본 배양토는 적옥토(소립) 60%, 부엽토 40%

용토의 배합은 위의 비율 대로 하거나, 또는 시판되는 허브용 배양토를 사용한다. 크게 자라기 때문에 화초보다 큰 화분에 심는다. 타임, 민트 등의 수염뿌리는 뿌리분을 흩트려도 괜찮다. 파슬리는 곧은뿌리이므로 뿌리분을 흩트리지 말고 그대로 심는다.

새로운 모종을 심는다

채소의 경우에는 곧은뿌리가 많기 때문에 먼저 뿌리의 성질을 체크한다. 그리고 맛있는 채소를 수확하려면 상태가 좋은 모종을 준비해야 한다. 뿌리가 감겨서 뿌리분이 단단해진 모종은, 채소 재배에 적합하지 않다. 알맞은 시기를 놓치지 않고, 뿌리분을 그대로 심는 것이 중요하다.

채소용 배양토

- 기본 배양토 60%
- 코코피트 미립 35%
- 펄라이트 5%

※ 기본 배양토는 적옥토(소립) 60%, 부엽토 40%

용토의 배합은 위의 비율을 참조한다. 또는 시판되는 채소용 배양토를 이용하면 간편하다.

허브 모종 심기

바질

1 본잎이 나오기 시작한 어린 바질의 모종을 준비한다.

2 뿌리가 감기지 않은 모종은 포트 아래쪽을 누르면 간단히 분리된다.

3 허브류는 뿌리가 감기지 않은 어린 모종을 심는 것이 기본이다.

4 화분에 용토를 넣고 모종의 높이를 확인하면서 심는다.

5 용토를 정리한다. 세게 눌러서 흙 속의 공기가 빠져나오지 않도록 주의한다.

6 표면을 평평하게 정리하면 완성. 워터 스페이스는 2~3cm 정도.

채소 모종 심기

토마토

1 토마토는 크게 자라기 때문에 화분은 10호 정도로 준비한다.

2 포트에서 꺼낸 모종. 물과 영양분을 흡수하는 튼튼한 하얀 뿌리가 보인다.

3 모종의 높이를 확인하면서 심는다. 워터 스페이스는 2~3㎝.

4 필요 이상 물이 고이지 않도록, 흙 표면을 손으로 살짝 만져서 평평하게 만든다.

column

워터 스페이스는 왜 필요할까?

워터 스페이스는 화분 가장자리에서 흙 표면까지의 공간을 말한다. 화분에 물을 주면 이 공간에 잠시 동안 물이 고이면서 오래된 공기가 밀려 나가고 신선한 물이 흙에 스며든다. 워터 스페이스가 많으면 밑동부분이 과습 상태가 되기 쉽다. 그러나 워터 스페이스가 적으면 물을 줄 때마다 흙이 넘쳐 흐를 수도 있다. 적당한 공간을 확보해서 물을 충분히 주는 것이 중요하다.

워터 스페이스

워터 스페이스는 적당한 높이여야 한다. 기준은 화분의 크기에 상관없이 2~3㎝ 정도. 식물의 크기에 따라 조금씩 달라진다.

모든 화분에는 워터 스페이스가 있다.

화초, 나무, 다육식물 등 어떤 식물이라도 워터 스페이스가 필요하다.

알뿌리 심기

더위에 약한 알뿌리와 추위에 약한 알뿌리

새끼손가락 끝마디 정도의 알뿌리나 가늘고 긴 알뿌리, 주먹만 한 알뿌리 등, 크기도 모양도 다양한 알뿌리는 크게 가을에 심는 알뿌리와 봄에 심는 알뿌리로 나눌 수 있다.

가을에 심는 알뿌리는 겨울 추위에 노출되어야 봄에 아름다운 꽃을 피운다. 봄에 심는 알뿌리는 초여름부터 여름까지 꽃을 즐길 수 있다. 심기 알맞은 시기는 가을에 심는 종류는 10~11월, 봄에 심는 종류는 4~5월이다. 화분 위치나 심는 장소는 식물에 따라 다르기 때문에 라벨 정보를 확인한 뒤 심는다.

심고 싶은 알뿌리는 가능한 한 빨리 구입하는 것이 좋다. 예를 들어, 가을에 심는 알뿌리가 원예점에 나오기 시작하는 시기는 10월 말인데, 인터넷에서는 6월 하순부터 예약판매가 시작된다.

구입할 때는 부드러운 알뿌리는 피하고 단단하고 튼튼한 것을 고른다.

심는 용토와 비료주기

알뿌리는 꽃을 피우기 위한 영양분을 스스로 축적하기 때문에 화분에 심든 노지에 심든 모두, 비료는 조금 적게 주는 것이 좋다.

용토는 화분에 심는 경우에는 시판되는 알뿌리용 배양토 또는 화초용 용토와 같은 비율로 배합한 용토를 사용한다.

알뿌리용 배양토

• 기본 배양토 60%

• 코코피트 미립 35%

• 펄라이트 5%

※ 기본 배양토는 적옥토(소립) 60%, 부엽토 40%

노지에 심는 경우 흙이 산성이면 알칼리성 고토석회 등을 섞어서 중화시키고, 퇴비나 부엽토 등을 섞어서 물이 잘 빠지는 용토를 만든다.

가을에 심는 알뿌리

크로커스 → p.56

수선화 → p.57

무스카리 → p.58

히아신스 → p.60

라눙쿨루스 → p.61

튤립 → p.62

봄에 심는 알뿌리

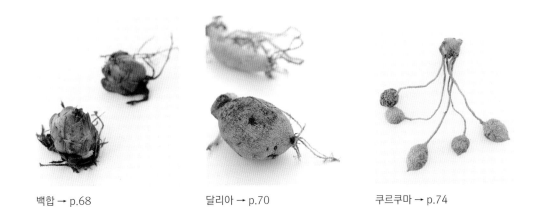

백합 → p.68   달리아 → p.70   쿠르쿠마 → p.74

심는 깊이

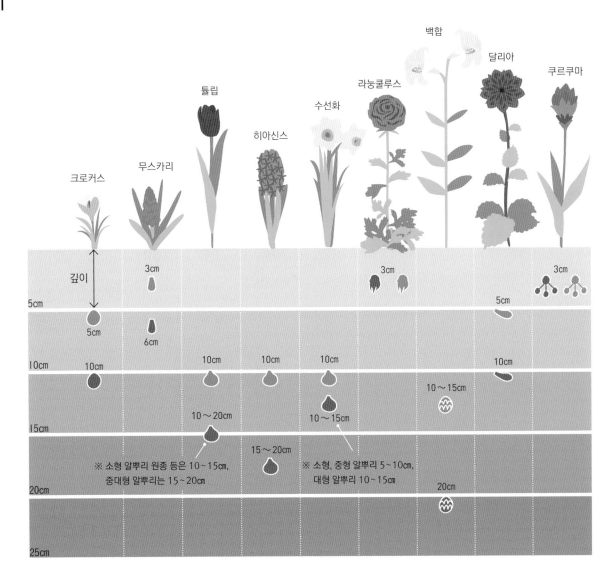

※ 소형 알뿌리 원종 등은 10~15cm, 중대형 알뿌리는 15~20cm

※ 소형, 중형 알뿌리 5~10cm, 대형 알뿌리 10~15cm

심는 깊이와 알뿌리의 관계

알뿌리를 심을 때는 깊이와 방향에 주의해야 한다. 심는 깊이는 p.159의 그림을 참조한다. 기본적으로 깊이는 식물의 키에 비례하여 깊어진다. 그리고 화분심기인지 노지심기인지에 따라 깊이가 달라진다.

방향은 뾰족하게 튀어나온 부분이 위로 와야 한다. 위아래를 반대로 심으면 싹이 나오지 않을 수 있으므로 주의한다. 또한, 라눙쿨루스나 아네모네 등과 같이 건조한 알뿌리는, 하룻밤 정도 물을 흡수시킨 다음에 심는다.

모양이나 성질이 다른 알뿌리를 심는다.

여기서는 가을에 심는 알뿌리인 튤립과 백합, 봄에 심는 알뿌리인 달리아를 심는 과정을 사진과 함께 살펴본다.

튤립은 알뿌리를 심기 전에 껍질을 벗긴다. 딱딱한 껍질은 새싹

튤립

| 심기 전 | 화분심기 | 노지심기 |

1 튤립은 심기 전에 껍질을 벗긴다. 알뿌리에 흠집이나 병이 있다면 확인할 수 있다.

2 껍질을 벗기기 전(왼쪽)과 껍질을 벗긴 뒤. 딱딱한 껍질을 제거하면 쉽게 뿌리가 나온다.

3 알뿌리에는 평평한 면과 둥근 면이 있다.

1 알뿌리는 추위에 노출되지 않으면 꽃이 잘 피지 않으므로, 11월 말까지 심는다.

2 껍질을 벗겨서 평평한 면이 바깥쪽을 향하고, 둥근 면이 중심을 향하게 놓는다.

3 알뿌리 약 2개 분량의 깊이로 흙을 덮는다. 잊지 말고 워터 스페이스를 확보한다.

1 구덩이를 판다. 옆의 알뿌리와의 간격은 15cm 이상.

깊이

2 서릿발이 서는 추운 지역은 3개 분량, 그밖의 지역은 2개 분량의 깊이에 심는다.

3 구덩이에 1개를 심고 흙을 덮는다.
※ 원래는 껍질을 벗긴 다음에 심는다.

에 상처를 낼 수도 있다. 그리고 껍질을 벗기면 싹이 트고 꽃이 피는 시기를 비슷하게 맞출 수 있고, 알뿌리가 상했는지도 알 수 있다. 튤립은 11월부터 본격적으로 추위가 오기 전까지 심는다. 화분에 심을 때는 알뿌리 2개 분량(약 10㎝), 노지에 심을 때는 알뿌리 3개 분량(약 10~20㎝) 정도의 깊이에 심는다.

달리아는 3월 하순~4월 하순에 심는다. 노지에 심을 때는 지름 30㎝ 이상의 구덩이를 파고 흙에 부엽토나 퇴비를 미리 섞어준

다. 크라운이라고 부르는 생장점이 위로 오게 놓고 화분은 깊이 5㎝ 위치, 노지는 깊이 10㎝ 정도의 위치에 심는다.

백합은 성장이 왕성해서 원예점에서 판매하는 알뿌리 중에는 이미 뿌리가 나온 것도 있다. 건조를 방지하기 위해 버미큘라이트 등과 함께 봉지에 담겨 있다. 심는 시기는 튤립 알뿌리와 비슷한 시기에 심는다. 백합은 알뿌리의 위아래로 뿌리가 자라기 때문에 특히 깊게 심어야 한다.

달리아

화분심기

1 생장점(p.187 참조)이 있는 알뿌리를 고른다. 생장점이 없으면 싹이 트지 않는다.

2 약 5~10㎝ 깊이로 흙을 덮어서 심는다. 꽃송이가 큰 종류는 10호 화분을 준비한다.

3 이렇게 심으면 NG. **2**의 사진처럼 생장점이 화분의 중심을 향하도록 심는다.

백합

노지심기

1 성장이 왕성한 백합. 수입 알뿌리는 이미 뿌리가 난 것이 많다.

2 심기 전부터 뿌리가 길게 자란 것도 있다. 이대로 뿌리를 펼쳐서 심는다.

3 약 30㎝ 깊이까지 흙을 갈아준다. 이때 부엽토와 퇴비를 섞어서 2주 정도 그대로 둔다.

4 알뿌리 3개 분량의 깊이로 심는다. 백합은 키가 크기 때문에 깊게 심는다.

5 크게 성장하여 꽃이 피기 때문에, 알뿌리 사이의 간격은 3개 분량 만큼 벌려준다.

6 파낸 흙을 덮고 물을 듬뿍 준다. 비료는 2주 뒤에 준다.

묘목 심기

노지에 심거나 화분으로 즐기는 심볼 트리

나무는 정원의 심볼 트리로 인기가 많다.

봄에는 꽃, 여름엔 나무 그늘, 가을에는 단풍을 선사하는 꽃산딸나무, 초여름에 열매를 맺는 준베리, 꽃이 적어지는 한여름에 꽃이 피는 배롱나무 등은 인기가 많은 갈잎넓은잎나무이다. 단풍이 아름다운 계수나무와 단풍나무, 늘푸른나무인 사철나무나 바늘잎나무 종류도 정원의 심볼 트리로 적합하다.

최근에는 기후 온난화로 인해 올리브나무나 은엽아카시아도 인기가 높아지고 있다. 이러한 나무들은 화분으로 간편하게 즐길 수 있다는 것도 매력이다. 화분으로 재배하면 화분의 크기를 바꿔서 나무의 크기를 어느 정도 조절할 수 있다.

중요한 것은 심는 장소

나무가 계속 성장하여 정원에 심고 5~10년이 지나면, 예상과 달리 햇빛이나 바람을 잘 받을 수 없게 되는 경우도 생기는데, 화초처럼 간단히 옮겨심을 수는 없다.

묘목을 심을 때는 먼저 장소를 충분히 검토해야 한다. 심는 장소를 정하는 포인트는 2가지다.

- 나무의 성질에 맞는 환경을 고른다.
- 성장했을 때의 크기나 모양이 그 장소에 적합한지 검토한다.

환경은 먼저 일조조건을 생각해야 한다. 일반적으로 양지에 적

나무의 종류

늘푸른넓은잎나무

1년 내내 잎이 달려 있는 넓은잎나무. 꽃나무는 치자나무, 금목서, 동백나무 등이 있다. 은빛 잎이 인기 있는 올리브나무와 유칼립투스도 같은 종류이다.

동청목

가로수로도 볼 수 있는 동청목은 가지가 퍼지지 않고, 땅에서 여러 개의 줄기가 올라와 하나의 나무를 이루는 다간형이다. 가을에는 사랑스러운 붉은색 열매를 맺는다.

갈잎넓은잎나무

봄에 싹이 트고 가을에 잎이 지는 나무. 벚나무, 매실나무, 목련 등의 꽃나무와 가을에는 단풍나무 등과 같이 단풍이 드는 나무가 많아서, 계절을 느낄 수 있다.

단풍나무

봄여름에는 상큼한 녹색 잎, 가을에는 울긋불긋 아름다운 단풍이 든다. 심볼 트리나 분재로도 이용된다.

바늘잎나무

율마나 전나무 등 대부분 늘푸른나무이지만, 일본잎갈나무나 메타세쿼이아 등 단풍이 드는 갈잎나무도 있다.

구과류

구과류(코니퍼)는 바늘잎나무를 통틀어 부르는 이름이다. 초록색 잎이 다채롭고, 가지를 만지면 상쾌한 숲의 향이 난다.

합한 나무는 갈잎넓은잎나무, 늘푸른넓은잎나무, 바늘잎나무이고, 그늘이나 반그늘에는 늘푸른넓은잎나무가 적합하다.

또한, 예상한 크기 이상으로 커져서 곤란해지지 않도록, 심고 나서 몇 년 뒤의 모습도 생각해야 한다.

나무의 종류와 성질 알아두기

나무는 성질에 따라 심기 알맞은 시기나 심는 방법이 다르다. 넓은잎나무와 바늘잎나무는 잎 모양이 다르다.

- 넓은잎나무(활엽수)/넓고 평평한 잎
- 바늘잎나무(침엽수)/바늘 모양 잎

늘푸른나무와 갈잎나무는 잎이 떨어지는지 아닌지에 따라 나눈다.

- 늘푸른나무(상록수)/1년 내내 녹색 잎이 달려 있다.
- 갈잎나무(낙엽수)/가을에 단풍이 들고 잎이 떨어지며 휴면한다.

넓은잎나무는 다시 늘푸른넓은잎나무와 갈잎넓은잎나무로 크게 나눈다. 동백나무나 애기동백나무는 늘푸른넓은잎나무로, 1년 내내 항상 녹색 잎이 달려 있다. 벚나무나 꽃산딸나무, 단풍나무 등은 갈잎넓은잎나무이다. 꽃이나 단풍이 아름다워서 계절감을 느낄 수 있는 나무가 많으며, 겨울에는 모두 잎이 떨어진다. 바늘잎나무는 대부분 늘푸른나무로, 갈잎나무는 극히 일부다. 소나무 등이 있으며 구과류라고도 부른다.

나무의 종류에 따라 일반적으로 심기 적당한 시기는 다음과 같다.

- 늘푸른넓은잎나무/3월 하순~10월 중순
  * 새싹이 완성하게 자라는 시기를 피한다.
- 갈잎넓은잎나무/11월 하순~3월 중순(휴면기)
  * 한겨울은 피한다.
- 바늘잎나무/3월 하순~5월 하순

묘목을 구입할 때는 미리 심기 적당한 시기를 확인해야 한다. 화초 모종과 마찬가지로 원예점에서 판매하는 시기가 반드시 심기 알맞은 시기라고는 할 수 없다. 구입할 때의 상태 그대로 알맞은 시기가 될 때까지 키우는 편이 좋은 경우도 있다. 그 뒤의 성장에 영향을 주기 때문에, 심는 시기는 신중하게 결정해야 한다. 그리고 구입할 때는 잎에 생기가 있고 가지가 두꺼우며 단단한 묘목을 고른다.

인기 있는 꽃나무

배롱나무
한여름에 핑크색이나 흰색 꽃을 피우고, 꽃이 오래 간다. 튼튼해서 정원수나 가로수로도 인기가 있는 갈잎넓은잎나무. 매끈한 줄기가 특징이다.

꽃산딸나무
흰색이나 핑크색 꽃이 한가득 핀다. 정원수나 가로수로 많이 심는다.

은엽아카시아
노란색의 자그마한 꽃이 아름답게 피어 봄을 알려주는 꽃나무. 절화나 드라이플라워로도 인기가 높다.

심기에 적합한 토양을 고른다

묘목은 나무가 아직 어려서 본래의 높이까지 자라지 않은 나무를 말한다. 원예점이나 화원, 인터넷 등에서 구입할 수 있다. 잎이나 가지, 줄기의 상태를 보고 상태가 좋은 묘목을 고른다.

심을 때는 화초와 마찬가지로 흙이 건강한 생육의 포인트가 된다. 주택가의 흙은 유기질이 풍부한 겉흙이 깎여서 척박한 상태인 경우가 많다. 이럴 때는 정원의 화단에 부엽토나 퇴비 등을 섞어서 토양을 개량하여, 힘 있는 토양으로 바꿔준다. 심기 전에 토양의 산도가 나무와 맞는지, 산도를 체크하는 것도 잊지 말자.

정원에 묘목을 심는 기본 순서

묘목 심기의 기본적인 순서는 다음과 같다. 심은 해에 달린 꽃눈은 따준다.

1 구덩이를 파고 뿌리분의 1.5~2배 넓이로 흙을 간다.
2 퇴비(우분 퇴비와 부엽토) 등 유기질 비료를 흙에 섞는다.
3 2~3주 뒤에 묘목을 심는다. 뿌리분을 살짝 흩트려서 규산염 백토를 뿌린 뒤, 구덩이에 묘목을 넣고 심는다.
4 심은 다음 물을 듬뿍 준다. 그런 다음 3달 정도는 뿌리분이 마르지 않도록 주의한다.

화분이나 화단에 심는 경우

대부분의 나무는 화분이나 화단에서도 키울 수 있다. 여기서 화단은 나무를 심기 위해 돌이나 콘크리트 등으로 구분된 장소를 말한다.

정기적으로 옮겨심거나 흙을 바꿔주어야 하지만, 노지에 심을 때보다 성장이 제한된다. 한정된 공간에서 키울 경우에는 노지보다 오히려 안심할 수 있다.

크게 키우고 싶을 때는 옮겨심을 때 큰 화분을 사용하고, 그대로 크기를 유지하고 싶을 때는 뿌리를 자르고 흙을 새로 바꿔준다.

나무를 키우려면 먼저 묘목을 고른다

묘목을 고를 때는 물이나 영양을 흡수하는 가는 뿌리가 많고, 잎의 간격이 좁으며, 잎 수가 많고, 줄기가 튼튼한 것을 골라야 한다. 품종의 성질, 다 자랐을 때의 크기도 잊지 말고 확인한다. 묘목에는 다음과 같이 3가지 종류가 있다.

나묘
씻어서 흙을 제거하고 물이끼 등을 감은 묘목. 뿌리의 상태를 알기 쉽다.

분묘
삼베나 굵은 새끼줄 등으로 뿌리분을 감싼 묘목. 삼베나 새끼줄을 풀지 않고 그대로 심는다.

포트묘
포트나 화분에 심은 상태로 유통되는 묘목. 연중 구입할 수 있다. 포트를 빼고 아주심기한다.

묘목 심기(화분심기)

1 높이 140cm 정도 되는 묘목을, 심기 적당한 4월에 구입한다.

※ 용토 또는 시판되는 배양토에 경질 적옥토 10%, 부엽토와 동물성 퇴비 혼합물 20~30%, 고토석회 조금을 섞는다.

2 한 손으로 줄기를 잘 잡고 다른 한 손으로 포트를 두드려서, 뿌리분을 분리한다.

3 뿌리는 감기지 않았다. 보통은 뿌리분을 흩트리고 뿌리를 펼쳐서 심지만, 여기서는 이대로 심는다.

4 화분 바닥에 깔망을 깔고 용토를 넣는다.

5 묘목을 넣고 높이를 확인한다. 워터 스페이스는 2~3cm.

6 높이를 조절한 뒤 묘목 주위에 용토를 넣어준다.

7 빈틈이 생기지 않도록 구석구석 꼼꼼히 넣는다. 단, 세게 누르면 안 된다.

8 손가락으로 부드럽게 용토의 표면을 정리한다. 공기가 빠져나가지 않도록 주의한다.

9 완성. 심은 다음에는 물을 충분히 준다.

노지에 심을 때는 알맞은 흙을 만들고 구덩이를 크게 판다

앞에서 설명한 노지심기의 심는 순서를 참고해서, 여기서는 장미와 나무수국을 심는 과정을 사진과 함께 살펴본다.

심는 장소를 충분히 검토한 뒤, 장미나 나무수국이 좋아하는 환경에 맞춰서 토양을 개량한다.

장미

심는 시기_ 한여름과 한겨울을 제외하고 언제든 심을 수 있지만, 가을이 가장 좋다.

심는 장소와 토질_ 해가 잘 들고 바람이 잘 통하는 장소, 흑토.

좋아하는 흙_ 물이 잘 빠지고 유기질이 풍부한 흙.

첨가_ 우분 퇴비 20%, 펄라이트 5%, 분탄 5%

묘목 심기(노지심기)

| 장미

1 정원의 흑토에 우분 퇴비 20%, 펄라이트 5%, 분탄 5%를 추가한다.

2 묘목의 크기보다 10㎝ 깊게, 화분의 폭보다 두 치수 정도 큰 구덩이를 판다.

3 구덩이에 우분 퇴비와 펄라이트를 차례대로 넣는다.

4 마지막으로 통기성이나 배수성, 보비성을 높여주는 분탄을 넣는다.

5 구덩이 속의 흙과 첨가한 개량 용토를 삽으로 골고루 섞는다.

6 구덩이 주위에 파낸 흙에도 개량 용토 3종을 섞어서 배양토를 만든다.

7 화분에서 뿌리분을 꺼낸다. 화분을 두드리면 공기가 들어가 뿌리분이 쉽게 빠진다.

8 뿌리를 잘 내리도록 모서리의 흙을 털어내 둥글게 만든다. 규산염 백토를 뿌려도 좋다.

9 구덩이에 묘목을 넣고, 접붙인 부분이 흙 위로 나오도록 높이를 조절한다.

나무수국

심는 시기_ 낙엽이 지는 11월~3월. 한겨울은 피한다.

심는 장소와 토질_ 해가 잘 드는 양지나 반그늘의 바람이 잘 통하는 장소, 흑토.

좋아하는 흙_ 물이 잘 빠지고 유기질이 풍부한 흙.

첨가_ 부엽토 10%, 우분 퇴비 10%, 펄라이트 5%

※ 심은 해에 달린 꽃눈은 따준다.

화단의 상태와 개량 용토

나무를 심을 때 첨가하는 개량 용토는 화단의 흙 상태에 따라 다르다. 화단의 상태에 따라 필요한 개량 용토의 예는 다음과 같다.

화단의 상태	첨가할 개량 용토
한동안 아무것도 심지 않은 화단	흙이 하얗게 변할 정도로 석회를 뿌린다. 부엽토, 우분 퇴비 20%씩.
작년에 심은 화단	부엽토, 우분 퇴비 10%씩.
물이 잘 빠지지 않는 화단	경석 소립과 펄라이트 소립 중 1가지를 10%.
석양빛이 비쳐서 건조한 화단	부엽토와 퇴비 10%씩, 버미큘라이트 또는 코코피트 중 1가지를 10%

| 나무수국

10 **6**에서 만든 배양토로 포기를 심은 뒤, 포기 주위에 물이 고이도록 물집을 만든다.

11 **10**에서 만든 물집에 물이 고이도록, 반복해서 물을 듬뿍 준다.

12 장미 노지심기 완성. 2주 뒤에 과립형 완효성 비료를 알맞게 준다.

1 뿌리가 잘 자라므로 묘목 크기보다 10㎝ 깊고, 두 치수 정도 폭이 큰 구덩이를 판다.

2 부엽토 10%, 우분 퇴비 10%, 펄라이트 5%를 구덩이에 넣는다.

3 구덩이 속의 흙과 파낸 흙에 각각 개량 용토를 충분히 섞어준다.

4 구덩이 가운데에 묘목을 넣고 높이를 조절한다. 되도록 뿌리를 건드리지 말고 심는다.

5 묘목을 중심으로 원을 그리듯이 물집을 만든다.

6 **5**의 물집에 물이 고일 때까지 물을 준다. 몇 차례 반복하여 충분히 흡수시킨다.

옮겨심기

화분에 심은 식물을 오래 키우면 뿌리가 화분에 가득차서 영양분이 부족해진다.
용토를 새롭게 바꾸거나 화분을 큰 것으로 바꾸는 등 정기적으로 유지보수를 해야 한다.

심어놓고 방치하면 뿌리가 감겨서 가득찬다

화분에서 키우는 여러해살이풀이나 나무는 한정된 공간에서 성장한다. 그래서 뿌리가 화분 속 가득 퍼지고, 결국 뿌리가 자랄 공간이 없어진다. 이 상태를 뿌리참이라고 한다. 뿌리가 가득차면 공기나 물이 잘 통하지 않아, 뿌리가 질식하거나 상할 수도 있다. 수분이나 비료를 잘 흡수하지 못하게 되면, 잎이 누렇게 변하기 시작한다.

앞에서 설명한 것처럼, 대부분의 식물은 뿌리를 통해 여러 가지 영양분을 흡수하며 성장한다. 그런데 심어놓고 그대로 방치하면, 한정된 용토 속에 함유된 영양분이 줄어든다.

뿌리가 가득차거나 영양분이 없어지기 전에 오래된 뿌리를 정리하고 오래된 용토를 새로운 용토로 바꿔주는 것이 옮겨심기이다. 옮겨심는 기준은 식물에 따라 다르지만, 보통 2년에 1번이다. 옮겨심기가 식물의 유지보수인 셈이다.

식물의 SOS 사인을 알아두자

식물에 다음과 같은 증상이 나타나면 옮겨심어야 한다.

잎이 누렇게 변한다

심었을 때 또는 구입했을 때 녹색이었던 잎이, 어느새 황록색이나 노란색으로 변한다. 잎에 얼룩 무늬가 생기거나 시들기 시작하는 경우도 있다.

뿌리로 알 수 있는 식물의 건강 상태

| 건강한 뿌리

○

건강한 장미의 뿌리분. 촉촉하고 하얀 뿌리에 투명감이 있다.

| 건강하지 않은 뿌리

×

잎이 누렇게 변한 레몬버베나. 뿌리 색깔이 좋지 않고 촉촉하지 않다.

| 뿌리참

×

몇 년 동안 옮겨심지 않으면 뿌리가 가득차서, 화분 바닥의 구멍으로 뿌리 끝부분이 나온다.

줄기의 마디 간격이 짧다

잎이 달린 줄기의 마디와 위아래 마디의 사이가 1년 전에 비해 짧아졌다면, 뿌리가 차고 있다는 징조이다.

화분 바닥에서 뿌리가 보인다

뿌리가 화분 구멍으로 삐져나오거나, 보이는 뿌리가 갈색으로 변했다면, 이미 화분 안이 뿌리로 가득찬 상태.

물이 용토에 스며들지 않는다

물을 주면 이전에 비해 확실히 물을 잘 흡수하지 못한다. 또는 바로 물이 필요해진다.

용토를 교환하고 뿌리를 풀어서 정리한다

옮겨심을 때는 화분과 용토를 교환하고 뿌리나 가지와 잎을 정리해야 한다.

식물을 더 크게 키우고 싶은 경우에는 한 치수 정도 커다란 화분에 옮겨심고, 더이상 크게 만들고 싶지 않을 때는 같은 크기의 화분에 옮겨심는다. 실제로 옮겨심는 순서는 p.170을 참조한다.

용토가 오래되면 통기성이나 배수성이 떨어져서 식물이 잘 자라지 못한다. 영양분도 없어지므로 반드시 새로운 용토를 준비해야 한다.

화분에서 포기를 빼낸 뒤 뿌리분 아래쪽부터 뿌리를 정리한다. 건강한 뿌리는 하얗고, 상한 뿌리를 누런색이며, 썩은 뿌리는 거무스름하다. 뿌리를 정리할 때는 하얀 뿌리가 상하지 않도록 주의하고, 상처가 났거나 상한 뿌리는 조심스럽게 제거한다.

옮겨심을 때 포기가 약해 보이면, 동시에 꺾꽂이를 해서 만일의 사태에 대비하는 예비(백업) 포기를 만들어두는 것도 좋다. 몇 년 동안 옮겨심지 않은 화분의 뿌리분은 뿌리가 굳어서, 물을 주어도 제대로 물이 흡수되지 않는다. 신선한 물이나 공기를 충분히 흡수하지 못하는 포기는 점차 약해진다.

그리고 옮겨심기에는 식물마다 각각 알맞은 시기가 있다. 알맞은 시기는 식물의 성질에 따라 다르므로, 각각의 재배 페이지를 참조한다. 아무 때나 식물을 옮겨심으면, 뿌리를 내리지 못할 수 있으므로 주의한다.

옮겨심은 다음에는 스트레스가 적은 환경이 필요하다

옮겨심은 직후에는 화분 바닥에서 물이 흘러나올 때까지 충분히 물을 준다. 그리고 직사광선이 닿지 않는 곳에 1주일 정도 두고 서서히 생육 환경에 적응시킨다. 식물은 뿌리를 풀거나 자르면 스트레스를 많이 받는다. 다시 뿌리가 자리를 잡고 리듬을 되찾을 때까지는, 온화한 환경에서 관리해야 한다.

옮겨심고 2주가 지나서 새싹이 움트기 시작할 무렵, 과립형 완효성 비료를 알맞게 준다.

Check
한 치수 큰 화분이란?

화분 크기는 호수로 표시한다. 이 호수를 기준으로 4호 화분이라면 5호 화분으로 바꾸는 등 한 치수 위의 크기를 고르면 된다.

4호

(지름 12cm)

사이즈 UP!

5호

(지름 15cm)

뿌리가 가득 가득찬 뿌리분

1 몇 년 동안 옮겨심지 않은 식물의 뿌리분. 뿌리가 완전히 굳어 있다.

2 뿌리분 바닥을 1cm 정도 자르고, 옆면에도 칼집을 넣는다. 자른 부분에서 뿌리가 나온다.

옮겨심기 방법

새로운 용토는 지금까지와 같은 배합으로

옮겨심기는 새로운 화분에 식물을 이사시키는 것이다. 따라서 가능한 한 이사하기 전과 같은 환경을 만들어야, 식물이 쉽게 적응한다. 새로운 용토는 옮겨심기 전과 동일한 배합과 비율로 준비한다.

화분은 한 치수 정도 큰 것을 준비하거나 같은 크기의 화분에 옮겨심는다. 크게 키우고 싶어서 훨씬 커다란 화분을 준비하는 경우도 있는데, 식물에 비해 화분이 너무 크면 흙이 잘 마르지 않아 뿌리가 상할 수 있으므로 주의한다.

여기서는 순조롭게 자라 화분이 좁아지기 시작한 묘목과, 뿌리가 가득차서 기운이 없는 묘목을 새로운 용토에 옮겨심어 회복시키는 과정을 사진과 함께 설명한다.

화분에 심은 나무는 정기적으로 옮겨심기와 가지치기가 필요하다

예를 들어 유칼립투스처럼 빨리 크게 성장하는 나무의 경우, 공간이 한정된 화분에 심으면, 반드시 정기적으로 옮겨심기나 가지치기를 해줄 필요가 있다. 배수성이 뛰어난 배양토를 준비하고, 화분은 통기성이 좋은 토분이 가장 적합하다.

뿌리분을 꺼내서 뿌리를 풀어주고 상한 뿌리는 잘라준다. 같은 크기의 화분에 옮겨심는 경우에는, 뿌리뿐 아니라 가지와 잎을 잘라서 뿌리와 지상부의 균형을 맞춰준다.

한편, 지상부에 이상이 발견되지 않아도 뿌리분을 꺼냈더니 뿌리가 잔뜩 감겨서 가득차 있는 경우도 있다. 뿌리분을 잘라서 뿌리가 잘 나오게 하고, 한 치수 정도 큰 화분에 옮겨심는다.

묘목 옮겨심기

순조롭게 자란 묘목

1 크게 자라 화분이 비좁아진 유칼립투스 폴리안.

2 화분에서 뿌리분을 꺼낸다. 뿌리분 바닥을 흐트러서 흙을 1/3 정도 털어낸다.

3 새로운 토분에 넣고 높이를 조절한다. 새로운 용토는 옮겨심기 전과 동일한 배합으로 준비한다.

4 예전보다 조금 큰 화분에 옮겨심었다. 다음 옮겨심기는 1~2년 뒤.

1 몇 년 동안 옮겨심지 않은 그리피스풀무레나무. 한 치수 정도 큰 화분을 준비한다.

2 화분 구멍으로 뿌리가 삐져나와 있다. 뿌리분을 꺼내려면 먼저 뿌리를 잘라낸다.

3 화분에서 꺼낸 뿌리분. 완전히 뿌리로 뒤덮여서 굳어 있다.

4 뿌리가 잘 나오게 하려면 뿌리분 바닥을 1cm 정도 잘라낸다.

5 뿌리분 옆에도 3, 4곳 정도에 칼집을 낸다. 자른 부분으로 뿌리가 나온다.

6 화분에 배양토를 넣는다. 환경이 바뀌지 않도록, 전과 같은 배합의 용토를 사용한다.

7 바닥을 자른 뒤 그대로 새로운 화분에 옮긴다. 화분과 뿌리분 사이에 용토를 꼼꼼하게 넣는다.

8 가지치기까지 끝낸 그리피스물푸레나무. 뿌리가 잘 자라기 때문에 1~2년에 1번 옮겨심기가 필요하다.

One Point Advice

질 나쁜 용토로 약해진 나무 돌보기

잎 색깔이 좋지 않고 확실히 건강해 보이지 않는다. 화분에서 뿌리분을 꺼내보면, 용토의 알갱이들이 부스러져 진득해 보인다. 용토에 공기가 들어올 틈새가 없어진 상태이다.

토양 입자가 따로따로 흩어져서 떼알 구조가 사라져버린 용토로 인해, 뿌리가 숨을 쉬지 못해 색이 변하고 가늘어진 것이다. 이대로 두면 나무가 시들 가능성이 있으므로, 바로 약해진 뿌리를 풀어주고 질 나쁜 용토를 제거해야 한다. 이런 경우에는 식물이 약해진 상태이므로, 뿌리를 잘라서 발근을 촉진시키지 않고 그대로 새로운 용토에 심는다.

뿌리는 색이 탁하고 마른 느낌이다.

대꼬챙이로 오래된 흙을 털어낸다.

대부분의 흙을 털어낸 상태.

일상 속 식물 돌보기

식물이 순조롭게 자라면 다음은 길게 자란 가지를 정리하거
나 마음에 드는 식물을 번식시키고 싶어지는 등, 하고 싶은
일들이 점점 더 많아진다. 물주기처럼 리듬에 익숙해질 때까
지는 조금 힘든 일도 있지만, 식물의 모습을 확인하고 흙을
만지면서 일상 속에서 식물을 돌보는 방법을 배워보자.

물주기

원예를 좋아하는 사람들은 '물주기 3년'이라는 말을 한다.
식물에 물을 주는 일은 단순해 보이지만 사실 깊은 의미가 있는 작업이다.

흙이 말라서 화분이 가벼워지면 물을 줄 타이밍

식물에 물을 주는 것이 물주기이다. 관수(灌水)라고도 하는데, 물을 주는 목적은 식물에게 신선한 물과 공기를 공급함과 동시에, 비료를 녹이고 흙 속의 노폐물이나 여분의 비료를 씻어내는 목적도 있다.

화단의 경우 땅속에 수분이나 빗물, 지하수 등이 있기 때문에, 화단에 심은 식물은 대부분 건조한 계절 외에는 거의 물을 줄 필요가 없다. 반면, 화분에 심은 식물은 정기적으로 물을 충분히 주어야 한다.

문제는 물을 주는 타이밍이다. 물을 주기 전의 화분과 방금 물을 준 화분을 차례대로 손에 들고 무게의 차이의 느껴보면, 물을 주기 전의 화분이 더 가벼워서 흙 속의 수분량이 줄었다는 것을 알 수 있다.

만져서 건조한 정도를 확인할 때는 흙 속에 살짝 손가락 끝을 넣어보자. 흙이 말랐다면 물이 필요하다는 신호이다. 화분 바닥에서 물이 흘러나올 때까지 물을 듬뿍 줘야 한다. 용토의 구성에 따라 감촉은 다르지만, 무게나 습한 느낌을 직접 느껴보면 물주기의 타이밍을 알 수 있다.

물주기의 기본

- 용토가 마르면 듬뿍 준다.

또한, 물을 주는 시간은 계절에 따라 다르다. 여름에는 기온이 낮은 아침저녁에 주고, 겨울에는 해가 떠있는 오전 중에 물을 주는 것이 가장 좋다.

식물에게는 어떤 기온에 도달하면 활발하게 자라는 '생육 적정온도(생육에 적합한 온도)'가 있는데, 그 시기에는 보다 많은 물이 필요하다. 반대로 생육 적정온도에서 벗어난 시기에는, 식물의 활동이 둔해지므로 필요한 물의 양이 줄어든다.

뿌리의 성장을 머릿속으로 그리며 물을 준다

물을 주는 이유는 포기를 키워서 꽃을 피우기 위해서가 아니라, 뿌리를 키우기 위해서이다. 중요한 것은 마름과 젖음의 완급을 조율하는 것이다. 흙이 마르면 식물은 수분을 얻기 위해 멀리까지 뿌리를 뻗는다. 그런데 항상 물을 머금고 있는 흙에서는 식물이 뿌리를 뻗으려 하지 않는다. 그래서 뿌리가 약해지고 짧아져서 결국 스스로를 지탱하지 못하게 되는 경우도 있다. 물주기를 조절하여 튼튼한 뿌리를 길게 뻗게 해야 식물이 안정된다.

(Check) 여러 가지 물주기

씨앗을 심은 뒤
물뿌리개 헤드의 방향을 조절하여, 물이 위쪽으로 부드럽게 흘러내리도록 준다.

심을 때
화분의 워터 스페이스에 물이 고인 뒤 모두 스며들면, 다시 한 번 물을 준다.

노지에 심은 뒤
물이 흘러나오지 않도록 식물 둘레에 물집을 만든다. 안쪽에 물이 고이도록 듬뿍 준다.

씨앗 또는 모종을 심은 뒤에 주는 첫 번째 물주기

씨앗부터 재배하는 식물의 경우 대부분은 씨앗을 심을 때 처음 물을 준다. 씨앗을 다 심고 나서 모종포트나 모종판 바닥에서 물이 흘러나올 때까지 물을 준다.

모종을 심을 때도 새로운 흙에 빨리 뿌리를 내릴 수 있도록 물을 듬뿍 준다. 화분에 심은 경우에는 워터 스페이스에 물이 고일 때까지 주고, 물이 스며들면 다시 한번 물을 준다. 나무를 노지에 심을 때는 흙을 파서 나무 주위에 물이 고일 공간(물집)을 만들고, 물을 충분히 준다.

식물의 성질에 맞는 물주기

어떤 식물이든 모두 똑같이 무조건 물을 많이 줘야 되는 것은 아니다. 식물은 원래 자라던 자생지의 환경에 따라 필요한 수분량이 다르다. 건조지대에 자생하는 올리브나무나 유칼립투스는 물을 주는 횟수를 되도록 줄인다. 다만, 물을 줄 때는 화분 바닥에서 물이 흘러나올 정도로 듬뿍 준다. 마찬가지로 건조지대에 자생하는 다육식물은 휴면기에는 물을 주지 않고 키운다. 식물 원산지의 기후를 알아보거나 라벨의 정보를 읽고, 식물에 적합한 물주기를 해야 한다.

실내에서 키우는 관엽식물은 먼지나 진드기 제거, 건조 방지 등을 목적으로, 분무기로 잎에 물을 뿌리거나 잎을 닦아내지만, 꽃에는 물을 뿌리지 않는다. 저온다습하면 잿빛곰팡이병에 감염될 수 있기 때문이다. 실내에서 재배하는 꽃 중에는 시클라멘과 난초가 대표적인 예이다. 시클라멘은 꽃이나 알뿌리에 물이 닿으면 상하기 쉽고, 난초도 꽃잎에 물이 닿으면 상하기 때문에 주의해야 한다.

물을 준 뒤 화분 받침대에 고인 물은 뿌리가 상하는 원인이 된다. 물을 다 주고 물이 충분히 흙 속에 스며들었다면, 화분 받침대의 물은 반드시 버려야 한다.

물뿌리개 이외의 방법

물을 줄 때는 일단 물뿌리개로 뿌려서 주는 것이 기본이다. 그 밖에도 재배 상황에 따라 몇 가지 방법이 있다.

미세한 씨앗을 화분에 심은 다음 물을 줄 때는, 저면관수로 주는 것이 좋다. 씨앗이 물과 함께 쓸려 내려가기 때문이다. 깊이가 있는 화분 받침대나 세숫대야 등에 물을 채우고, 화분 높이의 1/2 정도까지 담그는 요수(腰水)법도 저면관수법 중 하나이다. 심하게 건조한 식물에 물을 줄 때, 그리고 며칠 동안 외출을 할 때도 편리하게 사용할 수 있는 방법이다. 다만, 뿌리가 질식해서 상할 수 있기 때문에, 물을 주는기간은 2~3일 정도로 짧게 잡는다. 집을 비울 경우에는 페트병에 전용 자동급수기를 끼우거나, 뚜껑에 작은 구멍을 뚫어서 용토에 꽂아 물을 준다. 물에 적신 부직포를 화분 밑에 두고 수분을 흡수시키는 방법도 있다.

| 여러 가지 물주기 방법

왼쪽 / 시클라멘은 꽃이나 알뿌리에 물이 닿으면 상하기 쉬우므로 주의한다. 한 손으로 잎을 젖히고 흙에 물을 준다.
오른쪽 / 미세한 씨앗은 물을 주면 씨앗이 쉽게 쓸려 내려가기 때문에, 저면관수가 편리하다.

column

한여름에는 물방울에 주의

여름에는 더위와 건조로 잎끝이 시드는 것을 방지하기 위해, 잎에도 물을 주어 온도를 낮춘다. 단, 낮에는 잎 위에 맺힌 커다란 물방울이 렌즈가 되어 빛을 모아서 물방울의 온도를 높이면, 잎이 상할 수 있으므로 주의한다.

물뿌리개를 사용하여 효과적으로 물주기

물을 주는 대표적인 도구는 물뿌리개이다. 물뿌리개는 헤드의 방향을 바꿀 수 있고, 분리가 가능한 것을 선택한다.

헤드의 방향을 바꾸면 넓은 범위나 밑동에도 물을 줄 수 있다. 헤드에서 나오는 물의 범위보다 좁은 공간에 물을 줄 때는 헤드를 분리한다. 또한, 헤드를 분리할 수 있는 물뿌리개를 사용하면, 헤드를 호스 입구에 끼워서 넓은 정원에 물을 뿌릴 때 이용할 수도 있다.

사용하기 편리한 물뿌리개
헤드를 분리한 물뿌리개. 손으로 간단하게 분리할 수 있다. 물줄기는 헤드의 방향으로 자유롭게 조절할 수 있다.

물뿌리개 사용방법

| 헤드가 위를 향하게

헤드 구멍의 크기로 물이 퍼지는 범위가 정해진다. 구멍이 작을수록 물줄기가 부드러우며, 넓은 범위에 물을 줄 수 있다.

| 식물 전체에 물주기

꽃이나 잎을 포함한 식물 전체에 물을 주고 싶을 때는, 헤드가 위를 향하게 한다. 식물의 온도를 낮추거나, 잎에 붙은 먼지를 제거하거나, 물을 싫어하는 잎응애를 퇴치할 때 효과적이다. 물은 화분 밖으로 흘러나오기 때문에 용토에 스며드는 물의 양은 적다.

 Check

물을 준 양에 비해, 화분의 흙에는 물이 흡수되지 않으므로 주의한다.

| 헤드가 아래를 향하게

정확히 목표를 향해 물을 줄 수 있다. 위를 향하게 한 것보다 센 물줄기로, 좁은 범위에 집중적으로 물을 줄 때 좋은 방법이다.

| 밑동에 물주기

헤드가 아래를 향하게 하면 물은 샤워기의 물줄기 상태가 된다. 화분 흙에 제대로 물이 흡수될 수 있도록 밑동에 물을 줄 때나, 작은 모종에 물을 줄 때 효과적이다. 워터 스페이스에 물이 고일 때까지 물을 주고, 물이 다 빠지면 다시 한번 준다.

 Check

식물에 물을 주기 전에 화분 밖에서 물이 샤워기처럼 나오는지 확인한다.

| 헤드를 분리

헤드를 분리하면 물이 세차게 나온다. 수압으로 용토에 구멍이 뚫리지 않도록 물뿌리개 입구에 손이나 손가락을 대서 물 세기를 약하게 조절한다.

| 호스에 헤드를 연결

노지에 심을 때는 식물 주위에 물집을 만든다. 그곳에 몇 번이나 물을 붓기 때문에, 호스에 헤드를 연결하면 편리하다.

시든 꽃 따기

시든 꽃을 따면 아름다운 꽃이 차례차례 피고, 병도 예방할 수 있다.
꽃을 통째로 따는 방법을 알아두자.

오랫동안 꽃을 즐기고 싶다면 시든 꽃을 딴다

시든 꽃이란 수명을 다해 시들어버린 꽃을 말한다. 이처럼 시든 꽃을 따는 것을 시든 꽃 따기라고 하고, 원예에서는 빼놓을 수 없는 작업이다. 이유는 보기 좋게 정리하는 것 외에도 2가지가 더 있다.

첫 번째는 병을 예방하기 위해서이다. 시든 꽃을 방치해두면 잿빛곰팡이병 등이 발생하거나, 시든 꽃이 달라붙어 잎을 상하게 하는 등 병의 원인이 되기도 한다.

또 하나의 이유는 건강한 꽃을 많이 피우기 위해서이다. 식물은 꽃을 피운 뒤 자손을 남기기 위해 씨앗을 맺고 나면, 생육이 더뎌지고 꽃 수도 줄어든다. 씨앗을 맺기 전에 시든 꽃을 따주면 오랫동안 꽃을 즐길 수 있다.

종류에 따라 시든 꽃을 자르는 위치가 다르다

시든 꽃을 딸 때도 자르는 위치 등 알아야 할 중요한 포인트가 있다.

꽃잎 색이 칙칙해지거나 시들기 시작하면 꽃이 끝나간다는 신호. 시든 꽃을 따야 할 때이다. 식물 중에는 꽃이 지는 시기를 판단하기 어려운 것도 있기 때문에, 자세히 관찰해서 시든 꽃을 따는 타이밍을 찾아보자.

페튜니아 등 일반적인 식물은 시든 꽃부터 순서대로 따고, 떨어진 시든 꽃도 꼼꼼하게 제거한다. 반면, 장미는 꽃에 가까운 5장의 잎 위에서 자른다. 사계성 장미는 줄기를 잘라주면 다음 꽃을 피울 겨드랑눈이 움트기 시작한다.

시든 꽃 따기의 기본

| 튤립

알뿌리식물은 꽃이 달린 부분 바로 밑(꽃과 꽃줄기 사이)에서 자른다. 광합성을 하는 줄기는 그대로 남긴다.

| 시클라멘

꽃이 시들기 시작하면, 줄기 밑동쪽을 잡고 뽑아낸다. 줄기를 남기지 않는다.

| 장미

시든 꽃은 5장의 잎이 달린 부분 위에서 자른다. 한 가지에 여러 송이가 피는 종류는 한 송이씩 꽃이 달린 부분 바로 밑에서 따낸 다음, 5장의 잎이 달린 부분 위를 자른다.

| 비올라

꽃이 시들기 시작하면 꽃줄기째로 자른다. 꽃줄기를 남기지 않는다. 그때그때 잘라주는 것이 중요하다.

재배환경

사계절 중에는 지내기 좋은 계절만 있는 것은 아니다.
덥거나 추운 계절에도 식물이 무사히 자랄 수 있도록 대책을 세워야 한다.

계절에 맞는 식물 돌보기

습기가 많고 더운 여름, 춥고 건조한 겨울, 지내기 좋은 봄과 가을. 각각의 계절에 따라 식물을 돌보는 방법이 달라진다.
그중에서도 특히 신경을 써야 하는 계절은 비가 계속 내리는 장마철, 한여름, 한겨울이다.

물빠짐과 진흙을 주의해야 하는 장마철

기나긴 장마철이 시작되면 화분에 심은 식물은 비를 맞지 않는 실내로 옮겨야 한다. 단, 이동한 장소의 일조량이 충분하지 않으면, 식물이 웃자라고 줄기가 가늘어진다. 창가 등에 두고 적절한 일조량을 확보해야 한다. 비가 잠깐 갤 때는 직사광선이 닿지 않는 밝은 실외에 내놓는다.
한편, 비에 노출된 화분은 화분 안에 물이 가득 고이는데, 오랫동안 계속 비가 내리면 화분 안의 수분이 배출되지 않는다. 또한 비를 맞아서 진흙이 튀면 꽃이나 잎이 오염되어 병의 원인이 되기도 한다. 화분 밑에 민달팽이 등과 같은 해충이 살게 될 수도 있다.
장마철 문제를 해결하기 위해서는 벽돌이나 나무 받침대 등을 이용하면 효과적이다. 화분 밑에 깔아서 지면과 화분 사이에 공간을 만들면 바람이 잘 통한다.
화단에 심은 식물들은 화분처럼 옮길 수 없다. 하지만 꽃이나 잎에 묻은 진흙은, 비가 그치면 물뿌리개 등으로 살짝 물을 뿌려 씻어내면 병을 방지할 수 있다. 밑동에 진흙이 튀는 것을 막기 위한 대책으로는, 밑동을 멀칭하는 방법이 효과적이다. 멀칭에는 바크, 마사토, 우드칩 등을 주로 사용한다.

비가 잠깐 갤 때나 장마가 끝날 때 주의할 점

장마철에 비가 잠깐 개거나 장마가 끝나면 사람들은 그저 반갑기만 하다. 하지만 갑작스러운 강한 햇살은 식물을 상하게 한다. 잎이나 줄기가 웃자랄 기미가 보이면 한랭사 등을 이용해 강한 햇살로부터 보호한다. 햇살이 포기 안쪽의 온도를 높이면, 열기와 습기로 인해 짓무르는 등 병의 원인이 되기도 한다.
화초류는 장마가 오기 전에 과감하게 깊이순지르기를 해서 모양을 작게 정리하는 것도 하나의 방법이다. 가지가 빽빽한 나무는 장마가 시작되기 전에 가지를 솎아서, 가지나 잎 수를 줄여 바람이 잘 통하게 함으로써 짓무르는 것을 방지한다. 허브류도 습기에 약하므로 줄기나 가지를 조금 잘라서 장마철을 잘 넘겨보자.

허브의 장마 대책

잎 솎아내기
바질은 잎이 잘 무성해진다. 그대로 두면 짓무르는 원인이 되므로, 잎을 솎아내서 요리에 사용한다.

줄기째 솎아내기
습기에 약한 라벤더. 장마 전에 줄기를 솎아내서 바람이 잘 통하게 한다. 복잡해진 줄기 사이에 빈틈을 만들어준다.

여름나기 대책

화분에 심은 식물을 폭염에서 보호한다

푹푹 찌는 여름은 식물에게 있어서 커다란 난관이다. 강한 햇살과 높은 습도, 한여름의 콘크리트 위는 40~50℃ 가까이 치솟는다. 그렇게 뜨겁게 달궈진 콘크리트 위에 화분을 직접 올려두면, 화분 안은 온도와 습도가 높아져 뿌리가 상하고 병이 발생할 수밖에 없다. 말라서 죽는 식물도 있다.

대책은 화분과 지면 사이에 공간을 만드는 것이다. 바람을 잘 통하게 하여 온도 상승을 막아야 한다. 벽돌을 깔아서 바닥을 높여주거나, 화분을 이중으로 포개거나, 화분에 알루미늄포일을 감는 등의 방법으로 화분 속 온도 상승을 막는다.

또한, 한여름의 직사광선이나 강렬한 석양빛은 종종 잎을 태우기도 한다. 차광망을 설치해 햇빛으로부터 보호해야 한다.

여름철 물주기는 이른 아침이 철칙

여름은 더위로 흙이 잘 마르는 계절이다. 이때는 물을 가능한 한 이른 아침에 줘야 한다. 낮에 물을 주면 흙 속의 수온이 상승해 식물의 뿌리가 상하는 원인이 된다. 그리고 용토에 따라서는 하루에 1번 물을 주면 부족한 경우도 있다. 행잉 바스켓이나 작은 화분은 흙이 잘 마르기 때문에, 건조한 정도에 따라 저녁에도 물을 주는 것이 좋다.

물을 줄 때 호스를 사용할 경우에는 일단 물을 틀어서 수온을 확인한 다음에 준다. 호스 안에 남아 있던 따듯한 물이 식물에 닿으면 문제가 될 수 있다.

여름에 더울 때 마당이나 정원에 물을 뿌리면 기화열로 지면의 온도가 살짝 내려간다. 마찬가지로 더운 날 저녁에 물을 줄 때, 잎에 물을 뿌려주면 식물의 체내 온도를 낮출 수 있다. 열대야가 계속될 때는 이러한 작은 배려로 식물과 그 주변의 온도를 낮추어 보자.

더위뿐 아니라 게릴라성 호우에 대한 대책도 필요하다

최근에는 단시간에 상상을 초월하는 많은 양의 비가 퍼붓는 경우가 늘어나고 있다. 이러한 게릴라성 호우에 대한 대책도 필요하다. 쓰러질 것 같은 식물은 지지대 등을 세워주고, 화분은 비가 닿지 않는 곳으로 피난시킨다.

호우로 화단의 흙이 쓸려 내려가 뿌리가 노출된 경우에는, 바로 다시 심어준다. 많이 상한 경우에는 화분으로 옮겨 밝은 그늘에서 충분히 회복시킨 뒤 화단으로 돌려보낸다. 자주 피해를 입는 곳에는 식물을 심지 않는 배려도 필요하다.

비가 그치면 화분 받침대 등에 고인 물을 빨리 제거한다. 방치하면 물이 여름 햇살 때문에 뜨거워져서 식물의 뿌리가 상한다.

비가 많이 내릴 때는 낙뢰 등의 우려가 있으므로 실외 작업은 가능한 한 피하는 것이 좋다.

화분심기의 더위 대책

벽돌을 깐다

화분 밑에 벽돌을 깔아서 바람이 잘 통하게 한다. 벽돌 2개를 간격을 두고 나란히 놓은 뒤, 그 위에 화분을 올린다.

그늘로 이동한다

반그늘을 좋아하는 식물을 화분에 심었다면, 한여름의 직사광선을 피하기 위해 그늘로 옮긴다.

갈대발을 이용한다

장소에 따라서는 바람이 잘 통하고 강한 햇살을 차단해서 적당한 그늘을 만들어 주는, 갈대발을 사용해도 좋다.

지면에 물을 뿌린다

여름철 저녁에는 달궈진 지면에 물을 뿌려준다. 물이 증발하면서 기화열로 지면의 온도가 내려간다.

겨울나기 대책

추위에 강한 식물과 약한 식물

식물 중에는 내한성이 강한 것과 약한 것이 있다.

내한성은 추위에 얼마나 견딜 수 있는지를 나타내는 척도이다. 추위에 잘 견디는 것을 내한성이 강하다고 하고, 견디지 못하는 것을 내한성이 약하다고 한다. 일반적으로 고산지 원산의 식물은 내한성이 강하고, 열대 원산의 식물은 내한성이 약하다.

추위에 강한 식물은 혹독한 추위를 이겨내기 위해 잎을 떨구고 휴면에 들어가거나, 표피를 단단하게 만드는 등 독자적인 체계를 갖고 있다. 가을부터 서서히 자라서 겨울을 나는 겨울 채소는 밭에 서리가 내려 새하얗게 되거나 서릿발이 서도, 햇빛을 받으면 건강한 모습으로 돌아온다.

보통 0℃ 이하가 되면 식물이 얼기 시작해 줄기나 잎이 시들거나 뿌리가 까맣게 변하는 '동해(凍害)' 증상이 발생한다. 동해를 입은 식물은 시들어 죽는 경우가 적지 않다.

열대식물은 10℃ 이하에서도 동해를 입는 것이 있으므로 주의해야 한다. 식물의 종류에 맞게 겨울을 날 수 있도록 도와야 한다.

특히 처음 겨울을 맞이하는 식물은 내한성을 확인해야 한다. 지금 자라고 있는 환경이라도 동해를 입는 온도를 확인해야 하므로, 식물의 잎색을 꼼꼼하게 체크한다. 잎색이 황록색~황색으로 변하기 시작했다면, 추위의 영향이나 일조량 부족을 생각해 볼 수 있다. 햇빛이 닿는 따뜻한 장소에서 겨울을 나는 것이 좋다.

한랭사나 멀칭으로 추위에서 보호한다

추운 겨울에는 식물의 생육 온도나 내한성을 반드시 확인하고, 화분에 심은 경우에는 그 온도에 적합한 장소를 찾는다.

실외인 경우에는 내한성이 강한 식물이라도 찬바람이나 서리로 인해 꽃이나 잎이 동해를 입는다. 찬바람이나 서리가 직접 닿지 않는 곳으로 이동해야 한다.

화단의 경우 한랭사나 부직포 등을 덮어 찬바람이나 서리로부터 식물을 보호한다. 밑동에 멀칭을 하면 훨씬 더 효과적이다. 멀칭은 전용 보호재나 부엽토 등을 사용하는 것이 일반적이지만, 낙엽을 모아 밑동을 덮어주는 방법도 있다. 식물이 겨울철에 잎을 떨어트리는 것은, 자신의 시든 잎으로 밑동을 덮어 추위로부터 몸을 보호하기 위해서이기도 하다.

또한, 심은 지 1년 된 꽃나무 등은 충분히 뿌리를 내리지 못했을 가능성이 있다. 차가운 바람에 견딜 수 있도록 지지대를 세우거나, 줄기를 짚으로 감싸서 추위로부터 보호한다.

노지심기의 추위 대책

박스형 한랭사
박스형으로 설치하는 한랭사는 노지에 심은 식물을 전부 덮을 수 있어 편리하다. 화분에도 사용할 수 있다.

터널형 한랭사
노지에 심은 채소 등은 한랭사를 이랑 전체에 덮어준다. 와이어 지지대를 활용하여 터널 모양으로 만든다.

부직포
추위에 약한 작은 식물은 화단 전체에 부직포를 덮어준다. 부직포 끝부분은 단단히 고정시킨다.

비닐과 부엽토
여러해살이풀인 샐비어 중 추위에 약한 종류는, 포기 주위에 비닐을 깔고 부엽토로 멀칭한다.

실내에 있는 화분 식물은 온도에 주의

실내에서도 겨울철 창가는 상당히 춥다. 실내에서 관리하는 식물의 경우 밤에는 유리와 식물 사이에 두꺼운 커튼을 치거나, 방 안쪽으로 옮긴다. 또한 온풍기의 바람이 직접 닿는 곳은 피해야 한다. 온풍기를 사용하면 따뜻하지만 습도가 낮아져서, 화분 안은 생각하는 것 이상으로 건조해진다. 화분을 들어보거나 손가락으로 흙을 만져서 수분을 확인한 뒤 물을 준다.

실외, 실내 모두 겨울철에는 기온이 오르기 시작하는 오전 중에 물을 주는 것이 좋다. 기온이 낮은 이른 아침이나 밤중에 물을 주면 식물에게 스트레스를 줄 수 있다. 수온에도 신경을 써야 한다. 갑자기 찬물을 주지 말고, 실온에 두었던 물이나 따뜻한 물을 주는 것이 좋다. 그리고 겨울철에 실외에서 관리하는 식물은 물을 많이 줄 필요가 없다.

더위, 추위, 비에 효과적인 멀칭

식물을 심은 땅의 겉면을 부엽토나 검은 비닐 등으로 덮어주는 것을 멀칭(토양 피복)이라고 한다.

멀칭은 비가 튀는 것을 막고 지표면의 물이 증발하는 것을 억제해 건조를 막아준다. 또한, 지온의 급격한 변화도 완화되기 때문에 여름에는 더위 대책으로 사용하고, 겨울에는 지표면이 어는 것을 막기 위해 사용한다. 또한 검은 비닐 멀칭은 잡초가 자라는 것을 예방하는 효과도 있다.

화분에 심은 올리브나무

실내에서 키우는 화분의 흙을 가릴 때 멀칭 자재를 이용한다. 여기서는 코코피트 칩으로 밑동을 덮었다. 겉흙이 마르거나 흙이 튀는 것을 방지할 뿐 아니라, 실외에서는 잡초가 자라는 것을 막아준다.

더위에 약한 휴케라

여름의 고온다습한 날씨, 겨울의 서리나 저온에 약한 식물에게 효과적이다. 밑동의 지면이 가려지도록 부엽토로 두텁게 멀칭하면, 흙의 온도 변화가 완화된다. 여름철 더위나 겨울철 추위 대책으로 효과적이다.

여름철 장미의 밑동

장미는 밑동에 여름철 직사광선이나 강한 석양빛이 닿는 것을 싫어하기 때문에, 부엽토로 멀칭한다. 5㎝ 정도 덮어주면 부엽토가 햇살을 흡수한다.

번식방법

키우는 식물을 좀 더 많이 번식시키고 싶다면,
여기에서 소개하는 방법 중 한 가지를 골라 도전해 보자.

씨앗 채취와 보관 방법

식물을 번식시키는 방법으로 대표적인 것은, 씨앗을 채취해 번식시키는 종자번식이다. 꽃이 진 뒤 시든 꽃을 일부 남겨 씨앗을 채취하면, 이듬해에는 보다 많은 식물을 키울 수 있다.

좋은 씨앗을 채취하기 위해서는 타이밍이 중요하다. 화초는 씨앗 꼬투리가 마르기 시작하면 채취할 때이다. 나무 열매는 익는 것을 기다렸다가 수확한다. 씨앗이 저절로 떨어지거나 바람에 날리는 식물은 꽃에 망을 씌워둔다.

한해살이풀이나 여러해살이풀 중 작은 식물은 줄기째 자른다. 숙성된 씨앗은 종이봉투에 넣어 바람이 잘 통하는 그늘에서 1주일 정도 건조시킨다. 날씨가 좋지 않을 때는 건조제를 넣은 병이나 캔에 넣어 건조시킨다. 그런 다음 밀봉이 가능한 비닐봉투나 병, 캔 등에 넣어 냉장고 채소칸에 보관한다. 봉투에는 식물의 이름, 씨앗을 채취한 날짜를 반드시 적어둔다.

화초·허브의 열매와 씨앗

화초는 줄기째 잘라서 종이봉투에 넣고 건조시킨다. 왼쪽 위부터 시계방향으로 펜넬, 유채, 고수, 마리골드.

저먼 캐모마일 씨앗

라벤더 씨앗

바질 씨앗

코스모스는 씨앗이 저절로 떨어져서 싹을 틔운다. 번식력이 강해서 넓은 공터가 코스모스밭이되기도 한다.

가을에 검게 익는 맥문동 씨앗. 새들이 먹기 전에 씨앗을 채취하는 것이 좋다.

소엽의 열매. 저절로 떨어진 씨앗에서 싹이 트고, 잘 번식한다.

건조시킨 씨앗은 밀봉 보관

씨앗은 수분과 적당한 온도가 갖추어져야 비로소 싹을 틔운다. 대부분의 화초의 씨앗은 건조한 상태에서는 활동을 멈춘다. 건조시켜서 밀봉한 뒤 저온에 두면, 발아력을 갖춘 상태로 씨앗을 보관할 수 있다. 심고 남은 씨앗도 이런 방법으로 보관한다.

다만, 씨앗에는 수명이 있다. 아스터나 일일초 등의 씨앗은 수명이 1년 정도로 짧다. 코스모스, 아프리카봉선화는 1~2년, 백일홍이나 페튜니아는 2~3년, 맨드라미나 나팔꽃은 5~6년으로, 종류에 따라 제각각이다. 오래 가는 씨앗도 신선해서 발아율이 높을 때 심는 것이 좋다.

나무의 열매와 씨앗

배롱나무 열매. 한여름에 꽃이 피고 9월에는 어린 열매가 한가득 달린다(위). 겨울이 오고 잎이 떨어져도 익은 열매는 가지에 잘 매달려 있다. 저절로 떨어진 씨앗에서 싹이 트고 번식한다(아래).

초여름에 꽃이 핀 꽃산딸나무는 가을에 반들반들하고 새빨간 열매를 맺는다.

꽃과 마찬가지로 태산목은 열매도 크다. 붉게 익은 씨앗을 심으면 싹이 튼다.

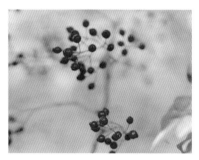

11월경에 붉게 익는 찔레나무 열매. 눈독을 들이던 들새가 쪼아먹고 씨앗을 운반한다.

늦가을에 오구나무의 하얀 열매를 발견하면, 쪼개서 씨앗을 심어도 좋다.

크리스마스로즈의 씨앗 채취

크리스마스로즈에 열매가 맺히면 꽃에 망을 씌워두는 것이 좋다.

얼마 뒤에 망을 제거하면, 씨앗주머니가 벌어져서 검은 씨앗이 보인다.

씨앗주머니에서 씨앗을 꺼낸다. 흙 위로 떨어지면 찾기 어려우므로 주의한다.

포기나누기

목적은 갱신과 번식

싹이 트고 시들 때까지 1년이 걸리는 식물을 한해살이풀이라고 한다. 이에 반해 한 번 심으면 해마다 피는 식물은 여러해살이풀이라고 한다. 심고 나서 몇 년이 지나면 커다랗게 자라나 잎이 무성해지고 뿌리가 가득찰 수 있다. 포기나누기는 이처럼 커다랗게 성장한 여러해살이풀의 포기를 몇 개로 나누는 작업이다.

포기나누기의 목적은 2가지다.

- 식물 번식
- 포기 갱신

종류에 따라 다르지만 포기나누기는 3~4년에 1번이 기준이다. 바람이 잘 통하지 않게 되거나 성장이 더뎌진 포기를 3포기, 5포기 등으로 나누면 다시 꽃이 잘 피고 잘 자란다.

포기나누기는 뿌리가 붙어 있는 상태로 나누기 때문에 뿌리를 잘 내려서 실패할 우려가 적은 방법이다.

포기를 나누는 방법

크리스마스로즈

1 잎이 무성해지고 뿌리가 가득차서 물이 잘 흡수되지 않게 된 포기.

2 화분심기와 노지심기 모두, 그대로 무성한 잎이나 줄기를 잘라낸다.

3 포기를 화분이나 땅에서 빼낸 뒤, 상처가 나지 않도록 주의해서 흙을 제거하고 뿌리를 풀어준다.

4 커다란 포기이기 때문에 흙을 제거하고 뿌리를 정리해도 부피감이 있다.

5 뿌리를 정리하면서 깨끗한 가위를 사용해 세로로 잘라서 나눈다.

6 지나치게 작게 나누면 생육이 늦어질 수 있으므로 4포기로 나눈다.

7 사진은 싹을 2개씩 붙여서 나눈 포기. 새로운 용토를 사용해 화분에 심는다.

심은 다음 2주 뒤에 비료를 준다. 노지에 심을 때는 뿌리가 자란 뒤에 옮겨심는다.

기는줄기로 새끼포기를 만든다

식물을 번식시키는 방법은 다양하다. 어미포기에서 기는줄기(런너)라고 부르는 덩굴이 옆으로 뻗어나와 새끼포기를 만드는 식물은 딸기나 비올라 수아비스 등이 있다.

이러한 종류는 싹이나 뿌리가 달린 마디를 비닐포트 등에 심고, 그늘에서 키워 뿌리를 내리면, 기는줄기를 잘라서 번식시킨다. 한편, 땅속줄기로 번식하는 식물을 캐내면 땅속줄기에 싹과 뿌리가 달려 있다. 몇 개의 싹이 붙어 있는 땅속줄기를 잘라서 비닐포트 등에 심어 모종을 키운다. 대부분의 땅속줄기 식물은 꺾꽂이나 뿌리꽂이로도 번식시킬 수 있다.

Check

3달 뒤에 꽃이 핀다

11월 말에 포기나누기를 한 크리스마스로즈 (p.184). 한동안 그늘에서 키운 뒤 양지에 내놓으니 3달 뒤에 꽃이 폈다. 뿌리참 문제가 해결되어 꽃 수가 많아졌다.

기는줄기로 번식시키는 방법

| 비올라 수아비스

1 기는줄기는 이미 마디에 많은 잎이 달려 있다.

2 다른 화분의 흙에 기는줄기의 마디를 U자 핀으로 고정한다. 뿌리가 나오면 기는줄기를 자른다.

| 민트

1 민트는 생육이 왕성하며, 땅 위로 기는줄기를 뻗는다.

2 기는줄기 마디에서 많은 싹과 잎이 나와 있다. 지나치게 많이 늘어나므로 지면 가까이에서 잘라낸다.

| 딸기

1 딸기는 6월경부터 기는줄기를 뻗는다. 단, 수확기에는 기는줄기를 잘라낸다.

2 용토가 담긴 비닐포트에 기는줄기를 올리고 U자핀으로 살짝 고정시킨다.

3 왼쪽은 어미포기, 오른쪽은 새끼포기. 기는줄기가 붙어 있는 상태로 한동안 모종을 키운다.

4 기는줄기를 잘라서 포기를 키운다. 잘라내지 않으면 새끼포기에서 다시 기는줄기가 자란다.

알뿌리나누기

저절로 번식하는 알뿌리는 캐내서 나눈다

알뿌리는 땅속에서 갈라져(분구) 번식한다. 이러한 알뿌리 특유의 번식방법이 바로 알뿌리나누기다. 번식한 알뿌리를 나눌 때도 알뿌리나누기라고 한다. 알뿌리를 나누는 방법은 알뿌리 종류에 따라 다르다.

이듬해에 아름다운 꽃을 즐기기 위해, 꽃이 핀 뒤 잎이 갈색으로 변하거나 또는 완전히 시든 다음 알뿌리를 캐낸다.

캐낸 다음 그늘에서 말리고 갈라진 알뿌리는 나눈다. 꽃 이름을 표시한 그물망 등에 넣고, 바람이 잘 통하는 시원한 그늘에서 보관한다.

예를 들어, 튤립은 저절로 알뿌리가 갈라지는 종류이다. 어미알뿌리 옆에 새끼알뿌리가 생기는데, 새끼알뿌리 중에서도 생기가 있고 커다란 것은 다음해에 꽃이 피고, 작은 것은 1~2년 뒤에 꽃이 피는 경우가 많다. 새끼알뿌리는 보관하고 시든 어미알뿌리는 폐기한다.

알뿌리를 나누는 방법

저절로 갈라지는 알뿌리

1 꽃봉오리가 노랗게 물든 튤립. 줄기나 잎이 자라면서 꽃이 핀다.

2 6월 상순~7월 하순에 잎이 시들면 알뿌리를 캐낸다.

3 화분을 거꾸로 들고 용토와 알뿌리를 화분에서 꺼낸다.

4 용토가 묻어 있는 알뿌리는 심을 때보다 커진 느낌이다.

5 주위에 묻은 용토를 제거하면 알뿌리에서 윤기가 난다.

6 캐낸 직후의 알뿌리는 이런 느낌. 만지면 자연스럽게 나눠진다.

7 알뿌리를 크기별로 나누면, 큰 것은 다음해에 꽃이 피고, 중간 크기 및 작은 알뿌리는 몇 년 더 키우면 꽃이 핀다.

8 줄기가 붙어 있던 중심에 있는 알뿌리 (어미알뿌리)는 폐기한다.

절단해서 번식시킬 때는 싹의 존재를 확인한다

달리아의 알뿌리(덩이뿌리)는 줄기와 붙어 있는 부분에 감자 같은 새끼알뿌리가 몇 개씩 달려 있다. 라눙쿨루스도 이러한 종류로, 깨끗한 가위나 커터칼로 잘라서 나눈다.

이때 중요한 것은 알뿌리를 자르는 위치다. 각각 새로운 싹이 붙어 있게 잘라서 나눈다. 싹이 없는 알뿌리는 싹이 트지 않는다. 싹의 위치를 제대로 확인해야 한다.

싹을 확인하기 어려운 경우에는 바로 잘라서 나누지 말고, 줄기가 길게 붙어 있는 상태로 버미큘라이트나 톱밥 속에 묻어서, 현관 등과 같이 얼지 않는 곳에 보관한다. 심을 때가 되어 싹이 움트기 시작할 때 알뿌리를 나누면 된다.

알뿌리를 나누기 위해 알뿌리를 캐내는 것은, 꽃이 다 피고 잎이 시든 다음이다. 서리가 내리지 않는 따뜻한 지역에서는, 캐내지 않아도 화단이나 화분에 심은 상태 그대로 겨울을 날 수 있다.

| 잘라서 나누는 알뿌리

1 초여름부터 가을까지 반복해서 꽃을 피우는 달리아 화분.

2 지상부가 완전히 시든 12월의 모습. 줄기를 잘라 포기를 정리한다.

3 화분에서 꺼낸 달리아의 덩이뿌리(괴근). 밑동에서 한 덩어리로 뭉쳐있다.

4 뿌리가 붙어 있는 부분에는 생장점(사진)이 있다.

5 반드시 생장점이 붙어 있도록, 가위로 덩이뿌리를 잘라서 나눈다.

6 잘라서 나눈 덩이뿌리. 가늘고 긴 덩이뿌리 끝에 생장점이 붙어 있다.

꺾꽂이

꺾꽂이하기 전에 주의할 점

식물을 번식시키고 싶을 때 손쉽게 할 수 있는 것이 꺾꽂이(삽목)다. 가지를 잘라서 꺾꽂이를 하면 같은 성질을 가진 식물을 번식시킬 수 있다.

식물 중에는 꺾꽂이에 적합한 것과 적합하지 않은 것이 있다. 성공률은 식물에 따라 다르고, 꺾꽂이를 하는 시기, 꺾꽂이를 하는 부위, 모종을 키울 때의 날씨에 따라서도 성공률이 달라진다. 실패해도 포기하지 말고 시기나 부위 등의 조건을 바꿔서 꺾꽂이를 해보자.

꺾꽂이에 적합한 시기는 6~7월과 9월

그해에 자란 새로운 가지로 꺾꽂이(녹지삽)를 하기에 알맞은 시기는 6월의 장마철이다. 어린 가지가 제대로 충실해지는 시기이다. 또한 가을에 꺾꽂이를 하면 뿌리가 잘 나오는 종류도 있다. 장마철의 꺾꽂이는 무더위를 앞두고 있고, 가을의 꺾꽂이는 혹독한 추위를 앞두고 있는 점을 고려하여, 식물의 성질에 적합한 시기에 한다. 이 밖에 겨울부터 이른 봄에 걸쳐서 하는 휴면지 꺾꽂이(숙지삽)는 늘푸른나무나 갈잎나무, 덩굴성 식물 등, 폭넓은 식물에 활용할 수 있다.

가지 끝부분을 사용하는 정아삽은 발근율이 높다

가지 끝부분에 끝눈(정아)이 달린 가지를 꽂는 것을 정아삽, 그 외의 가지를 꽂는 것을 관삽이라고 한다. 일반적으로 끝눈이 달린 가지를 사용하면 발근율이 높아진다. 어떤 경우든 꺾꽂이를 하기 전에 먼저 가지를 정리한다. 1마디, 작은 것은 2마디를 붙여서 자르고, 잎은 1/3~1/2 정도 제거한다.

6월에 꺾꽂이해서 4주가 지난 식물. 왼쪽부터 수국, 민트, 타임, 요정부채꽃(스카에볼라 애물라), 로즈메리.

꺾꽂이에 적합한 식물

꺾꽂이를 하면 비교적 뿌리가 잘 나오는 식물들을 정리하였다. 키우는 식물이 있다면 도전해보자.

한해살이풀	백일홍, 페튜니아, 아프리카봉선화, 마리골드
여러해살이풀	국화, 패랭이꽃, 베고니아, 샐비어, 마가렛
허브	에키네시아, 민트, 라벤더, 로즈메리
나무	공조팝나무, 양골담초, 장미, 수국, 히비스커스
채소	고구마
다육식물	전체

수국은 발근율이 높아서 초보자에게 적합하다. 화분 바닥의 구멍으로 삐져나올 정도로 뿌리가 잘 나온다.

꺾꽂이모를 만들 어미포기를 고르는 방법

꺾꽂이를 위해 자른 가지나 줄기를 꺾꽂이모 또는 꺾꽂이순이라고 하며, 튼튼한 어미포기에서 잘라내는 것이 기본이다. 어미포기에는 1,000배로 희석한 액체비료를 3~4주 전부터 매주 주어서, 포기에 힘을 길러준다. 비료를 주어 제대로 싹이 트기 시작한 것을 확인한 다음 사용한다.

꺾꽂이모를 잘라내기 전날 물을 듬뿍 준다. 어미포기가 최대한 수분을 보유하게 하는 것도, 꺾꽂이를 성공시키기 위해 중요한 포인트이다.

꺾꽂이모판 준비

꺾꽂이를 하기 위해 용토를 채운 것을 꺾꽂이모판이라고 한다. 비료가 들어 있지 않고 물이 잘 빠지는 용토를 사용해야 한다. 극단적으로 건조해지기 쉬운 용토는 피한다. 나무를 이용한 꺾꽂이에 적합한 용토는 적옥토 세립이나 녹소토 세립이고, 풀 종류를 이용한 꺾꽂이에는 펄라이트 소립, 버미큘라이트 소립이 적합하다. 물에 뜨는 펄라이트는 물을 줄 때 쉽게 쓸려 내려가므로 적옥토나 녹소토와 섞어준다.

꺾꽂이모판을 만들 때는 모종판이나 토분을 사용하는 것이 좋다. 통기성이 좋아 뿌리를 잘 내리고 빨리 자란다. 반면, 빨리 마르기 때문에 물 주는 것을 잊지 않도록 주의한다. 모종포트를 사용할 경우, 뿌리가 나온 뒤 살짝 건조한 상태를 유지하면 뿌리가 잘 자란다.

연약한 꺾꽂이모의 절단면을 짓누르지 않는다

줄기가 연약한 꺾꽂이모를 용토에 꽂기 위해 절단면을 짓누르면, 싹이 늦게 트고 짓눌린 부분부터 썩을 수 있다. 먼저 나무젓가락이나 막대기로 흙에 구멍을 뚫고 꽂아야 한다. 단단한 가지는 그대로 꽂는다. 뿌리가 나오지 않거나 또는 뿌리가 늦게 나오는 식물은 발근제를 사용한다. 꺾꽂이모를 꽂는 간격은 잎과 잎이 닿지 않을 정도가 좋다. 꽂은 뒤에는 물을 듬뿍 준다.

뿌리가 나오기 전과 뿌리가 나온 뒤의 관리

뿌리가 나올 때까지 꺾꽂이모는 제대로 물을 흡수하지 못한다. 따라서 용토가 마르지 않도록 물을 자주 주고, 비료는 주지 않는다. 뿌리는 평균 1달 정도 지나면 나온다. 빠른 식물은 2주, 나무의 경우에는 1년 가까이 걸리는 것도 있다. 뿌리가 나온 것을 확인한 뒤에는 직사광선이나 석양빛을 피하고 서서히 밝은 곳으로 옮긴다. 물은 흙 표면이 마르면 충분히 준다. 꺾꽂이모판에서 옮겨심을 때는, 뿌리가 다치지 않도록 주의해서 모종포트 등에 옮겨심는다.

column

품종보호 등록 식물

품종보호 등록 식물은 국립 종자원에 품종이 등록되어, 영리 목적으로 증식하는 것이 금지되어 있다. 품종보호제도는 식물 육성자를 보호하고 새로운 신품종 개발을 촉진시키기 위한 제도이다.

Check 꺾꽂이할 때 알아 두어야 할 것

꺾꽂이모판은 모종판을 이용

모종판에 준비한 꺾꽂이용 용토를 넣어서 사용한다. 모종판은 면적에 여유가 있기 때문에, 잎이 서로 닿지 않는 간격으로 꽂을 수 있다.

잎의 면적을 줄인다

꺾꽂이모의 생육기에 건조는 피해야 한다. 증산작용을 억제하기 위해, 커다란 잎은 1/2~2/3 정도 자른 뒤 꽂는다.

가지치기한 가지를 사용

가지치기에 적합한 시기가 꺾꽂이에 적합한 시기와 겹치는 식물은, 가지치기한 가지를 꺾꽂이모로 사용해도 좋다. 사진은 수국. 6월에 꽃이 핀 다음이 가지치기에 적합한 시기다.

꺾꽂이 방법

| 수국

1 수국은 꺾꽂이로 번식시키는 대표적인 나무다. 꺾꽂이모를 만들 어미포기를 준비한다.

2 1마디씩 자른다. 잎은 수분이 증발되는 것을 막기 위해 1/2~2/3 정도 잘라낸다.

3 1개의 가지에서 잘라낸 2개의 꺾꽂이모를, 30~60분 정도 물에 담가 물을 흡수시킨다.

4 꺾꽂이하기 전에 용토에 물을 준다. 화분 바닥에서 물이 흘러나올 때까지 듬뿍 준다.

5 꺾꽂이하기 직전에 절단면을 다시 비스듬히 자른다. 절단면이 마르지 않게 주의한다.

6 꺾꽂이모를 용토에 꽂는다. 절단면에 발근제를 바르면 발근율이 한층 더 높아진다.

7 꺾꽂이모의 간격은 옆에 있는 잎이 닿지 않을 정도로 적당히 떨어트린다.

8 꺾꽂이 성공. 1달도 되지 않아 뿌리가 나왔다. 이제부터 뿌리가 자란다.

| 올리브나무

1 2마디 이상 붙여서 꺾꽂이모를 만든다. 발근율이 높지 않아서 중급자나 상급자에게 적합하다.

2 1시간 정도 물을 흡수시키고 절단면을 비스듬히 자른다. 뿌리를 빨리 내릴 수 있도록 발근제를 사용한다.

3 물을 듬뿍 준 용토를 준비하여 꺾꽂이모를 꽂는다.

4 가운데에는 끝부분에 싹이 붙어 있는 가지 2개, 주변에는 그 아래쪽 가지를 꽂는다.

| 국화

1 국화는 줄기 끝을 약 5㎝ 길이로 자른 뒤, 1마디 이상 붙여서 꺾꽂이모를 만든다.

2 꺾꽂이하기 전에 30~60분 정도 물에 담가 물을 흡수시킨다.

3 준비한 꺾꽂이용 용토에 그대로 꽂는다. 잎과 잎이 겹치지 않도록 간격을 둔다.

4 뿌리가 나오면 옮겨심어서 모종을 키운다. 1개의 화분에 모종 1포기가 적당하다.

| 민트

1 민트의 꺾꽂이는 초보자에게 적합하다. 여기서는 파인애플 민트를 사용한다.

2 잘라낸 민트는 반드시 잎이 달린 마디를 1마디 붙여서 자른다.

3 잎은 수분이 증발하지 않도록 1/2 정도 잘라낸다.

4 꺾꽂이모용 잎은 30~60분 정도 물에 담가서 물을 흡수시킨다.

5 꽂기 직전에 절단면을 다시 자른다. 비스듬히 잘라서, 뿌리가 나올 수 있는 면적과 수분 흡수 면적을 늘린다.

6 민트는 줄기가 약하기 때문에 꺾꽂이할 위치에 나무젓가락 등으로 미리 구멍을 판다.

7 줄기의 절단면이 짓눌리지 않도록 6에서 판 구멍에 꽂는다.

8 간격은 잎이 서로 닿지 않을 정도. 민트는 뿌리가 잘 나와서, 많은 모종을 만들 수 있다.

잎꽂이

다육식물에 적합한
1장의 잎으로 증식시키는 방법

잎꽂이는 잘라낸 잎으로 포기를 번식시키는 방법이다. 다육식물, 베고니아, 아프리칸바이올렛, 글록시니아 등, 재생력이 높은 식물에 적합하다. 그중에서도 다육식물을 번식시키는 데는 잎꽂이가 가장 적합하다. 종류에 따라 다르지만, 잎사귀 1장으로 어미 포기와 같은 모양의 다육식물을 만들 수 있다.

다만, 화초처럼 성장이 빠르지는 않아서, 인내가 필요하다. 원래의 크기로 자랄 때까지는 1년 이상 걸린다. 성장기에는 물을 자주 주면서 재배해야 한다. 물을 지나치게 많이 주어도 안 된다.

잎은 손으로 벗겨내듯이 떼어내고, 꺾꽂이용이나 발아용 용토에 올려서 절단면을 말린다.

종류가 많은 칼랑코에는 줄기에서 잎이 자라는 종류라면, 잎꽂이를 할 수 있다. 절단면을 말린 뒤 흙에 꽂는다.

잎꽂이 방법

| 칼랑코에

1 꽃을 감상하는 칼랑코에 종류는 잎을 꽂아서 뿌리가 나오게 하는 잎꽂이가 가능하다.

2 잎줄기에서 뿌리가 나오기 때문에, 잎줄기가 붙어 있게 잎을 잘라낸다.

3 잘라낸 잎은 2~3일 정도 절단면을 말린 뒤, 물을 준 꺾꽂이용 용토에 꽂는다.

4 절단면이 아래로 가도록 흙에 깊이 꽂는다. 그대로 두고 1주일 뒤에 물을 준다.

| 에케베리아

1 잎꽂이용으로는 포기 아래쪽 잎을 사용한다. 양쪽으로 조금 움직이면 쉽게 뽑힌다.

2 뽑은 잎은 2~3일 정도 바람이 잘 통하는 곳에 두고 절단면을 말린다.

3 잎이 마르면 용토 위에 놓는다. 시기에 따라 뿌리가 나올 때까지 걸리는 날수가 달라진다.

| 뿌리

절단면에서 가느다란 뿌리가 나왔다. 뿌리가 나오면 다육식물용 배양토에 심는다.

뿌리꽂이

땅속줄기를 잘라서 번식시킨다

뿌리꽂이는 화초에서 잘라낸 뿌리에서 뿌리가 나오게 하여, 새로운 포기를 만드는 방법이다.

일반적으로 많이 사용하는 방법은 아니지만, 기술적으로 간단하고 증식률이 높은 것이 특징이다. 분재로 만들 나무를 번식시키는 방법으로 많이 사용된다.

뿌리꽂이로 번식시키는 식물로는 대상화, 약모밀 등이 있다.

흔히 보는 약모밀과 달리 겹꽃 약모밀, 잎에 무늬가 있는 오색 약모밀 등 인기가 많은 원예품종도 있으므로 뿌리꽂이로 번식시켜 보자.

대상화로 뿌리꽂이를 하는 시기는 가을인데, 모종판에 꽂아서 봄에 옮겨심는다.

또한, 꺾꽂이와 마찬가지로 뿌리가 마르면 발근율이 낮아진다. 바로 작업할 수 없을 때는 뿌리를 물에 담가두어야 한다.

뿌리꽂이 방법

대상화

1 준비물은 대상화 포트묘와 발아용 흙.

2 포트에서 모종을 뽑아내, 뿌리분의 흙을 살짝 털어낸다.

3 두꺼운 뿌리를 길이 2㎝ 정도로 잘라서 뿌리꽂이에 사용한다. 가는 뿌리는 잘라낸다.

4 사진 왼쪽의 짧은 뿌리가 뿌리꽂이용이다. 남은 모종은 배양토에 심으면 다시 자란다.

5 흙을 넣은 모종판에 뿌리를 가지런히 올리고, 흙을 1㎝ 정도 덮어준다. 표면을 정리한 뒤 물을 준다.

6 뿌리꽂이를 하고 4달이 지난 3월의 모습. 완전히 뿌리를 내려서 싹이 나왔다.

7 뿌리가 제대로 자라서 옮겨심어야 한다. 가을에는 꽃이 피는 포기가 된다.

8 포트에 배양토를 넣고 1포기씩 옮겨심는다. 2주 뒤에 과립형 완효성 비료를 준다.

교배

인공 꽃가루받이로 만드는 나만의 꽃

번식시키는 것 뿐 아니라 세상에 하나밖에 없는 나만의 꽃도 만들 수 있다. 교배는 2개의 부모포기를 꽃가루받이로 교배시켜서, 새 품종을 만드는 것이다. 꽃가루받이로 생긴 씨앗에서는 다른 꽃이 탄생할 가능성이 있다.

현재 재배되는 수많은 식물은 1대 교배의 F1 품종이기 때문에, 다음 세대로 특징이 대물림되지 않고 모양에 차이가 있다. 하지만 이것이 바로 교배의 묘미다. 생각지도 못한 꽃이 탄생할 수 있다.

초보자라도 쉽게 교배시킬 수 있는 식물로는 팬지나 비올라가 있다. 생육기간이 짧아서 비교적 빨리 어떤 꽃이 피는지 확인할 수 있다. 페튜니아는 꽃이 잘 피고 개화기가 긴 화초이다. 교배할 기회가 많고 꽃색이 풍부하므로, 교배를 통해 다양한 꽃을 쉽게 만들어낼 수 있다.

여기서는 같은 종류의 화초에서 꽃가루를 채취해, 인공 꽃가루받이를 시키는 방법을 소개한다.

교배 방법

| 비올라

1 준비물은 화분에 심은 비올라, 핀셋, 이쑤시개, 태그, 유성펜 등.

2 교배용으로 줄기가 붙어 있는 비올라를 몇 송이 자른다. 보라색 품종의 입술판을 살짝 떼어낸다.

3 노란색 꽃가루가 있는 아래쪽 꽃잎이 입술판이다. 꽃을 받아들이는 듯한 모양이다.

4 입술판 아래쪽에 붙어 있는 꽃가루를 이쑤시개에 묻혀서 채취한다.

5 곧 필 것 같은 꽃봉오리를 선택한다. 이 꽃의 암꽃술을 교배에 사용한다.

6 꽃봉오리를 손으로 펼쳐서 핀셋으로 수꽃술과 잎술판을 제거한다.

7 입술판과 수꽃술을 제거했기 때문에, 이번 교배 뒤에는 꽃가루받이를 할 수 없다.

8 비올라의 암꽃술에는 큰 구멍이 있다. 꽃잎을 벌려서 확인한다.

9 이 구멍에 **4**에서 채취한 꽃가루를 묻혀서 꽃가루받이를 시킨다. 꼼꼼하게 문지른다.

10 태그에 교배시킨 색을 나타내는 r(red) X pp(purple) 등과 날짜를 적는다.

11 **10**의 꽃을 티백 등으로 감싸고 스테이플 러로 고정시킨다. 한동안 이 상태로 둔다.

12 교배시키고 3주 뒤. 4~5주가 지나면 씨 앗이 여물고 3, 4월에는 씨앗을 채취할 수 있다.

페튜니아

1 왼쪽 붉은 꽃의 암꽃술과 오른쪽 보라색 꽃의 수꽃술 꽃가루로 교배시킨다.

2 꽃가루가 나와 있지 않은 붉은 꽃의 꽃봉 오리를 골라 꽃잎을 딴다. 가운데가 암꽃술.

3 이 뒤에는 꽃가루받이를 하지 못하도록, 붉은 꽃의 수꽃술을 모두 제거한다.

4 **3**의 암꽃술과 보라색 꽃 수꽃술의 꽃가루 를 교배시킨다.

5 암꽃술에 푸른 꽃가루가 묻은 상태. 확실 히 알 수 있을 정도로 묻힌다.

6 교배 성공. 씨앗이 날리지 않도록, 여물 때 까지 티백을 씌워둔다.

크리스마스로즈

크리스마스로즈도 교배시키기 쉬운 꽃 중 하나다. 교배는 다른 품종의 수꽃술을 잘라 암꽃술에 꽃가루를 묻힌다.

순지르기

잎 수가 늘어나 흐트러진 포기의 모양을 정리하기 위해 하는 작업이다.
성장도 촉진되어 건강하게 자란다.

꽃 수를 늘리고 모양을 정리하는 2가지 작업

화초를 키울 때 중요한 2가지 작업이 있다.

- 얕게순지르기/포기를 크게 키워 꽃 수를 늘린다.
- 깊이순지르기/지나치게 자라서 흐트러진 모양을 정리한다.

2가지 작업 모두 절단면으로 세균이 들어가지 않도록, 소독한 가위를 사용한다.

끝눈을 따서 겨드랑눈을 키우는 얕게순지르기

순지르기에서 순이란 식물의 줄기 끝에 난 싹을 말한다. 이것을 끝눈이라고 하는데, 겨드랑눈보다 우선적으로 많은 에너지를 모아서 성장한다. 이러한 메커니즘을 정아우세(頂芽優勢)라고 한다. 얕게순지르기는 이렇게 끝눈에 집중된 에너지를 분산시키기 위한 작업이다. 순지르기를 하면 겨드랑눈의 성장이 촉진되어 눈이 훨씬 더 많아진다. 눈 수가 늘고 가지 수가 많아지면, 과도하게 수직으로 자라는 식물의 키도 억제할 수 있다. 얕게순지르기로 포기의 볼륨감을 높이고 꽃 수를 늘려보자.

단, 순지르기는 꽃이 피기 1~2달 전까지 끝내야 한다. 식물의 종류나 기온에 따라 다르지만, 순지르기를 한 뒤 겨드랑눈이 자라서 꽃을 피우기 위한 시간이 필요하다.

화초는 아니지만 1년차 어린 장미 묘목(신묘)은 포기 전체의 성장을 우선하기 위해, 꽃봉오리를 자르는 순지르기(꽃봉오리 따기)를 한다.

얕게순지르기 방법

| 장미

대부분의 어린 묘목은 끝쪽에 꽃봉오리가 맺혀 있다. 포기 전체가 충실해지도록 잘라낸다.

| 비올라

꽃이 핀 모종은 가지가 갈라진 꽃줄기보다 위에서 순지르기한다. 꽃이 달리는 줄기가 많아진다.

| 달리아

1 포기가 5~6마디로 자라면 일반적인 중소륜 품종은 밑에서 3마디를 남기고 순지르기한다.

2 순지르기한 뒤 남은 3마디의 겨드랑눈이 발달하여, 5~6개의 줄기가 자란다.

깊이순지르기

화초의 줄기나 가지를 잘라서 갱신시킨다

깊이순지르기는 과도하게 자란 줄기나 가지를 짧게 잘라주는 방법이다. 겨드랑눈이 나오기 때문에 마디 바로 위에서 가위로 자른다. 자르는 길이는 전체의 1/2~2/3 정도. 깊이순지르기를 하면 깔끔하고 간결하게 정리되고 꽃눈이 많아진다. 특히 오랫동안 계속 꽃을 피우는 페튜니아 같은 화초의 경우, 깊이순지르기가 효과적이다. 전성기가 지나도 깊이순지르기를 하면 새로운 꽃이 많이 펴서 좀 더 오래 감상할 수 있다.

깊이순지르기는 여름나기 대책으로도 효과적인 작업이다. 장마철이나 여름이 오기 전에 지나치게 무성해진 가지와 잎을 잘라내면, 바람이 잘 통하고 햇빛도 받을 수 있어서 무더위로 인한 병해충을 예방할 수 있다.

깊이순지르기는 잎이 왕성하게 많아지는 허브류에도 효과적이다. 고온다습한 여름이 시작되기 전에 잘라주면, 여름 내내 신선한 허브를 즐길 수 있다.

깊이순지르기 방법

페튜니아

1 한 차례 꽃이 만개한 뒤 진 페튜니아. 꽃 수가 확연히 줄어들면 깊이순지르기를 한다.

2 줄기 끝에 꽃봉오리가 남아 있어도 잘라낸다. 마디에 있는 작은 새순 위에서 자른다.

3 누렇게 변한 아랫잎이나 시든 잎을 제거해서 병을 예방한다. 밑동도 깔끔하게 정리한다.

4 깊이순지르기로 산뜻해진 페튜니아.

다시 꽃을 피운다

1 늦여름의 페튜니아. 꽃도 잎도 작고 연약하지만, 제대로 피어 있다.

2 시든 줄기, 시든 꽃, 씨앗이 달린 줄기를 자른다. 반드시 아랫잎을 남기고 그 위에서 자른다.

3 작은 잎만 남긴 포기도 비료와 물을 주면 초가을에 다시 한번 꽃이 핀다.

> **column**
>
> ## 깊이순지르기 뒤에는 덧거름을 준다
>
>
>
> 깊이순지르기를 한 뒤에는, 힘을 낼 수 있도록 반드시 덧거름을 준다. 과립형 완효성 화성비료를 포기 주위에 뿌려준다.

여러 가지 깊이순지르기

백일홍

1 초여름에 계속 꽃이 잘 피던 백일홍. 꽃은 만개 시기가 지났고 잎이 상하기 시작했다.

2 끝부분이 마른 잎은 그 부분만 잘라낸다. 잎을 많이 남겨 광합성을 시키기 위해서다.

3 꽃은 씨앗을 맺고 체력을 소모하기 때문에, 길이를 1/2 정도로 자른다.

4 자를 때는 반드시 튼튼한 겨드랑눈을 남겨야 한다. 여기에서 다시 꽃이 핀다.

5 크게 자란 겨드랑눈은 남기고 깊이순지르기 완성. 이제 덧거름을 준다.

6 약 1달 뒤의 모습. 크기는 작지만 예쁘게 꽃이 폈다. 꽃봉오리도 있어서 여름 내내 즐길 수 있다.

달리아

1 준비물은 가위와 알루미늄포일. 이 밖에 고무줄 또는 마끈 등이 필요하다.

2 달리아는 꽃 아래쪽으로 3~4마디를 남기고 깊이순지르기를 한다. 사진과 같은 상태가 된다.

3 달리아의 줄기 절단면은 속이 비어 있다.

4 이 절단면에 물 등이 고이기 때문에, 알루미늄포일로 감싸준다.

5 알루미늄포일로 감싼 뒤 고무줄로 묶는다. 이렇게 하면 포기가 상하지 않는다.

6 그런 다음 어느 정도 시간이 지나면, 꽃봉오리가 많아진다. 머지않아 꽃이 핀다.

| 바질

1 깊이순지르기를 하면 바질 수확량이 크게 증가한다.

2 자르는 위치는 잎이 달려있는 마디의 위. 밑에서 자르면 싹까지 자르게 된다.

3 포기 전체의 크기가 작아지도록 잘라내도, 다시 가지와 잎이 늘어난다.

4 잎이 무성해지면 다시 잘라내면서 키우면, 서리가 내릴 때까지 싱싱한 잎을 계속 수확할 수 있다.

One Point Advice **식물을 자른 가위는 소독용 에탄올로 깨끗하게 소독한다**

식물을 자를 때는 깨끗한 가위를 사용해야 한다. 여러 식물을 같은 가위로 자르다 보면, 가윗날을 통해 병이 옮을 수 있다. 평소에는 물로 씻고 물기를 잘 닦아낸다. 소독할 때는 약국에서 구입할 수 있는 소독용 에탄올이나 식물용 바이러스 소독약을 사용한다. 가윗날에 손을 베이지 않도록 주의해서 손질한다.

나무 가지치기

나무를 환경에 맞는 크기로 조절할 수 있는 가지치기.
자르는 위치나 가지치기 방법을 알면 쉽게 작업할 수 있다.

적절한 가지치기로 나무를 관리한다

화분의 나무나 정원의 나무가 지나치게 자랐거나 꽃 수가 줄어
드는 경우가 있다. 나무는 가지치기로 아름다움과 건강을 유지
할 수 있다. 가지치기는 자연스럽게 자라난 가지를 자르는 것이
다. 가지치기에는 다음과 같은 3가지 목적이 있다.

• 크기나 나무 모양을 정리한다.
• 가지를 충실하게 만든다.
• 나무를 건강하게 만든다.

가지치기로 화분의 크기나 정원의 공간에 맞는 크기로 나무를
정리할 수 있다. 꽃나무라면 꽃을 감상하기 편한 높이로 다듬을
수 있다.

또한, 가지치기를 하면 눈 수가 많아진다. 눈은 성장하면 가지
가 되어 꽃이나 열매 수가 많아진다. 일반적으로 과감히 가지치
기할수록 가지가 크게 자란다. 이를 강한 가지치기(강전정)라고
한다.

지나치게 무성해진 가지를 자르면, 안쪽의 가지에도 햇빛이 닿
는다. 바람도 잘 통하게 되어 병해충 발생을 막아준다.

2가지 가지치기 테크닉

가지치기는 크게 자름 가지치기와 솎음 가지치기로 나눌 수 있
다. 화분에 심은 꽃나무부터 정원의 바늘잎나무, 때가 되면 맛있
는 열매를 맺는 과일나무까지 모든 나무 종류에 사용할 수 있는
방법이다.

자름 가지치기

• 가지를 중간에서 자르는 가지치기 방법

지나치게 많이 자란 바늘잎나
무를 정리할 때는, 갈라져서
자란 가지 중간에서 자른다.
바람이 잘 통하게 된다.

원하는 크기에 따라 사진처럼
가지를 중간에서 자른다. 자
르는 위치에 주의한다.

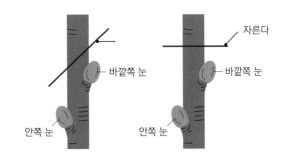

자른다

바깥쪽 눈

바깥쪽 눈

안쪽 눈

안쪽 눈

자르는 방법
절단면은 수평이어도 좋고 비스듬해도
좋다. 바깥쪽 눈이 상하지 않도록, 바깥
쪽 눈보다 조금 위쪽에서 자른다.

자름 가지치기는 바깥쪽 눈 바로 위에서

자름 가지치기는 나무 모양을 정리하여 튼튼한 가지가 새로 자라게 만들기 위한 작업이다. 가지 수가 늘어나기 때문에 꽃나무라면 꽃 수도 많아진다.

중요한 포인트는 자르는 위치이다. 자름 가지치기에서 자르는 위치는 가지의 바깥쪽 눈 위다. 바깥쪽 눈은 바깥쪽을 향해 달린 눈을 말한다. 안쪽을 향해 달린 눈은 안쪽 눈(내아)이다.

나무는 가지를 자르면 절단면 바로 아래의 눈이 성장하기 시작하여, 그 눈의 방향으로 가지가 자란다. 바깥쪽 눈 위에서 자르면 가지가 바깥쪽으로 쑥쑥 자란다. 가지치기할 때는 튼튼한 바깥쪽 눈을 체크하자.

자름 가지치기로 약해진 나무를 건강하게 만든다

늘푸른나무의 잎이 시들기 시작하거나 잎 수가 줄어들면, 나무가 약해지고 있다는 신호이다. 이런 경우에도 바깥쪽 눈 위에서 가지치기하여 튼튼하고 새로운 가지가 자라도록 유도해야 한다. 꽃나무는 꽃을 피우기 위해 에너지를 사용하기 때문에, 꽃이 핀 다음에는 체력이 소진된다. 가지치기 시기는 기본적으로 꽃이 진 다음 바로, 다음 꽃눈이 만들어지기 전(종류별 가지치기 시기

는 p.202 참조)에 한다.

자름 가지치기는 가지의 두꺼운 부분을 자른다.

다만, 지름이 5㎝ 이상인 두꺼운 가지의 경우 절단면으로 균이 침입할 수 있으므로, 가지치기한 다음 절단면에 식물 유합제를 발라 보호한다. 특히 벚나무나 사과나무, 자작나무 등은 가지치기가 원인이 되어 시들 수 있기 때문에 주의해야 한다.

생울타리의 자름 가지치기는 깎기 가지치기라고도 하며, 가지 끝을 세밀하게 잘라서 정리한다. 토피어리 등을 만들 수도 있다.

필요 없는 가지를 제거하는 솎음 가지치기

솎음 가지치기로 제거하는 것은 주로 다음과 같은 가지다.

- **빽빽하게 자란 가지**
- **세력이 약한 가지**
- **병행충의 피해를 입은 가지**

가지가 달린 아래쪽에서 잘라낸다. 가지를 솎아내면 바람이 잘 통하기 때문에, 2~3년에 1번은 해야 하는 작업이다.

솎음 가지치기

• 가지를 연결 부분에서 자르는 가지치기 방법

가지가 갈라지는 밑동 부분에서 자른다. p.200의 사진과 가위를 넣는 위치를 비교해 보면, 한눈에 차이를 알 수 있다.

 One Point Advice **생울타리를 보기 좋게 다듬기**

생울타리의 표면을 평평하게 다듬고 싶을 때는 세밀하게 자르는 깎기(자름) 가지치기를 한다. 손잡이가 긴 가지치기 가위를 사용하여 높은 곳까지 잘라서 정리한다.

조금 두꺼운 가지를 밑동에서 자를 때는, 가지치기용 톱을 사용하면 편리하다. 먼저 밑에서 칼집을 낸 다음, 위쪽으로 톱날을 넣어 자른다.

가지치기 시기

나무 종류에 따라 다른 가지치기 시기

가지치기하는 나무가 갈잎나무인지 늘푸른나무인지 먼저 확인해야 한다. 나무의 종류에 따라 가지치기 시기가 달라지기 때문이다.

갈잎나무는 잎이 지는 시기, 늘푸른나무와 바늘잎나무는 따뜻한 시기에 가지치기하는 것이 일반적이다. 시기를 고려하지 않고 아무 때나 가지치기하면, 이듬해에 꽃이 피지 않고 열매도 맺지 않는 결과를 초래할 수도 있다. 수국을 시기에 맞지 않게 가지치기해서 꽃이 피지 않았던 경우도 있다. 또한 그해의 기후나 나무 상태도 고려해야 한다.

갈잎나무는 시기에 따라 목적이 달라진다

갈잎나무는 대부분 봄에 싹이 터서 많은 잎이 나오며 가을에는 잎이 진다. 가지지기에 적합한 시기는 잎이 지는 휴면기이다. 손상을 최소한으로 억제할 수 있기 때문에, 이 시기에 가지치기해서 나무 모양을 다듬는다. 다만, 휴면 중이기 때문에 가지치기해도 가지 수는 늘어나지 않는다. 가지 수를 늘리고 싶을 때는 봄~가을에 가지치기한다.

갈잎꽃나무

같은 갈잎나무라도 꽃나무의 가지치기 시기는 특별하다. 꽃눈이 만들어지기 전에 가지치기를 해야 한다. 대부분의 갈잎나무는 봄~초여름에 꽃이 피고, 이듬해에 꽃이 필 꽃눈이 맺히는 시기는 여름~가을이다. 예를 들어, 초여름에 피는 수국의 꽃눈이 만들어지는 시기는 8월 중순 무렵이다. 즉, 8월 중순 이후에 가지치기하면 꽃눈을 잘라버리게 되어 이듬해에 꽃이 피지 않는다. 매실나무, 목련나무, 복숭아나무 등 온대에서 자라는 많은 나무가 7~8월에 꽃눈이 만들어지기 때문에, 6~7월에 가지치기하는 것이 좋다. 이 나무들은 잎이 져도 꽃눈은 달려 있기 때문에, 겨울 가지치기는 필요 없는 가지를 자르거나 나무 모양을 다듬는 정도로 한다. 소중한 꽃눈을 자르지 않도록 주의해야 한다. 자름 가지치기로 가지나 꽃의 수를 늘리고 싶은 경우에는, 꽃이 핀 뒤 또는 꽃눈이 만들어지는 시기보다 1달 전에 가지치기를 하는 것이 좋다.

갈잎과일나무

사과나무, 배나무, 밤나무 등의 갈잎과일나무는 열매를 맺기 때문에 꽃나무처럼 꽃이 핀 뒤에 가지치기를 하지 않고, 기본적으로 잎이 진 다음부터 싹이 움트기 전까지 가지치기를 한다.

꽃나무와 과일나무는 가지 끝이나 가지 옆면 등, 나무 종류에 따라 꽃이 피는 위치가 다르기 때문에 함부로 자르면 안 된다.

늘푸른나무는 봄~가을이 가지치기 시기

늘푸른나무는 1년 내내 잎이 무성한 나무를 말한다. 가로수로 자주 심는 회양목, 다정큼나무, 꽃댕강나무, 정원수로 많이 심는 은엽아카시아, 화분에 심는 올리브나무, 로즈메리도 늘푸른나무이다. 대부분 추위를 싫어하기 때문에 겨울철에는 가지치기를 하지 않는다. 가지나 꽃의 수를 늘릴 목적이라면 한여름을 피해서 봄~가을에 가지치기를 하고, 열매를 맺지 않는 꽃나무는 꽃이 핀 뒤에 가지치기를 하는 것이 좋다.

| 가지치기 달력

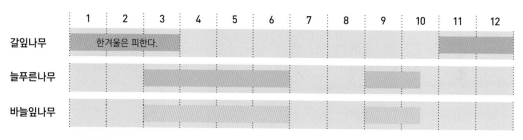

※ 가지치기 시기의 기준. 종류에 따라 예외도 있다.

가을에 피는 꽃나무

동백나무, 애기동백나무, 금목서 등과 같이 가을에 꽃이 피는 꽃나무는 꽃이 핀 뒤 바로 가지치기를 하면, 그 뒤에 이어지는 추위로 나무가 상한다. 그래서 따듯해지는 3월 중순까지 기다려서 가지치기를 한다.

감귤류

밀감 등의 감귤류는 추위를 싫어하기 때문에 3월이 가지치기하기에 적합한 시기다. 다만, 이때는 이미 꽃눈이 달려 있기 때문에 열매를 맺을 가지를 잘라내지 않도록 주의한다.

바늘잎나무의 가지치기 시기는 늘푸른나무와 같다

율마 등 대부분의 바늘잎나무는 늘푸른나무이다. 가지치기에 적합한 시기는 3~5월, 9~11월로 늘푸른나무와 거의 같은 시기에 가지치기를 한다. 일본잎갈나무 등 갈잎바늘잎나무의 가지치기는 잎이 떨어지고 휴면에 들어간, 11~12월에 하는 것이 좋다.

• 갈잎나무

갈잎과일나무인 배나무의 꽃. 잎이 떨어진 뒤 싹이 움트기 전까지 가지치기를 하면, 4월 하순~5월 중순에 꽃이 핀다.

여름에 보는 배나무 열매. 점점 갈색으로 물들고 있다.

• 늘푸른나무

10월경부터 꽃이 피는 애기동백나무. 꽃이 핀 뒤 3월 중순 정도에 가지치기를 한다.

금목서는 꽃이 핀 뒤에 가지치기를 하면, 겨울 추위로 나무가 상한다. 3월 중하순에 하는 것이 좋다.

• 바늘잎나무

단풍이 아름다운 갈잎바늘잎나무인 낙우송은, 잎이 진 뒤 휴면기인 11~2월에 가지치기한다.

율마는 늘푸른바늘잎나무다. 가지치기에 적합한 시기는 3~5월.

column
벚나무와 매실나무의 가지치기

'벚나무를 자르는 바보, 매실나무를 자르지 않는 바보'라는 말에서 알 수 있듯이, 벚나무는 가지치기를 하면 시들기 쉽다. 반대로 매실나무는 가지치기를 하지 않으면 꽃 수가 늘지 않기 때문에 주의해야 한다.

가지치기 방법

가지를 정리해서 나무의 건강을 지킨다

원예에서 필요 없는 가지라고 부르는 가지는, 다른 가지의 생육을 방해하거나 겉모습을 보기 싫게 만드는 가지를 말한다. 주로 다음과 같은 가지가 필요 없는 가지다.

- 전체적인 흐름을 거스르고 위나 아래, 안쪽 등으로 뻗은 가지
- 평행한 가지, 교차한 가지
- 웃자라서 길게 튀어나온 가지

이러한 가지를 방치하면 바람이 잘 통하지 않고 햇빛도 닿지 않는다. 또한 다른 가지에 영양분이 보급되지 않아 나무가 약해지는 원인이 된다. 가지치기를 해서 가지의 전체적인 흐름이나 나무의 균형을 개선해야 한다. 나무 전체를 보고 필요 없는 가지를 확인한 뒤, 가지의 연결 부분(밑동)에서 자르는 솎음 가지치기를 한다. 장미나무의 겨울 가지치기를 할 때도 필요 없는 가지를 정리하는 작업부터 시작한다.

필요 없는 가지

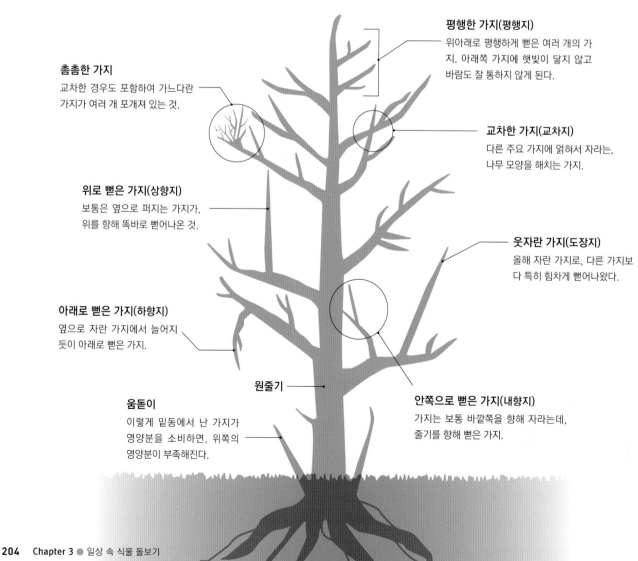

평행한 가지(평행지)
위아래로 평행하게 뻗은 여러 개의 가지. 아래쪽 가지에 햇빛이 닿지 않고 바람도 잘 통하지 않게 된다.

촘촘한 가지
교차한 경우도 포함하여 가느다란 가지가 여러 개 포개져 있는 것.

교차한 가지(교차지)
다른 주요 가지에 얽혀서 자라는, 나무 모양을 해치는 가지.

위로 뻗은 가지(상향지)
보통은 옆으로 퍼지는 가지가, 위를 향해 똑바로 뻗어나온 것.

웃자란 가지(도장지)
올해 자란 가지로, 다른 가지보다 특히 힘차게 뻗어나왔다.

아래로 뻗은 가지(하향지)
옆으로 자란 가지에서 늘어지듯이 아래로 뻗은 가지.

원줄기

움돋이
이렇게 밑동에서 난 가지가 영양분을 소비하면, 위쪽의 영양분이 부족해진다.

안쪽으로 뻗은 가지(내향지)
가지는 보통 바깥쪽을 향해 자라는데, 줄기를 향해 뻗은 가지.

겨울 가지치기

장미

1 겨울 가지치기는 1~2월에 한다. 종류에 따라 다르지만 대부분 잎이 졌을 때 한다.

2 병해충을 남기지 않도록 미리 잎을 모두 제거한다.

3 잎을 모두 제거하면 가지의 모습을 잘 볼 수 있다. 필요 없는 가지를 밑동(연결 부분)에서 잘라낸다.

4 필요 없는 가지를 정리한 뒤 본격적인 가지치기에 들어간다. 바깥쪽으로 뻗은 가지의 바깥쪽 눈 바로 위에서 자른다.

바깥쪽 눈

5 바깥쪽 눈은 포기 바깥쪽을 향해 달린다. 이 눈 위로 2㎝ 정도 되는 위치에서 자른다.

6 5에서 자른 다음, 포기 바깥쪽을 향해 난 가지는 남겨두었다.

7 앞쪽으로 뻗은 가지를 바깥쪽 눈 위에서 자른다. 가지 밑동에 가까운 튼실한 부분에서 눈을 고른다.

가느다란 가지

8 가느다란 가지에 잘 성장할 것으로 기대되는 튼튼한 싹이 없으면, 가지 밑동에서 잘라낸다.

9 가느다란 가지에도 밑동 가까이에 튼튼한 싹이 있으면, 솎아내지 말고 싹을 남겨둔다.

10 평행한 가지는 튼튼한 눈이 달린 두꺼운 가지를 남기고, 다른 한쪽은 솎아낸다.

11 겨울 가지치기 완료. 깔끔해진 나무 모양으로 봄에 싹이 트기를 기다린다.

높이를 억제하는 가지치기로 꽃이 잘 피게 만든다

여기서는 봄~가을에 하는 갈잎꽃나무나 늘푸른나무의 가지치기를 설명한다.

노지는 물론 화분에 심어도 손쉽게 키울 수 있는 수국은 가지치기를 하지 않아도 해마다 꽃을 피우지만, 그대로 두면 키가 커져서 위쪽에만 꽃이 핀다. 포기 전체에 꽃이 만발한 수국을 즐기려면 해마다 가지치기를 해야 한다.

꽃이 진 뒤의 가지치기

꽃이 진 뒤에 자름 가지치기를 한다. 이듬해의 꽃눈이 달리기 전인 7월 중이 가장 좋다.

휴면기의 가지치기

늦가을부터 겨울 사이에 가지치기를 한다. 복잡해진 가지를 정리한다.

강한 가지치기(강전정)

지나치게 길게 자란 수국의 키를 줄일 때는, 가지를 많이 자르는 강한 가지치기를 한다. 몇 년에 1번 정도면 적당하다.

여러 가지 가지치기

| 수국

1 새로 자란 가지 끝에 6월경 꽃이 핀다. 전성기가 지나면 가지치기를 시작한다.

2 전성기가 지나면 꽃색에 녹색이 섞이기 시작한다. 사진과 같은 색이 되면 가지치기를 할 때이다.

3 자르는 위치는 크고 싱싱한 잎이 달린 마디의 위.

4 마디를 남기고 가지치기하면, 겨드랑이눈이 자라서 새로운 가지가 되고, 이듬해 그 끝에 꽃이 핀다.

5 가지치기한 뒤의 수국. 과립형 완효성 비료를 뿌리고 물을 듬뿍 준다.

| 산딸나무

1 자름 가지치기/산딸나무는 필요 없는 가지를 잘라내는 가지치기를 한다. 왼쪽의 위 아래 가지 2개가 부딪힐 것처럼 얽혀 있다.

2 사진의 가지 2개에 잎이 무성해지면 바람이 잘 통하지 않아 병해충이 발생할 수 있다. 위쪽의 가는 가지를 중간에서 잘라낸다.

산딸나무는 가지가 잘 자라기 때문에, 한여름을 제외하고 초봄부터 가을에 자름 가지치기와 솎음 가지치기를 한다. 올리브나무는 꽃이 피기 전인 3월 상순~4월 하순에 솎음 가지치기를 한다. 꽃이 핀 뒤에는 열매가 달릴 가지를 자르지 않도록 주의한다.

3 솎음 가지치기/같은 위치에서 여러 개의 가지가 나와 있다면, 가지치기가 필요하다. 앞쪽으로 뻗은 가장 가는 가지를 솎아낸다.

4 솎음 가지치기는 가지 밑동에서 자르기 때문에, 가지치기한 자국이 눈에 잘 띄지 않아 자연스럽다.

올리브나무

1 초여름의 올리브나무. 가느다란 가지가 많고 잎색도 깔끔하다. 품종은 '만자닐로'.

2 사진의 가지는 거의 같은 위치에서 2개가 나란히 뻗어나온 평행한 가지다. 더 자라면 복잡해질 가능성이 높다.

3 가지 중간을 자르면 남은 가지가 다시 자라기 때문에, 가지 밑동에서 자르는 솎음 가지치기를 한다.

4 잎이 무성한 곳은 튼튼한 가지만 남기기 위해 자름 가지치기를 한다.

5 잘라낸 작은 가지는 꺾꽂이에 사용한다. 꺾꽂이가 어려우면 장식으로 즐겨도 좋다.

6 여름에 지나치게 많이 자르면 나무가 약해지므로, 바람이 잘 통하도록 살짝 틈새를 만들어 주는 정도로 가지치기한다.

성장이 빠른 나무는
높이를 억제하는 가지치기를 한다

늘푸른나무로 산뜻한 모습이 매력적인 그리피스물푸레나무(프락시누스 그리피티). 손질하지 않으면 잎이 무성해져서 산뜻함과는 거리가 멀어진다. 성장이 빨라서 커다란 포기를 노지에 심으면, 1년에 1m나 자라기도 한다. 이러한 나무는 정기적으로 가지치기를 해야 한다.

1년에 1~2번 가지치기

봄(3월 하순~4월 상순) 외에 초여름(5월 중순~6월), 또는 가을(9월 중순~10월 중순)에 가지치기한다.

지나치게 많은 가지는 솎음 가지치기

가지가 많으면 그만큼 잎도 많아진다. 가지 밑동에서 가지치기한다.

높이를 억제하는 자름 가지치기

원하는 높이에 맞춰 가지 중간에서 가지치기한다.
가지치기한 다음에는 식물 유합제로 절단면을 보호한다.

기본

그리피스물푸레나무(프락시누스 그리피티)

1 몇 년 동안 돌보지 않고 방치해둔 그리피스물푸레나무를 가지치기한다.

2 나무 안쪽을 향해 뻗은 가지를 솎아낸다. 가지가 갈라지는 밑동에서 잘라낸다.

3 복잡한 부분의 가지 1개를 가지 밑동에서 솎아내, 깔끔하게 정리한다.

4 높이를 조금 줄이기 위해 자름 가지치기를 한다. 옆에서 다시 튼튼한 가지가 자란다.

5 어린 가지가 밑에서 위를 향해 똑바로 뻗어나왔다. 웃자라면 영양분을 빼앗기 때문에 솎아낸다.

6 가지 수가 줄어들어 나무 모양이 훨씬 깔끔해졌다.

7 안쪽으로 뻗은 작은 가지. 이대로 자라면 다른 가지와 교차하므로 솎아낸다.

8 **7**의 가지를 솎아내서 바람이 잘 통하고 병해충도 예방된다.

9 가지치기 완성. 옆으로 퍼진 가지는 잘라서 다듬었다.

바늘잎나무 종류

1 바늘잎나무는 위에서 아래로 차례차례 가지치기한다. 자름 가지치기를 한다.

2 작은 가지를 손으로 잡고 자름 가지치기를 해서, 전체가 원뿔 모양이 되도록 모양을 정리한다.

3 자름 가지치기한 가지의 끝부분. 겉에서 보면 별로 티가 나지 않는다.

4 왼쪽 1/2은 가지치기 전, 오른쪽 1/2은 가지치기 후. 오른쪽이 조금 작아졌다.

Check 두꺼운 가지는 절단면을 깔끔하게 자른다

두꺼운 가지를 가지치기하면 당연히 절단면이 커진다. 가지치기는 나무 모양을 보기 좋게 정리하고 바람이 잘 통하게 하며 병해충을 예방하는 작업이지만, 가지치기로 인해 나무에 큰 상처가 날 위험도 있다. 하지만 절단면을 매끈하게 잘라주면 나무의 재생력으로 빨리 회복될 수 있다. 깔끔하게 잘라서 나무의 부담을 덜어주자.

줄기에서 나온 두꺼운 가지를 가지치기하여, 나무 모양을 정리한다.

줄기와 가지, 서로 다른 조직 사이에 톱날을 댄다.

단면이 깔끔하면 상처가 빨리 아문다.

One Point Advice 가지치기 후의 뒷정리

가지치기로 잘라낸 가지는 어떻게 할까? 마침 초가을에 가지치기를 했다면 꺾꽂이하기 좋은 시기이다. 또한, 가지를 한데 모아 벽을 장식하는 것(스와그)도 하나의 재미. 정원의 가지와 제철 꽃을 모두 모아보자. 사진은 루드베키아와 산딸나무로 만든 스와그.

모아심기

하나의 화분에 여러 종류의 식물을 심어 작은 정원처럼 즐기는 모아심기.
일조조건 등이 같은 종류를 모아서 물이 잘 빠지는 흙에 심어보자.

식물과 용토의 선택이 중요한 모아심기

모아심기는 다양한 식물을 한 화분에 심어놓고 즐기는 것이다.
이때, 비슷한 성질을 가진 식물을 조합하는 것이 중요하다. 물이나 비료를 주는 횟수는 물론, 더위나 추위, 일조조건 등 같은 환경을 좋아하는 식물을 골라야 한다. 다른 환경을 좋아하는 식물을 함께 심으면 환경에 적응하지 못해 문제가 발생한다.
모아심기에 가장 적합한 용토의 배합 비율은 다음과 같다.

모아심기용 배양토

- 기본 배양토 60%
- 코코피트 미립 35%
- 펄라이트 5%

※ 기본 배양토는 적옥토(소립) 60%, 부엽토 40%

모아심기용 배양토는 배수성이나 보수성, 통기성이 뛰어나고 건조한 것이 특징이다.
시판되는 원예용 배양토를 사용할 경우에는, 펄라이트 5%를 섞으면 물이 잘 빠져서 모아심기에 적합한 용토가 된다. 이러한 용토를 사용하면 뿌리가 잘 자라기 때문에, 여유 있게 한 치수 정도 큰 화분을 고른다.

모종을 많이 심어도 비료는 적당히 준다

모아심기에는 많은 비료가 필요할 것 같지만, 비료를 지나치게 많이 주어도 비료과다로 건강하게 자라지 못한다. 또한, 비료가 적으면 잎이 누렇게 변하거나 꽃이나 잎이 작아질 수도 있다.
예를 들면 2주에 1번 주는 액체비료를 매주 주는 등 양을 조절하면서 상태를 지켜보자.

| 기본적인 모아심기

한해살이풀인 마리골드와 페튜니아에 여러해살이풀인 스위트 알리섬, 백묘국을 함께 모아심기했다. 이른 봄부터 여름까지 즐길 수 있다.

더위에 강한 식물
페튜니아, 베고니아,
마리골드, 백일홍,
샐비어, 토레니아,
콜레우스 등

추위에 강한 식물
팬지·비올라, 꽃양배추,
프리뮬러, 네메시아,
가든 시클라멘, 백묘국,
스위트 알리섬 등

그늘에 강한 식물
호스타, 맥문동,
헤데라, 긴병꽃풀,
슈가바인, 휴케라 등

건조에 강한 식물
유포르비아,
다육식물 등

모아심기는 몇 개월 뒤의 모습을 고려해야 한다

식물이 무럭무럭 자라는 봄~여름에는 모아심기도 크게 달라진다. 먼저 모종이 옆으로 퍼지는지 위로 자라는지 확인하고, 각각의 모종이 성장했을 때의 볼륨감과 크기를 고려하여 여유를 두고 심어야 한다. 조금 지나치다 싶을 정도로 포기 사이에 간격을 두는 것이 좋다.

늦가을~봄의 모아심기는 튤립 등과 같이 키가 크게 자라는 알뿌리식물과 그렇지 않은 것을 조합하면, 처음부터 보기 좋은 모아심기가 된다. 계절에 상관없이 자라는 식물을 골라, 오랫동안 즐길 수 있는 모아심기 화분을 만들어보자.

꽃을 기다리는 시간을 줄이는 알뿌리 모아심기

한해살이풀은 꽃봉오리나 꽃이 달린 모종으로 유통되기 때문에, 구입한 뒤 바로 꽃을 즐길 수 있다. 반면, 가을에 심는 알뿌리는 늦가을 또는 초겨울의 적당한 시기에 심으면 꽃이 필 때까지 3~4달이나 기다려야 한다.

이럴 때 좋은 방법은 알뿌리와 화초 모종을 함께 심는 방법이다. 다른 종류의 식물을 2단으로 심는 것이다. 겨울에는 비올라 등의 화초를 심은 날부터 즐길 수 있고, 봄에는 화초와 알뿌리가 함께 피는 모아심기가 된다.

싹이 튼 알뿌리도 모아심기에 사용하면 좋다. 싹이 튼 상태로 판매하는 알뿌리 모종을 심으면, 심은 뒤 꽃이 필 때까지 기다리는 시간을, 알뿌리부터 키우는 시간의 반 정도로 줄일 수 있다.

인테리어로 활용하는 다육식물 모아심기

다육식물은 성장 시기에 따라 봄가을형, 여름형, 겨울형으로 나눈다. 각각 관리 방법이 다르므로 되도록 같은 종류의 다육식물끼리 모아심으면, 좀 더 쉽게 관리할 수 있다. 어떤 종류든 잘 자라기 때문에, 모아심기를 한 뒤에도 포기나누기나 옮겨심기를 해야 한다.

여러 가지 모아심기

2단으로 심기
꽃이 피는 시기가 다른 식물을 같은 화분에 심어서 즐기는 방법. 튤립, 크로커스 등의 알뿌리를 먼저 심고, 그 주위에 화초 모종을 놓고 흙을 넣는다.

싹이 튼 알뿌리를 활용
사진은 싹이 튼 무스카리의 알뿌리. 노지에 심은 것을 사용할 때는, 뿌리가 다치지 않도록 캐내서 모아심기 재료로 사용한다. 포트묘를 이용할 때는 뿌리분을 흩트리지 않고 심는다.

다육식물은 크기를 다양하게
잎 색이나 모양이 다른 다육식물을 모아심기 해보자. 화분이 크면 흙이 지나치게 습해지기 때문에, 물은 흙이 마른 다음에 준다.

봄여름의 모아심기

하얗고 작은 꽃으로 청량한 느낌을 연출

봄부터 여름까지 즐기는 모아심기에서는 청량한 느낌이 포인트. 노란색과 보라색 화초의 강렬한 대비에, 하얗고 작은 꽃을 듬뿍 더해준다. 여름까지 계속 피는 한해살이풀을 기본으로 하고, 스위트 알리섬은 꽃이 피는 시기가 끝나면 더위에 강한 한해살이풀로 바꿔 심는다.

모　종　페튜니아 종류, 스위트 알리섬 '이지 브리지', 마리골드, 백묘국 1포트씩

준비물　화분, 화분 깔망, 화분용 배양토(모아심기), 과립형 완효성 화성비료

1 포트묘가 다 들어가는 여유 있는 크기의 화분을 사용. 여기서는 양철 화분을 사용한다.

2 깔망을 깔고 양철 화분의 약 1/4 깊이까지 용토를 넣는다.

3 포트에서 꺼낸 모종을 **2** 위에 놓고, 뿌리분의 높이를 확인한다.

4 모종마다 뿌리분의 높이가 다르다. 모아심기한 뒤 표면의 높이가 같아지도록 용토를 조절한다.

5 여기서 심는 모종은 모두 수염뿌리. 뿌리가 감겨 있는지 확인한다.

6 뿌리가 감겼다면 바닥의 뿌리를 자르고, 뿌리분을 조금 흩트려서 용토에 심는다.

7 스위트 알리섬은 앞쪽으로 가지가 늘어지게 배치한다. 양쪽에 페튜니아를 넣는다.

8 키가 큰 마리골드를 가장 뒤쪽에 둔다. 페튜니아의 보라색과 산뜻한 대비를 이룬다.

9 마지막으로 백묘국을 넣는다.

10 모종과 모종 사이에 용토를 골고루 넣는다. 워터 스페이스는 약 2㎝.

11 뿌리분과 화분 사이에 용토를 넣는다. 흙 속의 공기가 빠져나오지 않도록, 용토를 누르지 않는다.

12 봄여름용 모아심기 완성. 2주 뒤에 과립형 완효성 화성비료를 조금씩 뿌려준다.

가을겨울의 모아심기

추운 계절에도
화분 안에는 봄이 만발

소복한 꽃들 사이로 에리카가 우뚝 솟아 있는 모아심기. 겨울에는 천천히 성장하기 때문에, 꽃모종은 심을 때부터 조금 **빽빽**하게 배치한다. 붉은 열매가 가을겨울에 어울리는 악센트가 된다.

모 종	이베리스 움벨라타, 에리카, 비올라, 가울테리아, 백묘국, 꽃양배추 1포트씩
준비물	화분, 화분 깔망, 화분용 배양토(모아심기), 나무젓가락, 과립형 완효성 화성비료

1 작은키나무인 에리카 외에는 키가 작고 꽃
이 소복하게 피는 모종을 고른다.

2 용토를 넣기 전에 먼저 깔망을 깐다.

3 뿌리분의 높이를 뺀 깊이까지 용토를 넣어
준다.

4 에리카를 화분 가장 뒤쪽에 놓고, 높이를
확인한다. 워터 스페이스는 2~3㎝.

5 뒤쪽부터 에리카, 백묘국, 이베리스 순서
로 용토 위에 올린다.

6 왼쪽 앞에 비올라를 놓는다. 꽃 높이가 점
점 낮아지도록 배치한다.

7 가울테리아를 넣는다. 키가 작기 때문에
붉은 열매가 눈에 잘 띄게 정리한다.

8 꽃양배추는 1개의 포트에 4포기를 심었기
때문에, 1포기씩 나누어서 사용한다.

9 1포기씩 나눈 꽃양배추를 따로따로 배치
하여, 색을 분산시켜 화려함을 더했다.

10 용토를 넣고 울퉁불퉁한 부분이 생기지
않도록, 흙 표면을 평평하게 정리한다.

11 모종과 모종 사이, 모종과 화분 사이에
빈틈없이 용토가 들어가도록, 나무젓가락을
사용해 밀어넣는다.

12 물을 듬뿍 준다. 2주 뒤에 과립형 완효성
화성비료를 준다.

알뿌리와 화초의 모아심기

겨울에서 봄으로 바뀌는 풍경을 연출

늦가을부터 꽃이 핀 모종이 유통되는 비올라와 봄의 알뿌리식물을 모아서 심었다. 깊이가 있는 커다란 화분을 준비하고, 흙 속에 알뿌리를 심는다. 크로커스가 꽃을 피운 뒤, 튤립이 탐스럽게 피어난다.

모종과 알뿌리	튤립 알뿌리와 크로커스 알뿌리 5개씩, 비올라 4포트
준비물	화분, 화분 깔망, 화분용 배양토(모아심기), 과립형 완효성 화성비료

1 앞쪽의 알뿌리는 크로커스, 뒤쪽의 알뿌리는 튤립. 2단으로 심는다.

2 튤립 알뿌리는 껍질을 벗겨 병이 들지 않았는지 확인하고 심는다.

3 깔망을 깐 뒤 먼저 화분 깊이의 1/3 정도까지 용토를 넣는다.

4 껍질을 벗긴 튤립의 알뿌리를 골고루 놓고 끝부분이 조금 보이는 정도까지 용토를 넣는다.

5 비올라 모종을 순지르기한다. 이미 꽃이 피어 있기 때문에 꽃을 남기고, 줄기 윗부분을 자른다.

6 뿌리가 감긴 비올라의 경우 바닥의 뿌리를 조금 잘라내면, 새로운 환경에서도 쉽게 뿌리가 자란다.

7 튤립 알뿌리 사이에 비올라 모종을 놓는다. 워터 스페이스는 2㎝ 정도 확보한다.

8 비올라 모종 사이에 용토를 넣는다. 흙 표면이 울퉁불퉁하지 않게 주의한다.

9 마지막으로 크로커스 알뿌리를 심는다. 튤립의 알뿌리보다 작다.

10 폭신한 용토이므로, 작은 크로커스 알뿌리는 손가락으로 밀어넣어서 심는다.

11 모아심기를 완성한 뒤, 화분 바닥에서 물이 흘러나올 때까지 물을 듬뿍 준다. 2주 뒤에 비료를 준다.

12 1달 정도 지나면 순지르기한 비올라의 꽃 수가 늘어난다. 크로커스도 싹이 나온다.

싹이 튼 알뿌리의 모아심기

상쾌한 향이 나는 이른 봄의 푸른 꽃을 모아심기

확실하게 꽃이 필, 싹이 튼 알뿌리로 향기로운 모아심기를 해보자. 히아신스와 무스카리의 푸른빛이 이른 봄의 차가운 공기를 연상시킨다. 화초와 함께 모아심기를 해도, 봄이 느껴지는 분위기에 마음이 설렌다.

모 종	히아신스 3포트, 무스카리 2포트, 이끼
준비물	화분, 화분 깔망, 화분용 배양토(모아심기), 과립형 완효성 화성비료

1 이끼는 모종을 심은 다음 흙 표면을 덮기 위해 사용한다. 정원을 연상시키는 마무리다.

2 깔망을 깐 다음, 화분 깊이의 1/3 정도까지 용토를 넣는다.

3 알뿌리를 포트에서 꺼낸다. 두꺼운 뿌리가 다치지 않도록 조심스럽게 꺼낸다.

4 싹이 튼 알뿌리의 뿌리는 성장기다. 감겨 있는 뿌리는 억지로 풀지 말고, 조금 느슨하게 만들어준다.

5 히아신스 알뿌리는 뿌리를 살짝 펼쳐서 용토에 올린다. 싹 아랫부분과 화분 테두리를 같은 높이로 맞춘다.

6 1포트에 4구를 심어놓은 무스카리는, 뿌리가 부러지지 않도록 1구씩 나눈다.

7 히아신스 알뿌리 주위에 무스카리 알뿌리를 배치한다.

8 용토 위에 모든 알뿌리를 올린 다음, 꽃이 핀 뒤의 모습을 상상하며 배치를 조절한다.

9 무스카리 알뿌리가 가려지는 높이까지 용토를 넣는다. 알뿌리 사이에도 빈틈이 생기지 않도록 꼼꼼히 넣는다.

10 시트 상태의 이끼를 작게 나눠서 용토를 덮는다. 꼼꼼하게 덮어준다.

11 물은 심은 다음에 주고, 마르면 준다. 2주 뒤에 과립형 완효성 비료를 준다.

12 1달 반 정도 지난 모습. 무스카리는 앙증맞은 꽃을 피우고, 히아신스도 꽃이 피기 시작했다.

다육식물 모아심기

**둥근 잎과 붉은 잎 등,
종류가 다양할수록
즐거움은 배가 된다.**

다육식물은 은색 계열이나 붉은
기가 도는 색도 있고 모양도 다
양해서, 자유롭게 조합할 수 있
다. 사진은 11월에 심고 5달이
지난 4월의 모습. 포기나누기나
옮겨심기가 필요할 정도로 성장
했다.

모   종   ① 그랍토베리아 '아메토룸'(홍포도), ② 세둠 '홍옥', ③ 에케베리아 '서리의 아침',
④ 하워르티아 '옵투사', ⑤ 셈페르비붐 '비톰', ⑥ 리토프스

준비물   화분, 깔망, 선인장·다육식물용 용토, 나무젓가락, 과립형 완효성 화성비료

1 포트묘를 그대로 늘어놓고, 미리 어떻게 배치할지 정한다.

2 용토는 선인장·다육식물용 용토. 깔망을 깔고 깊이 5㎝ 정도까지 용토를 넣는다.

3 가운데부터 심는다. 먼저 아메토룸을 포트에서 꺼낸다.

4 높이를 조절하면서 아메토룸을 가운데에 놓는다. 워터 스페이스는 약 2㎝.

5 다른 모종도 포트에서 꺼내 가운데에 있는 모종을 에워싸듯이 배치한다.

6 꺼내면서 뿌리분이 부서진 하워르티아 '옵투사'. 뿌리가 많이 감겨있다면 조금 잘라내도 된다.

7 성장을 가늠하여 옆 모종과 지나치게 가깝지 않게 조절한다.

8 배치가 결정되면 용토를 넣는다. 모종과 모종 사이에도 꼼꼼히 넣는다.

9 세로로 길쭉한 세둠은 흔들리지 않도록 밑동에 용토를 꼼꼼하게 넣어준다.

10 나무젓가락을 사용하여, 다육식물 사이에도 용토를 밀어넣는다.

11 용토를 밀어넣을 때 나무젓가락으로 상처를 내지 않도록, 잎을 피해서 해야 한다.

12 완성. 성장을 대비하여 모종과 모종 사이에 공간을 두었다. 비료는 2주 뒤에 준다.

행잉 바스켓

공간을 살리는 행잉 바스켓

행잉 바스켓은 식물을 심어서 매달거나 걸어서, 공간을 장식하는 도구이다. 영국에서 보급된 방식으로, 식물을 재배할 수 없는 공간에서도 식물을 즐길 수 있어 인기가 많다.

시판되는 행잉 바스켓에는 벽에 거는 종류와 공중에 매다는 종류가 있다. 슬릿식 플라스틱 제품과 와이어 제품이 대표적이다. 플라스틱 제품은 세로로 난 틈(슬릿) 사이로 모종을 심는 것이 특징이다. 와이어 제품은 안쪽에 부직포 등을 깔고 구멍을 뚫어 모종을 심는다.

화분심기와는 다른 용토와 식물 고르기

공간을 장식하는 행잉 바스켓은 일반적인 모아심기와 용토의 배합이 조금 다르다. 다루기 편한 가벼운 흙을 고르기 쉽지만, 가벼운 흙은 잘 마르기 때문에 물을 자주 줘야 한다. 따라서 보수성이 있는 적옥토에 부엽토를 섞고 코코피트 미립과 펄라이트를 배합하는 것이 좋다. 배합 비율은 다음과 같다.

행잉 바스켓용 배양토

- 기본 배양토 50%
- 코코피트 미립 40%
- 펄라이트 10%

※ 기본 배양토는 적옥토 소립 60%, 부엽토 40%

보수성이 좋은 흙을 만들고 흙 위에는 물이끼를 덮어준다. 물을 준 뒤 수분을 유지하기 위해서이다.

또한, 식물을 고를 때도 모아심기와는 다른 식물을 골라야 한다. 대부분 뿌리분을 흩트러서 심기 때문에, 행잉 바스켓에 적합한 식물은 뿌리 재생력이 높고 옮겨심기를 견뎌낼 수 있는 식물이다. 식물의 키는 10~20㎝ 정도의 아담한 것이 좋고, 덩굴성이나 반덩굴성, 아래로 늘어지는 종류도 좋다.

여러 종류의 식물을 함께 심을 경우에는, 물을 주는 빈도나 일조 조건 등이 같은 환경에서 성장하는 식물을 조합한다.

물주기와 비료주기, 심은 뒤의 관리

다 심은 뒤에는 위에서 물을 듬뿍 준다. 그리고 3~4일 정도 밝은 그늘에서 포기를 쉬게 한 뒤에 매단다.

비료는 심고 나서 2주 뒤에 준다. 물이끼를 걷어내고 흙 위에 과립형 완효성 비료를 주거나, 액체비료를 준다. 시든 꽃이나 시든 잎은 정기적으로 따준다. 쉽게 건조해지므로 일반 화분보다 보다 물을 자주 줘야 한다. 잎색이 옅어지거나 꽃 수가 적어지는 것은 비료가 부족하다는 신호이다. 모양이 흐트러지면 순지르기를 한다.

행잉 바스켓에 적합한 식물

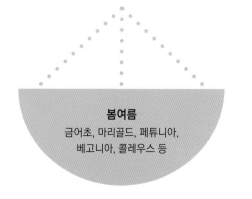

봄여름
금어초, 마리골드, 페튜니아, 베고니아, 콜레우스 등

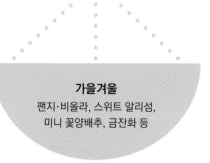

가을겨울
팬지·비올라, 스위트 알리섬, 미니 꽃양배추, 금잔화 등

행잉 바스켓의 종류

와이어 제품

와이어 틈새로 식물을 심을 수 있기 때문에 자유롭게 디자인할 수 있다. 여러 가지 모양이 있다.

슬릿식 제품

옆면에 모종을 심을 수 있는 슬릿이 있는 플라스틱 화분. 다루기 쉬워서 초보자에게 적합하다.

슬릿식 바스켓 사용방법

1 5개의 슬릿이 있는 슬릿식 바스켓. 슬릿에 끼우는 스펀지도 5개가 필요하다.

2 각각의 슬릿에 스펀지를 끼워 넣는다.

3 스펀지에 붙어 있는 스티커를 벗겨서 고정한다.

4 슬릿에 스펀지를 고정시킨 상태. 안쪽에서 보면 이런 느낌이다.

5 스펀지를 모두 끼운 바스켓 안쪽. 스펀지에는 가로세로 칼집이 나 있다.

6 5를 밖에서 본 모습. 스펀지의 칼집을 통해 모종을 심는다.

7 스펀지 바깥쪽에 다른 것들이 달라붙지 않도록 흙을 발라준다.

8 모종을 심을 때는 바스켓 바닥이 보이지 않을 정도로 배양토를 얇게 넣는다.

9 슬릿을 통해 모종을 심으면 옆면이 꽃으로 뒤덮인다. 용토 위에는 물이끼를 깐다.

화초의 행잉 바스켓

나비가 춤을 추는 듯한 비올라가 주인공

뿌리를 잘 내리고 옮겨심기에 강한 비올라에, 꽃양배추로 악센트를 준다. 모두 가을부터 봄까지 즐길 수 있는 한해살이풀이다. 바람이 알맞게 부는 밝은 곳에 장식하고, 물과 비료를 자주 준다. 시든 꽃도 잊지 말고 따준다.

One Point Advice

잎으로 건강 상태 체크하기

행잉 바스켓에는 많은 식물을 심을 수 있다. 식물의 잎이 누렇게 변했다면 비료를 주지 않아서일지도 모른다. 시든 잎은 제거하고 생기가 없는 줄기는 잘라서 관리한다.

모 종 비올라 12포트, 백묘국 2포트, 미니 꽃양배추 11포트

준비물 슬릿식 행잉 바스켓(슬릿 5개), 행잉 바스켓용 배양토, 물이끼, 과립형 완효성 화성비료 또는 액체 비료

1 슬릿식 바스켓. 3호 정도의 작은 포트로 키운 모종이라면, 많은 포기를 심을 수 있다.

2 비올라 모종은 포트에서 꺼낸 뒤 뿌리분을 살짝 흩트린다.

3 슬릿에 끼운 스펀지에 있는 칼집을 통해 모종을 넣는다.

4 슬릿 5개 중 양끝쪽부터 칼집을 벌려서 모종을 넣는다.

5 바스켓 안에 줄기가 남아 있지 않도록 줄기 밑동을 스펀지에 밀어넣어, 모종을 수평으로 심는다.

6 양끝쪽과 가운데의 슬릿에 심은 뒤, 용토를 몇 센티 정도 추가한다.

7 남은 슬릿에도 **3 ~ 5**의 방법으로 모종을 심는다.

8 다시 용토를 몇 센티 추가한 뒤, 용토를 살짝 눌러서 정리한다.

9 첫 번째 단의 모종을 심은 상태. 모종은 사방으로 퍼진다.

10 두 번째 단의 모종은 조금 위를 향하게 심고, 나무젓가락으로 용토를 살짝 눌러 틈새를 메운다.

11 바스켓 윗부분에 3㎝ 정도 워터 스페이스를 남기고 모종을 심는다.

12 완성한 뒤 물을 듬뿍 준다. 2주 뒤에 과립형 완효성 비료나 액체비료를 준다.

수경재배

흙에서 키우는 토양재배가 대부분이지만, 물에서 키우는 수경재배도 있다.
실내에서 간편하게 채소나 허브를 키울 수 있는 수경재배 키트도 있다.

수경재배로 채소나 허브를 재배한다

수경재배는 흙을 사용하지 않아도 실내에서 채소나 허브를 키울 수 있는 재배방법이다. 잎채소에 특히 적합한 방법으로, 버터헤드 레터스나 잎상추 종류 외에 토마토나 딸기 등의 열매채소, 고수나 바질 등의 허브도 재배할 수 있다.

실내에서 키운 채소나 허브는 병해충의 피해가 적어서, 농약을 사용하지 않고 키울 수 있는 것이 특징이다. 수경재배 키트를 사용하면 일반 가정에서도 간편하게 채소나 허브의 실내재배에 도전할 수 있다. 수경재배 키트는 인테리어로 활용할 수 있게 제작된 것도 많이 있다.

창이 없는 방에서도 식물재배가 가능하다

수경재배 키트는 3일에 1번 정도 줄어든 분량 만큼 물을 추가하고, 1주일에 1번 물을 교환한다. 비료는 액체비료를 사용한다. 뿌리가 바로 비료를 흡수하기 때문에 흙에서 재배하는 경우보다 빨리 성장한다. 4월에 씨앗을 뿌린 잎상추를 1달 뒤에 수확할 수 있을 정도로 성장이 빠르다.

불빛이 있으면 창이 없는 방에서도 식물이 자란다. 불빛은 전기료가 저렴한 LED를 사용한다. 수경재배용 키트가 없으면 책상용 전기스탠드를 사용해도 채소나 허브를 키울 수 있다.

수경재배에는 흙이나 햇빛이 필요없다. LED와 신선한 바람이 있으면 광합성을 할 수 있고, 식물에게 매우 쾌적한 환경이 된다. 어떤 계절이든 신선한 채소나 허브를 수확해서 즐길 수 있다.

시판되는 수경재배 키트. 부속품 LED 라이트로 빛을 쬐어서 키운 채소다. 씨앗을 심은 지 1달이 지난 모습(라이트는 분리한 상태).

키트로 식물을 재배하는 방법

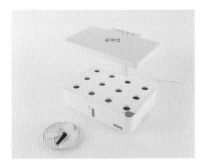

1 LED 라이트가 포함된 수경재배용 키트. 위의 지붕 같은 부분이 LED 라이트다.

2 키트에 포함된 스펀지, 커버, 라벨.

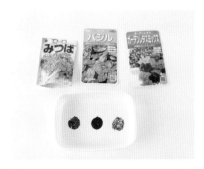

3 왼쪽부터 파드득나물, 바질, 잎상추류. 이런 채소를 키울 수 있다.

4 먼저 물탱크에 분량의 물을 붓는다.

5 물탱크에 액체비료를 계량하여 넣는다.

6 커버를 끼운 스펀지를 물탱크 구멍에 세팅한다.

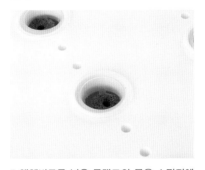

7 액체비료를 넣은 물탱크의 물을 스펀지에 충분히 흡수시킨다.

8 스펀지 구멍에 씨앗을 심는다. 이쑤시개 끝을 적시면, 쉽게 씨앗을 심을 수 있다.

9 물탱크 쿠멍에 세팅한 스펀지에 투명한 뚜껑을 덮는다.

10 실온 20℃에서 1달이 지난 잎상추, 바질, 파드득나물. 잎상추는 뿌리가 길게 자랐다.

11 잎상추는 수확할 수 있는 크기로 자란 상태. 바질은 본잎이 나온 상태. 발아할 때까지 시간이 오래 걸리는 파드득나물은 아직 싹이 트지 않은 것도 있다.

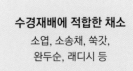

수경재배에 적합한 채소
소엽, 소송채, 쑥갓,
완두순, 래디시 등

원예점에는 다양한 용토와 비료, 그리고 수많은 도구가 즐비하다. 계절마다 아름다운 꽃을 피우고 싱싱한 채소를 수확하려면, 그중에서 필요한 것을 골라 제대로 사용해야 한다. 여기서는 필요한 것을 준비하기 위해 알아야 할 중요한 포인트를 정리하였다.

식물을 키우기 위해 필요한 것

흙

식물을 건강하게 키우기 위해 가장 중요한 것이 흙이다.
식물의 종류에 따라 적합한 흙을 준비하기 위해 기본적으로 알아야 할 내용을 설명한다.

뿌리가 제 기능을 하려면 공기가 필요하다

식물이 성장하기 위해 무엇보다 중요한 기관은 뿌리다. 흙 속의 수분과 영양을 섭취하여 줄기나 잎으로 보내는, 중요한 역할을 담당하기 때문이다.

그렇다면, 이러한 뿌리가 활기차게 활동할 수 있는 좋은 흙이란 어떤 흙일까. 단순히 물이나 양분이 충분히 함유되어 있다고 해서 좋은 흙이라고는 할 수 없다.

식물에 물을 지나치게 많이 주면 흙 속이 물기로 가득 차는데, 그런 상태로는 흙 속의 공기량이 부족하여 뿌리가 검게 괴사하는 뿌리썩음병에 걸릴 수 있다.

뿌리는 산소를 흡수하기 위해 흙 속에서 숨을 쉬어야 한다.

적당한 빈틈이 있는 흙이 좋은 흙이다

뿌리가 산소, 수분, 양분을 흡수하기 위해서는 흙 속에 적당한 빈틈(공극)이 필요하다. 적당한 빈틈이 있으면 뿌리에게 필요한 공기가 잘 통하고 물이 잘 빠지기 때문에, 오래된 물이 계속 고여 있는 상태가 되지 않는다.

또한, 적당한 빈틈이 있으면 비료나 물이 축적되어 뿌리가 서서히 흡수할 수 있다. 좋은 흙은 배수성이나 보수성이 좋은 흙이라는 설명을 많이 들었을 것이다. 이러한 조건을 갖춘 흙이 바로 적

좋은 흙과 나쁜 흙

나쁜 흙

빈틈이 지나치게 크다.

좋은 흙

미세한 흙 입자가 모인 덩어리

적당한 빈틈이 있기 때문에
배수성과 통기성이 좋다.

당한 빈틈이 있는 흙이다. 아래 그림처럼 미세한 흙 입자가 모인 경단과도 같은 큰 덩어리가 땅속에 모여 있는 모습을 상상하면 이해할 수 있을 것이다.

이에 반해 빈틈이 지나치게 큰 흙은 시간이 지나면서 작은 먼지들이 쌓여, 흡수한 물이 제대로 배출되지 않고 공기도 잘 통하지 않아 뿌리가 공기를 빨아들일 수 없게 된다.

뿌리가 튼튼하게 자랄 수 있는 흙의 가장 알맞은 비율은 흙 4, 공기 3, 물 3이다. 이러한 흙은 적옥토 등의 기본 용토에 부엽토 등의 개량 용토를 조합하여 직접 만들 수 있다. 또한 시판되는 배양토를 원예점 등에서 구입할 수도 있다.

물과 양분을 흡수하는 보이지 않는 힘

일반적으로 뿌리라고 하면, 포트에서 뽑았을 때의 길고 가느다란 뿌리를 상상한다. 그리고 뿌리 끝부분에는 뿌리털이 있다. 뿌리의 표피세포 일부가 가늘게 자란 뿌리털은, 지름이 0.01~0.1㎜로 육안으로는 확인하기 어려울 정도로 가느다란 뿌리이다.

이 뿌리털이 흙에 밀착하여 물이나 영양을 흡수하는 역할을 한다. 일반적으로 1개의 뿌리털의 수명은 며칠~몇 주 정도이며, 신진대사를 반복하면서 뿌리털이 늘어난다.

뿌리가 오래되어 단단해지면 뿌리털이 사라져 물이나 영양을 흡수하지 못하게 된다. 즉, 식물을 튼튼하게 키운다는 것은 끊임없이 새로운 뿌리를 키워서 뿌리털을 만드는 것이다. 그리고 이러한 사이클을 원활하게 만드는 중요한 요소가 좋은 흙이다.

약산성 흙으로 건강하게 키운다

뿌리를 건강하게 키우기 위해서는 흙의 산도도 중요하다.

일반적인 식물이 선호하는 것은 약산성 흙이며, 알칼리성 흙은 흙에 함유된 철이나 아연과 같은 미량 요소를 잘 흡수하지 못하고, 강한 산성의 흙은 뿌리가 생육장해를 일으킨다.

직접 용토를 섞어서 필요한 흙을 만들 때나 식물을 심기 위해 흙의 산도를 확인하고 싶을 때는, PH 측정기 등으로 산도를 측정해보자.

좋은 흙의 5가지 조건

배수성과 통기성이 좋다
필요 이상의 물이 고이지 않고, 신선한 공기를 유지할 수 있는 흙.

보수성이 적당하다
항상 축축한 상태로 있으면 흙 속의 공기가 부족해진다. 바로 마르지 않는 정도가 적당하다

보비성이 높다
물을 준 뒤에도 비료가 바로 배출되지 않고 서서히 뿌리에 작용한다.

산도는 약산성
흙 속의 미생물의 활동을 활발하게 만들어 식물이 잘 자란다.

유기물 함유
부엽토 등을 함유한 흙. 미생물이 활발하게 활동하여 토질을 개량한다.

원예용 용토

혼합 배양토와 단일 용토

원예점에 가면 다양한 흙이 많이 있어서 어떤 것을 골라야 할지 망설이게 된다. 먼저 시판되는 흙에는 어떤 종류가 있는지 정리해보자. 크게 2가지로 나눌 수 있다.

- **혼합 배양토**
- **단일 용토**

원예에서는 식물을 키우기 위한 흙을 용토라고 한다. 혼합 배양토는 채소용, 화초용 등의 이름을 붙여서, 바로 사용할 수 있게 배합하여 판매하는 것이다.

단일 용토는 그 이름에서 알 수 있듯이 1종류로 이루어진 흙으로, 다른 흙은 섞여있지 않다. 용도에 맞게 흙을 만들 때 필요한 주된 재료이다. 단일 용토는 단독으로는 사용할 수 없고 다른 용토와 섞어서 사용한다.

이러한 단일 용토에는 다음과 같은 2종류가 있다.

- **기본 용토**
- **개량 용토**

기본 용토는 적합한 흙을 만드는 데 베이스가 되는 흙이다. 한편, 그러한 기본 용토를 재배에 적합한, 보다 좋은 흙으로 만들어주는 것이 개량 용토이다. 이 2가지를 섞어야 비로소 식물이 건강하게 자랄 수 있는 용토가 된다.

물이 잘 빠지고 공기가 잘 통하는 흙으로 만들거나, 미생물이 활동하기 쉬운 흙으로 만들어야 한다. 기본 용토와 개량 용토의 조합과 배합으로 재배환경에 적합한 흙을 만들 수 있다.

흙의 골격을 만드는 기본 용토

식물의 성장을 위해 중요한 역할을 하는 것이 기본 용토이다. 각지에서 채취하는 흙에는 토질이 다른 다양한 종류가 있다. 일반적인 것은 다음과 같은 3가지 용토이다.

- **적옥토**
- **흑토**
- **녹소토**

이 중에서 가장 많이 사용되는 것이 적옥토이다. 적토를 건조시켜 큰 알갱이 상태의 떼알구조로 만든 흙이기 때문에, 공기가 잘 통하고 물이 잘 빠진다. 동시에 물이나 비료를 유지하는 힘도 있어서 그야말로 만능이다.

다만, 앞에서도 잠깐 설명했듯이 기본 용토는 장점과 단점을 모두 갖고 있다.

흑토는 흑색 석회질 토양이라고도 하며, 습기가 많고 따뜻한 기후 또는 추운 기후에서 석회화 작용으로 발달된 토양이다. 미생물의 활동을 활발하게 해주는 유기질을 풍부하게 함유한 흙의 대명사이기도 하다. 그러나 보수성과 보비성이 좋은 반면, 배수성이나 흙 속에 공기를 공급하는 통기성은 매우 부족하다.

또한, 가벼운 흙으로 잘 알려진 녹소토는 화산의 모래와 자갈이 풍화되어 만들어진 흙이다. 통기성과 보수성이 뛰어나지만 유기질이 거의 함유되어 있지 않다.

이 밖에도 기본 용토로 많이 사용하는 것으로 마사토(굵은 모래)가 있다. 화강암이 풍화한 흙으로 입자가 굵고 물이 잘 빠지며 공기가 잘 통한다.

이처럼 기본 용토에는 채취된 토양 특유의 장점과 단점이 있다. 기본 용토가 배양토의 50~70%를 차지하기 때문에, 하나 하나의 특성을 이해한 뒤 개량 용토를 섞어서 이상적인 흙을 만들어보자.

물이 잘 빠지는 흙은 물을 주면 화분 바닥에서 물이 흘러나온다. 화분 안에 고여 있던 오래된 공기나 물을 흘려보내는 역할을 한다.

기본 용토

적옥토

가장 일반적인 용토. 적토를 건조시켜 큰 알갱이 상태의 떼알구조로 만든 흙으로, 대립, 중립, 소립으로 분류한다. 약간 산성으로 보수성이나 보비성이 뛰어난 반면, 개화나 결실을 촉진하는 인산 성분을 흡착하기 때문에 식물이 인산 부족이 될 수 있다. 또한, 품질에 편차가 있기 때문에, 작은 먼지가 많은 경우에는 체로 제거하고 사용해야 통기성이 좋아진다. 작은 먼지가 적은 경질의 적옥토도 있다.

녹소토

황색의 녹소토는 화산성 모래와 자갈이 풍화되어 만들어진 흙이다. 적옥토보다 산성이 강해 예전부터 영산홍 등과 같이 산성 흙을 선호하는 식물에 이용되어 왔다. 유기질은 거의 없고 보수성이 뛰어나다. 적옥토와 마찬가지로 작은 먼지가 많기 때문에, 체로 제거하고 알갱이 크기를 어느 정도 맞춘 뒤에 사용한다.

흑토

흑토는 화산회토의 표층에 있는 검고 부드러운 흙이다. 꽃이나 채소를 키우는 정원과 밭에서 널리 사용된다. 보수성이나 보비성은 좋지만 적옥토와 마찬가지로 인산 성분을 빼앗는다. 또한 공기가 잘 통하지 않고 물도 잘 빠지지 않아서, 물을 주면 질퍽해져 뿌리가 산소를 흡수하지 못한다. 배양토로 사용할 경우에는 개량 용토를 섞어서 사용한다.

Check ## 작은 먼지 제거

작은 먼지는 배수성을 악화시키는 원인이 된다. 따라서 기본 용토를 사용할 때는 먼저 작은 먼지를 제거해야 한다. 오른쪽 사진과 같이 체를 사용하는 방법 외에, 용토가 든 봉지를 지면에 몇 차례 떨어뜨려 작은 먼지를 바닥에 모으는 방법도 있다.

시판되는 배양토를 체로 걸러 작은 먼지를 제거하는 작업. 정성을 들일수록 좋은 흙이 된다.

오른쪽은 체에서 떨어진 작은 먼지. 남아 있는 왼쪽의 큰 알갱이는 보수성이 좋아 이쪽을 사용한다.

기본 용토의 부족한 부분을 보완하는 개량 용토

기본 용토의 약점을 보완하는 개량 용토에는 다음의 2종류가 있다.

보수성이나 보비성이 뛰어난 흑토 화단. 통기성이나 배수성이 떨어지기 때문에, 개량 용토인 펄라이트와 왕겨숯(훈탄)을 섞어서 식물을 심는다.

유기질 개량 용토

흙 속의 유효한 미생물의 활동을 활발하게 만들어 기본 용토를 비옥하게 만들어 준다. 흑토 등에 부족한 배수성과 통기성을 개선하고, 흙을 부드럽게 만들어 보비성을 높여준다.

무기질 개량 용토

통기성, 배수성, 보비성을 보완하기 위한 용토. 개량 효과를 충분히 발휘하기 위해서는 기본 용토의 알갱이 크기에 맞추는 것이 중요하다.

유기질 개량 용토

부엽토

이름 그대로 나뭇잎을 발효시켜서 만든 대표적인 용토. 주로 넓은잎나무의 잎을 사용한다. 통기성이 좋고 보수성과 보비성이 있다. 잎모양이 그대로 남아 있는 덜 발효된 것, 넓은잎나무의 잎 외에 바늘잎나무의 잎이 섞인 것, 커다란 가지나 돌이 들어있는 것은 품질이 떨어진다. 색이 검게 변하고 잎모양이 남아 있지 않으며 잘 숙성된 것이 특상품.

코코피트 미립

야자나무 껍데기 안쪽에 있는 섬유질이나 알갱이를 원료로 퇴적, 발효시킨 유기질의 토양 개량재이다. 다공질 구조로 표면에 뚫린 수많은 미세한 구멍에 수분을 유지하면서, 필요 없는 수분은 확실하게 배출한다. 물이끼 등의 식물이 퇴적된 이탄(peat)으로 만든 피트모스를 대신하는 토양 개량재로 주목을 받고 있다.

퇴비

나무 껍데기, 짚, 시든 풀, 시든 잎, 조류(藻類) 등의 식물성 유기물이나 우분, 마분 등의 동물성 유기물을 퇴적·발효시킨 것이다. 흙 속의 미생물을 증가시켜 흙을 비옥하게 만들어 주고 통기성과 배수성이 뛰어나서, 화단이나 채소밭 등의 토양 개량에 빼놓을 수 없는 존재이다. 덜 발효된 퇴비도 있기 때문에 완전히 발효된 것을 고른다.

왕겨숯(훈탄)

왕겨를 400℃ 이하의 온도로 태워서 탄화시킨 것. 표면에 무수히 많은 구멍이 있어서 흙에 섞으면 배수성, 통기성, 보수성, 보비성이 향상된다. 미생물의 활동도 촉진시켜 폭신한 흙으로 개량할 수 있다. 알칼리성이기 때문에 산성화된 토양을 중성~알칼리성으로 만들어 준다. 유기질 비료 특유의 냄새를 줄여주는 효과도 있다.

무기질 개량 용토

버미큘라이트

질석을 고온 처리하여 팽창시켜서 만든 용토. 아코디언 같은 독특한 모양이 특징으로, 보수성, 보비성, 통기성이 좋고 매우 가볍다.

경석

통기성, 배수성이 뛰어난 다공질의 모래와 자갈. 비교적 가벼우면서 강도가 있다. 크기가 다양하고 큰 것은 화분 배수용 돌로 사용된다.

펄라이트

진주석을 미세하게 부수어 고온고압으로 처리. 매우 가볍고 통기성이나 배수성이 좋기 때문에, 행잉 바스켓의 흙으로 적합하다. 물이 잘 빠지지 않는 정원이나 화단의 토양 개량에도 좋다

규산염 백토

하얀 점토 광물. 홑알구조의 흙을 떼알구조로 만들어준다. 수질을 향상, 활성화하여 잘 썩지 않게 만든다. 모종 심기나 수경재배에도 조금씩 사용한다.

Check 물이끼 사용방법

1 건조한 상태로 유통.

2 덩어리를 쪼개서 나누고, 주무르면서 물을 흡수시킨다.

3 물을 충분히 흡수했다면 꽉 짜서 물기를 제거한 뒤 사용한다.

그 밖의 용토

바크칩

바늘잎나무의 두꺼운 나무껍질 칩. 식물의 밑동에 멀칭하면 비가 오거나 물을 줄 때 진흙이 튀는 것을 방지할 수 있다. 또한 포기 밑동을 보기 좋게 정리할 수 있다.

하이드로볼

단단해서 잘 부서지지 않으며, 배수성과 보수성이 있다. 점토를 입자로 만들어 고온에서 구워 발포시킨 것으로 수경재배 등의 재료로 이용된다.

물이끼

이끼류를 말린 것. 통기성과 배수성이 뛰어나서 물부족이나 건조에 약한 식물 등을 키울 때, 화분 표면에 깔아두면 건조가 완화되어 관리가 쉬워진다.

배양토

기본 혼합은 적옥토 + 부엽토

기본 용토에 다양한 개량 용토를 섞은 것이 배양토이다. 시판하는 제품도 있는데 품질은 제각각이다. 직접 만들면 해마다 같은 것을 사용할 수 있어서, 재배 관리가 쉬워진다는 장점이 있다. 물이 잘 빠지고 공기가 잘 통하며 잘 말라서 식물의 성장에 도움이 되는 흙도 직접 만들 수 있다. 적옥토와 부엽토를 다음의 비율로 섞어서 기본 배양토를 만들어보자.

기본 배양토
- 적옥토(소립) 60%
- 부엽토(완숙) 40%

준비되면 먼저 용토 손질부터 시작한다. 부엽토에 돌이나 나무 부스러기가 섞여 있다면 제거한다. 소립 적옥토는 부서지면서 생긴 작은 먼지(1㎜ 이하의 작은 알갱이)를 반드시 체로 걸러 제거해야 한다.

작은 먼지가 섞이면 흙 속의 빈틈을 막아서 물이나 공기가 통하는 길이 없어진다.

계속 물을 주는 동안 뿌리가 썩을 수도 있다.

용토 혼합에는 양동이나 봉투를 사용한다

준비를 마치면 용토를 섞는다. 용토는 가벼운 것부터 차례대로 넣는 것이 철칙이다. 그래야 고르게 잘 섞인다. 여기에서 소개한 기본 배양토의 경우에는 부엽토부터 넣는다.

섞을 때는 양동이나 쓰레기봉투(비닐)를 사용한다. 양동이든 봉투든 잘 섞이도록 용량의 반 정도를 기준으로 용토를 넣는다.

이 책에서 추천하는 배양토

기본 배양토

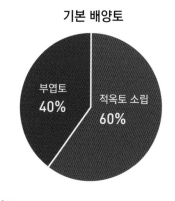

부엽토 40%
적옥토 소립 60%

화분용 배양토 (일반·모아심기)

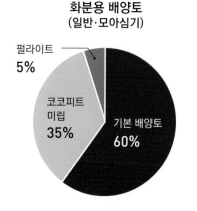

펄라이트 5%
코코피트 미립 35%
기본 배양토 60%

화분용 배양토 (관엽식물·행잉 바스켓 등)

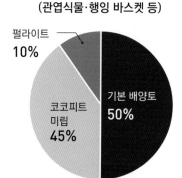

펄라이트 10%
코코피트 미립 45%
기본 배양토 50%

배양토 만드는 방법

1 혼합할 여러 종류의 용토를 하나의 양동이에 넣는다. 분량은 양동이의 1/2 정도까지.

2 적옥토 소립에 작은 먼지가 생기지 않도록, 부드럽게 꼼꼼히 섞어서 완성.

양동이

전체가 잘 섞이도록 바닥이 넓은 것을 고른다. 섞을 때는 장갑을 끼고 전체가 고르게 섞일 때까지 천천히 섞는다. 삽을 사용할 경우에도 천천히 꼼꼼하게 작업한다.

쓰레기봉투

쓰레기봉투의 경우 얇은 것은 이중으로 겹쳐서 사용하고, 겉에서 주물러서 섞는다. 포인트는 모든 용토를 다 넣은 뒤에 작업하는 것이다. 봉투에 공기를 넣은 뒤 입구를 닫고 상하좌우로 1분 정도 흔들어주면 간편하게 골고루 섞을 수 있다.

기본 배양토를 식물에 맞게 개량

p.236의 원그래프는 이 책에서 추천하는 용토의 배합 비율로, 기본 배양토를 베이스로 개량 용토를 추가하여 일반 화분용, 관엽식물용 및 행잉 바스켓용 등으로 사용한다. 코코피트 미립과 펄라이트를 섞는다. 관엽식물 및 행잉 바스켓 등에 사용하는 용토는, 기본 배양토 분량을 1/2로 줄여서 개량 용토 중에서도 공기가 잘 통하고 가벼운 흙으로 만들었다.

시판 배양토

화초용 배양토

다육식물·관엽식물용 흙

블루베리용 흙

꺾꽂이·씨뿌리기용 흙

배합 예

화초용 배양토 A

부엽토와 바크퇴비 10%
적옥토 10%
녹소토 10%
펄라이트 10%
산도조절 피트모스 10%
코코피트 미립 50%

화초용 배양토 B

버미큘라이트 5%
펄라이트 5%
녹소토 10%
바크퇴비 50%
코코피트 미립 40%

화초용 배양토 C

바크퇴비 25%
적옥토 25%
경석 25%
녹소토 25%

토양 개량

토양의 성질을 개량하여 산화를 막는다

처마 밑에서도 키울 수 있는 화분과 달리, 정원에는 지붕이 없기 때문에 빗물로 토양이 산성화되기 쉽다. 사실 빗물에는 미량의 이산화탄소가 녹아 있어서, 비가 내리면 흙에 함유된 미네랄 성분도 씻겨 내려간다.

강한 산성 토양은 식물에게 독이 되는 알루미늄을 녹여 생육장해를 일으킨다. 비료를 지나치게 많이 주는 것도 토양을 산성화시키는 원인이 된다.

산성화된 흙은 알칼리성 석회 등을 섞어서 중화시키면, 식물이 비료를 잘 흡수할 수 있다.

채소밭에서는 먼저 고토석회 등을 표면이 살짝 하얗게 변할 정도로 뿌려서 흙에 섞는다.

산성을 좋아하는 식물인 블루베리 등에는 녹소토 등을 흙에 섞어서 산도를 조절한다.

그리고 채소밭, 화단, 정원 등의 환경과 심은 식물의 성질에 맞게 개량 용토(토양 개량토)를 섞어서, 보수성, 통기성, 보비성을 높여준다. 배수성, 통기성을 개선하려면 버미큘라이트와 펄라이트 등이 효과적이다. 앞에서 설명한 것처럼 목표는 떼알구조의 용토를 만드는 것이다. 떼알구조 용토는 유기질이 있어야 만들 수 있다.

중요한 것은 폭신한 흙으로 만드는 것이다. 척박한 흙은 부엽토나 퇴비를 섞어 미생물의 활동을 촉진시켜, 유기질을 많이 함유한 토양으로 개량한다. 자주 바꿔심는 한해살이풀은 화단에 심을 때 석회를 뿌려서 산도를 조절하는 것이 좋다. 여러해살이풀이나 작은키나무를 심을 때는 보통 산도를 조절하지 않는다. 다음은 토양개량의 예이다.

토양 개량의 예

| 장미 | 크리스마스로즈 | 채소 |

소립 경석, 펄라이트, 우분 퇴비

소립 경석

알칼리성 석회, 부엽토

장미는 물이 잘 빠지고 보수성이 좋은 흙을 좋아한다. 갈잎나무의 잎이 퇴적된 부엽토가 포함된 흑토 화단의 경우, 물을 머금으면 질퍽질퍽해져 뿌리에 산소가 부족해진다. 공기가 잘 통하고 물이 잘 빠지도록 소립 경석과 펄라이트를 추가한다. 또한, 장미에는 비옥한 흙과 비료가 많이 필요하므로, 동물성 퇴비인 우분 퇴비를 섞는다.

물이 잘 빠지고 보수성이 좋은 흙을 좋아하는 크리스마스로즈. 개량 용토에는 소립 경석을 많이 사용한다. 통기성이나 배수성이 떨어지는 흑토에 심을 경우에도, 이러한 약점을 개선하기 위해 소립 경석을 듬뿍 섞어서 토양을 개량한다. 갈잎나무 잎이 퇴적된 부엽토를 많이 함유한 흑토이기 때문에, 부엽토는 섞지 않는다.

비료를 많이 사용하는 밭은 화단 이상으로 산성화되기 쉽다. 많은 채소를 재배하는 용토의 산도는 pH6.0~6.5. 밭을 잘 갈아준 뒤 알칼리성 석회를 뿌린다. 1주일 뒤에 다시 부엽토를 넣고 밭을 고른다. 다시 1주일이 지나서 산도가 안정된 뒤 씨앗이나 모종을 심는다.

흙 재활용

오래된 흙에서는 뿌리가 자라지 않는다

화분 재배를 하면 오래된 용토가 많이 생긴다. 그런데 몇 년이나 계속해서 사용한 용토는 물이나 비로 흙이 압축되고 부서져서, 공기가 잘 통하지 않고 물이 잘 빠지지 않는다. 뿌리가 제대로 숨을 쉬지 못해 잘 성장할 수 없다. 폐기하는 것은 간단하지만, 그 전에 용토의 힘을 재생시켜보자.

통기·배수·보수 개선은 펄라이트로

화분에 담긴 용토는 화분을 뒤집어서 용토를 빼낸 뒤, 손으로 제거할 수 있는 오래된 뿌리나 가지, 시든 잎, 고형 비료 등을 제거한다. 체로 걸러서 작은 먼지를 제거하면 용토가 20~30% 정도 줄어든다. 줄어든 만큼 새로운 용토(적옥토 소립 60%, 부엽토 30%, 펄라이트 10%)를 섞어준다. 펄라이트를 섞으면 통기성이 좋아지고 보수성, 배수성이 개선된다.

병이 걸렸거나 그러한 가능성이 있는 식물을 재배한 용토는 재생하기 어렵다. 또한 3년 이상 계속 사용한 용토는 폐기하는 것이 좋다. 오래된 용토에 뜨거운 물을 부어 멸균하는 방법도 있지만, 만약 멸균한 용토에 세균이 침입하면 저항할 수 있는 균도 없어서, 세균이 폭발적으로 증가할 수 있기 때문에 권장할 수 없다.

유기물을 이용한다

우분 퇴비, 부엽토 등의 유기물은 미생물의 활동을 활발하게 만들어 보비성을 개선하여 흙을 비옥하게 만들어 준다. 통기성, 배수성도 회복된다. 또한 사용한 용토에 섞기만 하면 토양 개량이 가능한, 간편한 제품도 나와 있다.

재활용 방법

| 체를 사용

1 구멍 크기가 다른 대, 중, 소 3종류의 체를 준비한다.

2 구멍이 큰 체부터 거른다. 체에는 뿌리나 시든 잎 등이 잔뜩 남는다.

3 **2**에서 거른 흙을 구멍이 작은 체로 걸러서 좀 더 작은 먼지를 제거한다.

4 다 걸러낸 용토는 햇빛을 쬐어주고, 위아래를 뒤집어 주면서 잘 말린다.

| 용토 재생재

부엽토나 동물성 퇴비 등의 유기물이 들어 있어, 미생물의 활동을 활발하게 해준다. 섞기만 하면 용토가 개량된다.

비료

식물은 광합성으로 만드는 에너지와 뿌리에서 흡수하는 비료로 성장한다.
다양한 역할을 하는 비료 중 식물의 성질이나 환경에 맞는 것을 고른다.

식물 재배에 비료가 필요한 이유

식물이 크게 성장하기 위해 빼놓을 수 없는 것은 물, 공기, 식물의 생육에 적합한 온도, 그리고 햇빛이다. 또한 광합성만으로는 보충할 수 없는 영양분을 뿌리로 흡수한다. 자연계에서는 낙엽이나 시든 풀, 동물이나 곤충의 사체 등을 미생물이 분해하여 식물의 풍부한 영양원이 된다.

그러나 화분이나 화단에서 재배하는 경우 저절로 영양원이 보충되지는 않는다. 식물이 점점 성장하게 되면 한정된 양의 흙에서는 영양분이 줄어들 수 밖에 없다.

이처럼 부족한 영양분을 보충해주는 것이 비료다. 노지에 심는 경우에도 꽃이나 열매를 맺는 나무는 많은 에너지를 소비하기 때문에 비료가 필요하다.

식물의 생육을 도와주는 비료의 3대 요소

식물의 생육에는 아래 그림에 있는 16원소가 필요하다. 식물은 산소, 수소, 탄소의 3원소를 공기에서 흡수하고, 나머지 13원소는 흙에서 흡수한다. 13원소 중에서 가장 많이 필요한 것이 '비료의 3대 원소'라고 부르는 질소, 인산, 칼륨이다.

액체비료나 화성비료의 봉투에 커다랗게 표시된 'N-P-K'가 3대 원소인 질소(N), 인산(P), 칼륨(K)이다.

식물에 필요한 영양소

공기·물에서 흡수

산소(O)　　수소(H)　　탄소(C)

뿌리로 흡수

3대 요소

질소(N)
잎의 비료라고도 부르는, 식물의 성장에 가장 필요한 성분.

인산(P)
꽃의 비료라고도 부르는, 꽃이나 열매를 튼튼하게 만들어주는 성분.

칼륨(K)
내한성이나 내병성을 높여주는 성분. 줄기의 비료, 뿌리의 비료라고도 부른다.

2차 요소

칼슘(Ca)　　마그네슘(Mg)　　유황(S)

미량 요소

붕소(B)　　망간(Mn)　　철(Fe)

염소(Cl)　　구리(Cu)　　몰리브덴(Mo)　　아연(Zn)

질소

식물의 성장에 가장 필요한 성분은 질소이다. 잎이나 줄기, 뿌리 등의 생육을 촉진시키는 동시에, 양분의 흡수력을 높이는 작용을 한다. 식물이 어릴 때 잎이나 줄기가 성장하기 시작하는 시기에 필요하기 때문에, '잎의 비료'라고도 한다.

질소가 부족한 잎은 색이 옅어지고 크기도 작아진다. 광합성을 하는 잎의 상태가 나빠지면 당연히 식물의 생육에 영향을 준다. 또한, 질소가 지나치게 많으면 잎색이 보통 잎보다 짙거나 잎모양이 변형될 뿐 아니라, 병에 걸리거나 잎이 탈 수도 있다. 잎이 타는 엽소현상은 강한 햇빛 때문에 잎이 괴사하는 것이다.

인산

'꽃의 비료'라고도 한다. 꽃을 피우거나 열매를 맺기 위해 가장 필요한 성분이다. 부족하면 꽃이나 열매 수가 줄어든다. 기본 용토인 적옥토는 인산 성분을 흡착하기 때문에 인산이 부족해질 수 있다. 적옥토를 사용할 때는 인산이 많이 함유된 비료를 고르는 것이 좋다.

칼륨

식물이 환경의 변화에 대응할 수 있게 도와주는 역할을 한다. 내서성이나 내한성 등을 높여주는 것도 그중 하나. 그리고 병해충에 대한 저항력을 높여주는 역할도 한다.

특히 줄기나 뿌리의 발달을 촉진시켜서 '줄기의 비료' 또는 '뿌리의 비료'라고 부르기도 한다. 다만 질소와 칼륨은 길항작용이 있어서 칼륨 비료를 지나치게 많이 주면 질소 비료의 효과를 약화시킬 수 있으므로 주의한다.

다음으로 중요한 2차 요소

비료의 3대 요소 다음으로 중요한 영양소를 2차 요소라고 한다. 칼슘(Ca), 마그네슘(Mg), 유황(S)의 3가지가 있다.

칼슘

식물을 튼튼하게 만들어 주는 요소로, 뿌리의 생육을 촉진시키는 역할을 한다. 석회 등에 들어 있기 때문에 흙을 만들 때 섞어서 칼슘을 보충한다.

마그네슘

3대 요소 중 하나인 인산의 흡수나 인산이 식물의 체내로 이동하는 것을 도와주는 역할을 한다. 마그네슘이 부족한 식물은 잎색이 옅어진다.

유황

뿌리의 발달을 도와서 보이지 않는 곳에서 식물의 생육을 유지하는 역할을 한다.

조금이지만 반드시 필요한 미량 요소

13원소 중 3대 요소, 2차 요소를 제외한 그룹은 미량 요소이다. 미량인 만큼 많이 필요하지는 않지만 생육에 반드시 필요한 요소이다.

철(Fe), 망간(Mn), 붕소(B), 아연(Zn), 몰리브덴(Mo), 구리(Cu), 염소(Cl)의 7종류가 있다.

식물이 탈 없이 잘 자라기 위해서는, 이러한 영양소를 균형 있게 흡수해야 한다. 비료를 주기 전에 비료 봉투에 적혀 있는 요소를 반드시 체크하여, 목적에 맞는 비료를 선택하자.

Check 비료가 많이 필요한 식물

꽃 수가 많은 식물 또는 꽃이 피는 시기가 긴 식물은 그만큼 많은 비료를 필요로 한다. 오른쪽은 사시사철 꽃이 피는 대륜 장미 '피스'. 가운데는 잎 수만큼 꽃이 피며, 늦가을부터 봄까지 꽃이 계속 피는 시클라멘. 마지막으로 팬지는 순지르기를 하고 비료를 충분히 주면, 6개월 정도 꽃을 볼 수 있다.

장미

시클라멘

팬지

비료의 종류

비료는 크게 화성비료와 유기질 비료로 나눌 수 있다.

화성비료는 초석이나 인광석, 탄화칼슘 등의 무기질을 원료로 하고, 화학합성에 의해 만들어진다. 한편, 식물이나 동물 유래의 원료로 만들어지는 것이 유기질 비료다.

비료 종류에 따라 각각 효과가 다르므로 용도에 맞는 비료를 선택해야 한다.

또한, 이 2종류를 섞은 배합비료도 있다.

식물에 맞게 선택할 수 있고 냄새도 없는 화성비료

화성비료의 특징은 쉽게 고를 수 있다는 점이다. 비료를 준 날부터 효과를 발휘하는 속효성과 물을 줄 때마다 서서히 녹아들며 오랫동안 작용하는 완효성이 있는데, 완효성은 비료를 주는 수고를 덜 수 있어 인기가 많다.

모양도 액체, 고체, 과립형(알갱이 모양) 등 다양하다. 또한 식물별로 제품화되어 있기 때문에 초보자도 쉽게 고를 수 있다. 냄새도 없어서 실내에서 재배하는 식물에게도 사용하기 좋다.

화성비료

완효성 화성비료

한 번에 녹아내리지 않도록 표면을 수지 등으로 코팅한 비료. 그 밖에 정제나 과립형이 있고, 모두 모양이나 코팅에 의해 녹아내리는 양이 조절된다. 비료의 유효 기간은 2달 이상. 6개월 동안 효과가 지속되는 완효성 화성비료도 있다.

액체비료

수용성 화성비료로 고형 비료에 비해 효과가 빨리 나타난다. 물로 희석해서 사용하는 종류와 그대로 사용하는 종류가 있고, 물로 희석하는 종류는 어린 모종부터 커다랗게 자란 포기까지 식물의 생육 단계에 맞게 양을 조절하여 줄 수 있다. 물주기를 겸해 비료를 줄 수 있다는 것도 장점이다.

속효성 화성비료

과립형(알갱이 모양)으로 되어 있는 것이 많고, 화분에 심는 식물의 밑거름이나 덧거름으로 사용된다. 효과가 빨라서 양을 잘못 조절하면 비료 장해가 발생할 수 있기 때문에, 사용량을 정확히 계산해서 준다. 전문가용(식물을 잘 아는 사람) 비료라고 할 수 있다.

Check 비료 봉투를 확인한다

비료가 들어 있는 봉투에는 많은 정보가 있다. 구입할 때는 앞면과 뒷면을 모두 꼼꼼하게 읽어보자. 앞면에 기재된 3개의 숫자는 반드시 체크해야 한다. 전체를 100으로 보고, 해당 비료에 함유된 질소, 인산, 칼륨의 성분비율을 나타낸 것이다.

뒷면에는 비료의 1회 사용량, 빈도 등이 기재되어 있다. 실제로 비료를 줄 때 알아야 할 내용이다.

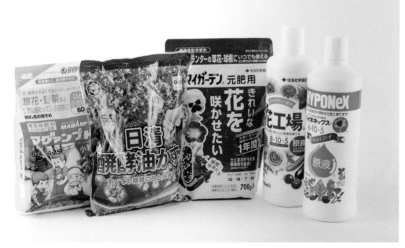

가정용 비료. 사용하기 편하고 필요한 여러 가지 정보가 알아보기 쉽게 표시되어 있다.

미생물의 도움을 받는 유기질 비료

유기질 비료는 깻묵이나 계분, 초목회 등 동식물에서 유래된 원료를 다양하게 섞어서 만든다. 질소, 인산, 칼륨의 3대 요소 외에 미량 요소나 아미노산 등이 함유되어 있다. 미생물에 의한 분해를 거친 뒤 식물에 흡수되기 때문에 작용 속도는 느리다. 주로 화단이나 채소밭 등에 식물을 심기 전 흙을 만들기 위해 사용하고, 환경을 헤치지 않는 비료로 알려져 있다.

유기질 비료를 선택할 때는 완전히 숙성된 것을 선택하는 것이 좋다. 동물 유래 비료라도 냄새는 나지 않는다.

column

비료의 종류

비료는 크게 화성비료와 유기질 비료로 나눈다. 유기물을 발효시켜서 만드는 퇴비는 유기질 비료에 해당되지만, 여기서는 토양을 개량하는 역할도 하는 퇴비를 따로 분류하여 설명한다. 우분 퇴비와 마분 퇴비는 우분, 마분에 짚 등의 식물성 원료를 섞기 때문에 퇴비로 분류한다.

유기질 비료

깻묵

기름을 짠 유채 씨나 콩 찌꺼기로 만든다. 질소 성분이 많으며, 뼛가루나 생선가루 등의 유기질 비료와 섞어 비료 성분의 균형을 맞춰서 발효시킨 발효 깻묵도 있다.

발효 전인 일반 깻묵을 비료로 줄 때는, 발효 과정에서 발생하는 유해한 가스나 열로 식물의 뿌리가 상할 수 있기 때문에, 뿌리에 직접 닿지 않게 준다. 가루 제품과 고형 제품이 있다.

계분

닭의 배설물을 발효시킨 것. 인산이나 칼륨 성분이 풍부하고, 꽃이나 열매에 효과가 있는 비료다. 다만, 계분은 농가의 사육 방법에 따라 성분이 달라져서, 비료 성분에 조금씩 차이가 있다. 말린 계분은 특유의 냄새가 나지만, 완숙 발효시킨 계분은 냄새가 잘 나지 않는다. 덧거름보다는 밑거름으로 주고, 계분이 뿌리에 직접 닿지 않게 준다.

초목회

이름 그대로 풀이나 나무 등 식물을 태워서 만든 비료. 칼륨 성분이 풍부하게 함유되어 있고, 속효성이며, 뿌리나 알뿌리의 생육을 촉진시킨다. 석회와 마찬가지로 알칼리성 비료다.

뼛가루

돼지, 닭, 소 등 동물의 뼈를 분쇄해서 가열한 유기질 비료. 완효성이기 때문에 흙 만들기 단계에서 이용한다. 인산 성분이 매우 많아서, 보통은 깻묵과 섞어서 사용한다.

생선가루

생선을 말려서 분쇄한 비료. 질소 성분을 많이 함유하고 있고 칼륨 성분은 거의 없기 때문에, 다른 비료와 함께 사용한다. 재료로 사용하는 생선의 종류에 따라 성분에 조금씩 차이가 있다.

석회

조개껍데기 등을 말려서 분쇄한 비료. 칼슘을 많이 함유하여 주로 뿌리를 성장시킨다. 정원이나 밭의 토양 개량을 위해 사용하는 경우가 많다. 산성화된 용토를 약산성으로 되돌려준다.

고토석회

소석회

패화석회

난각석회

비료주기

생육 단계별 3가지 비료주기

식물이 계속해서 성장하기 위해 필요한 영양원이 비료이다. 씨앗을 심을 때는 필요하지 않아도, 싹이 트고 꽃이 피고 열매를 맺는 생육 단계별로 필요한 비료의 양이나 종류가 달라진다.

필요한 시기에 비료가 부족하면 잎색이 나빠지고 줄기가 가늘어지며 잎이나 꽃이 작아지는 등의 증상이 나타나고, 포기 자체에 생기가 없어진다. 각각의 생육 단계에 맞는 비료를 줘야 한다.

비료를 주는 것을 시비라고도 하는데, 주는 시기에 따라 다음과 같이 나눈다.

- 밑거름
- 덧거름
- 가을비료(감사비료)

어떤 경우에도 비료를 지나치게 많이 주면 안 된다. 흙 속에 비료 성분의 농도가 높아지면, 뿌리 세포가 파괴될 수 있다. 비료를 흡수하지 못하게 된 식물은 생육 불량으로 여러 가지 문제가 발생하고, 결국 시들어 버린다. 적당한 양의 비료로 튼튼한 식물을 키워보자.

심기 전에 흙에 섞는 밑거름

밑거름은 화초나 채소 모종, 꽃나무 묘목 등을 심거나 옮겨심을 때 미리 흙에 섞어서 주는 비료다.

식물이 앞으로 성장하는 데 바탕이 되도록, 천천히 오랫동안 계속해서 작용하는 완효성 화성비료를 준다.

토양 개량도 겸한다면 퇴비 등을 밑거름으로 줘도 된다. 흙 속의 미생물이 증가해 효과를 발휘할 때까지는 시간이 걸리지만, 이

비료에 대하여

처음 심을 때 주는 밑거름

오랫동안 효과를 발휘하는 완효성 비료를 준다. 퇴비를 밑거름으로 사용할 경우에는 깻묵이나 뼛가루를 섞어서 사용한다.

영양을 보충하는 덧거름

기본적으로는 완효성 화성비료를 주지만, 식물이 약해졌다면 효과가 빠른 액체비료를 준다. 액체비료의 경우에는 7~10일에 1번 화분 바닥에서 물이 흘러나올 때까지 듬뿍 준다.

꽃이 핀 뒤에는 가을비료

완효성 화성비료를 준다. 꽃이 핀 다음 또는 열매를 수확한 다음에 준다. 꽃이 한창 피어 있을 때 비료를 주면 꽃이 오래가지 못하므로 주의한다.

봄에 나온 싹을 키우는 겨울비료

겨울철에 나무에 주는 겨울비료은 깻묵이나 계분 등의 유기질 비료를 준다. 꽃나무나 과일나무뿐 아니라 자라기 시작하는 나무에게 준다. 늘푸른나무나 커다랗게 자란 나무는 주지 않는다.

듬해 이후의 식물의 성장에도 도움이 되는 폭신한 흙을 만들 수 있다.

어떠한 경우에도 적당한 양을 주는 것이 중요하다. 적게 주면 식물의 성장이 억제되고, 지나치게 많이 주면 줄기나 가지가 약해지며 웃자랄 수도 있다.

주는 방법

- 밑거름과 용토를 골고루 섞는다. 포기 밑동에 올려주는 비료는, 식물에 비료가 직접 닿지 않게 준다.
- 자라기 시작한 어린 모종에게는 희석시킨 액체비료 등을 주고, 충분히 자란 뒤에 밑거름을 섞은 용토에 심는다.
- 생기가 부족한 모종에게는 심기 전에 희석시킨 액체비료를 조금씩 주고, 건강해지면 밑거름을 섞은 용토에 심는다.
- 유기질 비료의 경우 비료가 뿌리에 직접 닿거나 발효가 덜 된 것을 주면, 뿌리가 상하기 때문에 주의해야 한다.

첫 번째 비료는 2주 뒤

앞에서 소개한 밑거름에 대한 설명은 일반적인 방법이다. Chapter 1의 각 식물의 재배 페이지에서 설명한 것처럼, 이 책에서는 밑거름을 주지 않는 재배방법을 소개한다.

이 책에서는 첫 번째 비료는 식물을 심고 나서 2주 뒤에 준다고 설명하였다.

그 이유는 뿌리의 성장에 있다. 일반적으로 심거나 옮겨심은 식물의 뿌리가 활동하기 시작하는 것은 대략 2주 뒤이다. 뿌리는 활동을 시작한 다음 비료를 흡수하기 때문에, 처음부터 비료를 주면 물을 줄 때마다 그대로 쓸려 내려간다. 따라서 뿌리가 나올 무렵, 과립형 완효성 화성비료를 주는 것이 좋다.

부족한 비료를 수시로 보충하는 덧거름

식물이 성장함에 따라 비료가 흡수되면 흙 속의 비료 성분이 줄어들기 시작한다. 이렇게 부족한 성분을 보충하는 것이 덧거름이다. 덧거름을 주는 시기는 식물의 종류, 생육 상태 등에 따라 달라진다. 먼저 식물을 잘 관찰해야 한다.

비료를 주는 방법

Check **비료의 효과**

페튜니아 모종(위). 비료가 부족하면 잎이 가늘어진다(아래).

| 알뿌리

알뿌리를 심고 2주 뒤에 과립형 완효성 화성비료를 조금씩 뿌려준다. 되도록 화분 가장자리에 가깝게 1바퀴 뿌려준다.

| 화초

화초를 심고 2주 뒤에 알뿌리와 마찬가지로 과립형 완효성 화성비료를 조금씩 뿌려준다. 뿌리가 있는 곳을 피해서 준다.

- 잎이나 꽃 색이 옅어졌다.
- 잎이나 꽃이 작아졌다.
- 꽃 수가 줄었다.

예전에 비해 이러한 변화가 나타났다면 비료가 부족하다는 신호일지도 모른다. 이때야말로 덧거름을 줄 때이다.
덧거름으로는 완효성 화성비료를 많이 사용하지만, 식물이 약해져 있을 때는 속효성 액체비료나 화성비료가 좋다.

주는 방법

- 일반적으로 덧거름은 완효성의 흙 위에 얹는 알비료나 과립형 비료를, 밑동에서 떨어진 곳에 준다. 뿌리 끝으로 쉽게 흡수할 수 있기 때문이다. 화분에 심었다면 화분 가장자리를 따라 뿌려준다.
- 흙 속에 묻으면 빨리 녹아서 뿌리가 상할 수 있으므로, 반드시 흙 위에 준다.
- 액체비료의 경우 정해진 농도로 희석하여 사용한다. 각 제품의 포장에 기재된 사용방법에 따라 적당한 양을 준다.

감사의 마음을 담은 가을비료

여러해살이풀이나 장미, 꽃나무뿐 아니라 과일나무에도 준다. 꽃이 핀 뒤나 열매를 수확한 뒤에 체력 회복을 위해 주는 비료다. 식물에게 감사하는 마음으로 준다고 해서 감사비료라고도 한다.

주는 방법

- 밑동에서 떨어진 곳에 고형 또는 과립형 완효성 화성비료를 준다. 화분의 경우 가장자리를 따라 올려준다.

여름에는 액체비료를 5일에 1번 준다

과립형이나 흙 위에 올려주는 고형 비료는, 뿌리 끝으로 흡수할 수 있도록 밑동에서 떨어진 곳에 주는 것이 중요하다.
액체비료는 꽃이나 꽃봉오리에 닿지 않도록 흙에만 준다. 꽃이나 꽃봉오리에 비료가 닿으면 상하는 원인이 된다.
여름에는 물을 주는 횟수가 늘어나므로 비료가 물에 섞여서 쓸려나간다. 여름철의 비료는 정해진 희석 비율보다 약하게, 1.5~2배로 희석하여 5일에 1번 정도 준다.

봄부터 여름까지 꽃을 피운 페튜니아. 깊이 순지르기를 한 뒤 과립형 완효성 화성비료를 주면, 다시 한 번 꽃을 즐길 수 있다.

액체비료를 만드는 방법

1 계량컵에 1 ℓ 의 물을 준비한 뒤, 1㎖의 액체비료를 넣고 잘 섞어준다.

2 1000배로 희석한 액체비료. 희석한 액체비료는 그날 모두 사용해야 한다.

풋거름작물 자운영

생풀이나 생잎으로 만든, 충분히 썩지 않은 거름을 풋거름이라고 한다. 이렇게 풋거름으로 사용하는 작물을 풋거름작물이라고 하는데, 자운영도 그중 하나다. 물을 뺀 논에 뿌리부분에 질소성분이 풍부하게 함유된 자운영을 심어서 키운 뒤, 흙과 함께 갈아서 비료로 사용한다.

휴면 중에 주는 겨울비료

정원수가 휴면에 들어가는 12~2월의 겨울철에 주는 비료가 겨울비료이다.

깻묵, 계분, 뼛가루 등의 유기질 비료나 퇴비를 사용한다. 땅의 온도가 낮은 시기이기 때문에, 유기질 비료나 퇴비는 서서히 분해되어 초봄에 움트는 어린 싹의 생육을 도와준다. 방법은 아래 그림과 같이 2가지 패턴이 있다.

- 지면에 구덩이를 파고 비료를 준다.
- 도랑을 파고 비료를 준다.

2가지 경우 모두 삽으로 흙을 파내면 뿌리 끝이 잘라지지만, 걱정할 필요 없다. 영양을 흡수하는 뿌리 끝을 잘라내면, 활발하게 활동하는 새로운 뿌리의 발생이 촉진된다.

뿌리 끝부분이 있는 곳은, 땅 위의 가지 끝에서 밑으로 똑바로 내려온 곳 근처이다.

비료 성분을 함유한 퇴비를 주고 뿌리를 키워서, 초봄의 어린 싹이 잘 자라도록 도와주자.

주는 방법

A

2곳에 구덩이를 판다.

나무는 주로 뿌리 끝으로 영양을 흡수한다. 뿌리 끝은 대략 땅 위의 가지 끝에 해당되기 때문에, 가지 끝에서 밑으로 똑바로 내려온 위치에 지름 20㎝, 깊이 20㎝의 구덩이를 파고 겨울비료를 준다. 구덩이에 부엽토 25%, 우분 퇴비 25%, 파낸 흙 50%를 넣어 잘 섞어준다.

구덩이를 파면서 뿌리 끝을 잘라 뿌리 발생을 촉진시키고, 흙을 부드럽게 하는 비료 성분을 더해 초봄에 나오는 어린싹의 생육을 돕는다.

B

나무 주위에 도랑을 판다.

가지 끝에서 밑으로 똑바로 내려와 원을 그린다. 그린 원둘레를 따라 폭 20㎝, 깊이 10㎝의 도랑을 파고, A와 같이 부엽토, 우분 퇴비, 파낸 흙을 넣고 잘 섞어준다

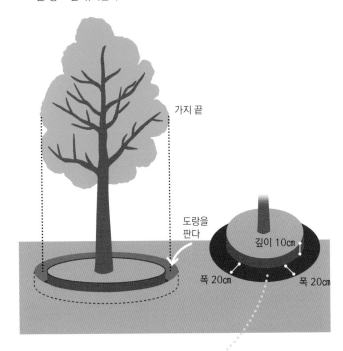

지름 20㎝

깊이 20㎝

가지 끝

구덩이를 판다.

구덩이를 판다.

작은키나무는 2곳, 중간키나무나 큰키나무는 4~8곳에 구덩이를 판다.

가지 끝

도랑을 판다

깊이 10㎝

폭 20㎝

폭 20㎝

구덩이에 넣는 것
부엽토 25%
우분 퇴비 25%
파낸 흙 50%

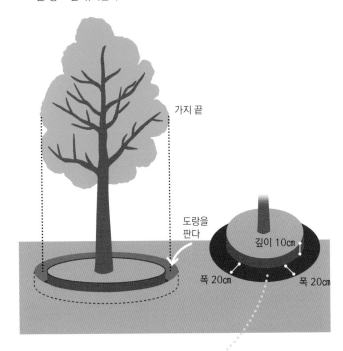

퇴비

흙에 섞어서 폭신한 배양토를 만드는 퇴비.
부엽토는 가능한 한 잎 모양이 남아 있지 않은, 완전히 발효된 것을 고른다.

토양을 개량하고 비료 성분을 보충하는 퇴비

유기물을 발효시킨 퇴비는 비료와는 다른 기능을 한다. 비료는 식물에 영양을 보충하기 위한 것이지만, 퇴비는 비료 성분을 보충할 뿐 아니라 토양을 개량하는 역할도 한다.

퇴비를 섞은 흙은 폭신해져서 배수성이나 보수성이 향상되고, 뿌리가 활발하게 활동할 수 있는 떼알구조가 된다. 퇴비는 다음과 같이 2종류로 나눈다.

식물성 퇴비

식물성 퇴비인 부엽토는 낙엽이나 나무껍질, 짚 등을 원료로 발효시켜서 만든다. 부엽토를 사용하면 흙 속의 생물다양성이 높아지고 식물이 병에 걸리는 일도 줄어든다. 퇴비 중에서도 특히 짚으로 만든 퇴비는 벼에 많이 함유된 '규산'의 작용으로 병해충 등의 발생을 억제하는 데 효과적이다.

동물성 퇴비

우분, 마분, 돈분 등 동물의 배설물을 주원료로 하는 퇴비는 비료의 역할을 하는 것이 많지만, 우분 퇴비는 짚이나 톱밥 등의 식물성 재료를 섞어서 만들기 때문에, 토양을 개량하는 효과도 있다. 밑에서 소개하는 퇴비는 많이 사용되는 퇴비 종류다. 특성이나 사용방법의 차이를 확인한 뒤 선택한다.

장미를 심을 때는 우분 퇴비를 사용한다. 파낸 용토에 우분 퇴비를 잘 섞어준다.

퇴비의 종류

부엽토

부엽토는 잘 발효되어 잎모양이 남아 있지 않은 것일수록 좋은 것이다. 적옥토와도 잘 어우러지기 때문에, 기본 용토인 적옥토 60%와 개량 용토인 부엽토 40%의 조합은 배양토의 기본이다. 여기에 다양한 용토를 섞어서 재배 목적에 맞는 배양토를 만든다.

바크퇴비

퇴적한 나무껍질을 분쇄하여 발효 숙성시킨 퇴비. 토양 개량 효과가 높지만 나무껍질은 발효에 시간이 걸리기 때문에, 쌀겨나 계분 등의 유기물을 섞어서 발효시킨다. 분해하는 시간이 오래 걸리면 많은 미생물이 모여 토양의 질소 성분을 흡수하여 질소가 부족해질 수 있으므로, 지나치게 많이 주지 않도록 주의한다.

우분 퇴비

우분과 짚 등을 섞어서 발효시킨 퇴비. 화학비료처럼 뛰어난 영양성분이나 속효성은 없지만, 지효성 성질을 살려 장미나 정원수 등의 겨울비료로 많이 이용된다. 또한, 철이나 구리, 아연 등의 미량 원소도 함유되어 있다. 잘 발효된 완숙 우분 퇴비를 사용해야 한다.

마분 퇴비

짚을 주식으로 하는 말의 배설물로 만든 퇴비. 동물성 퇴비 중에서 섬유질이 가장 많아 미생물의 먹이가 되기 때문에, 흙을 폭신하게 만드는 토양 개량 효과가 뛰어나다. 비료 성분은 적은 편이다. 장미를 재배하는 토양 개량에 적합하다.

갈잎나무 잎으로 부엽토를 만든다.

낙엽의 계절에 넓은잎나무의 시든 잎을 모은다. 졸참나무, 단풍나무, 계수나무, 느티나무, 상수리나무 등 갈잎넓은잎나무의 잎을 사용하는 것이 좋다.

부엽토에 적합하지 않은 잎도 있다. 벚나무, 떡갈나무, 일본목련, 감나무 등의 잎은 항균 작용이 있기 때문에 적합하지 않다. 소나무 등 바늘잎나무의 잎도 잘 썩지 않기 때문에 피하는 것이 좋다.

낙엽을 잘 비벼주면 부드러워져서 쉽게 발효된다.

왼쪽의 일반적인 부엽토는 가지나 잎의 모양이 남아 있다. 오른쪽은 완전히 발효시킨 부엽토로, 잎이 상당히 잘게 부서졌다.

부엽토 만드는 방법

1 준비물은 잘 말린 낙엽 1kg, 깻묵 약 50g, 흙포대 1개.

2 흙포대에 낙엽을 1/4 정도 채운다. 양손으로 낙엽을 비벼준다.

3 계속 손으로 비비거나 체에 넣고 으깨서, 낙엽을 작게 만든다.

4 낙엽을 최대한 작게 부숴야 잘 발효된다.

5 4를 10cm 정도 채운 뒤, 그 위에 깻묵을 1줌 뿌려준다.

6 1~4를 반복한다.

7 낙엽으로 포대를 가득 채우지 말고, 공기가 들어갈 수 있게 여유를 남겨둔다.

8 7에 물을 넣는다. 포대 바닥으로 흘러나올 때까지 넣으면 끝.

9 포대 입구를 묶고 시트를 덮어준다. 1달에 1~2번 포대를 밟아서 발효를 촉진시킨다.

원예용 농약

어느 날 갑자기 잎이 흰색으로 변하거나, 벌레 먹은 자국을 발견하는 경우가 있다. 목적에 적합한 농약을 선택하여 올바른 방법으로 사용해야 한다.

설명서를 꼼꼼하게 읽는다

원예용 농약에는 병을 일으키는 균을 막아주고 제거하는 기능이 있는 살균제와, 해충을 퇴치하는 살충제가 있다. 종류는 병해충 종류에 따라 나뉘며, 다양한 농약이 시판되고 있다. 식물유래 농약도 많이 나와 있다.

평소와 다른 상태라는 것을 알았다면, 원인을 정확히 파악해야 한다. 농약 선택은 여기서부터 시작된다. 원인이 해충인 경우에는 변화가 일어난 잎 등의 근처에 원인이 숨어 있는 경우가 많다. 해충이 갉아먹은 흔적이 있으면 찾는 것은 어렵지 않다.

하지만 날씨나 영양 부족이 원인인 경우나 병원균이 원인인 경우에도 비슷한 증상이 나타날 수 있다. 판단하기 어려울 때는 원예점 등을 찾아가 사진을 보여주고 물어보자.

라벨이나 설명서를 확인한다

농약을 바르게 사용하기 위해서는 먼저 농약의 라벨이나 설명서를 확인해야 한다. 라벨이나 설명서에는 농약을 적용할 수 있는 식물이나 효과, 약으로 인한 피해에 대한 주의사항 등이 자세히 기재되어 있다.

농약의 효과는 식물에 따라 다르고, 적용 범위 외의 식물에게 살포하면 오히려 식물을 해칠 수도 있다. 효과를 보기 좋은 날씨나 온도, 약으로 인해 피해를 볼 수 있는 식물 등, 농약 포장에 기재된 정보를 충분히 확인한 뒤 사용해야 한다.

실외의 식물에게 살포할 때 주의할 점

화분에 심은 식물이라면 간단히 농약을 살포할 수 있지만, 커다

그대로 사용할 수 있는 농약

에어로졸 제품

한 손으로 간편하게 살포할 수 있어서 사용하기 편한 제품. 다만, 가까운 거리에서 식물에게 살포하면 동해와 비슷한 증상을 일으킬 수 있으므로, 환기가 가능한 곳에서 거리를 조금 두고 전체적으로 살포한다.

식물에서 30cm 정도 떨어진 곳에서 농약이 고르게 묻도록 1~3초씩 간헐적으로 살포한다. 1병에 살충제와 살균제를 배합한 제품도 있다.

스프레이 제품

초보자도 간편하게 사용할 수 있는 핸드 스프레이 제품. 가까운 거리에서 분사해도 에어로졸과 같은 동해를 입을 우려가 없어, 목표를 향해 정확하게 분사할 수 있다.

한손으로 간편하게 사용할 수 있기 때문에, 해충을 발견하면 즉시 대응할 수 있는 것이 장점이다.

란 나무나 생울타리 등 넓은 범위에 살포할 경우에는 문제가 간단하지 않다.

농약을 사용하는 장소가 주택 밀집 지역이라면 반드시 근처의 이웃에게 알려야 한다. 또한 냄새가 퍼지기 때문에 강한 바람이 불거나 기온이 높을 때는 가능한 한 피하는 것이 좋다.

병충해를 입지 않는 모종을 고르는 방법

좋아서 키우는 식물이기 때문에, 병충해를 입지 않도록 대책을 세우는 것이 무엇보다 중요하다. 모종을 구입할 때는 다음과 같은 점에 주의해야 한다.

- 제철에 튼튼하게 자란 모종을 고른다.
- 화분 뒤쪽이나 잎 뒤쪽을 체크한다. 해충이나 병의 흔적이 없는지 살펴본다.

장미 등과 같이 인기 있는 식물 중에는 병해충에 강하다고 표시된 품종이나, 내병성이 있는 바탕나무에 접붙인 묘목도 있다.

좋은 환경과 꼼꼼한 돌봄으로 병해충을 방지한다

건강한 식물은 적당한 햇빛과 바람, 온도에서 자라난다. 바람이 잘 통하지 않는 고온다습한 환경에서는 곰팡이나 세균이 발생하여, 식물은 생기를 잃고 점점 더 병이나 해충에 무방비 상태가 된다. 병해충을 미리 방지할 수 있는 환경을 만들어야 한다. 중요한 것은 다음과 같은 관리다.

- 무성해진 가지는 적당히 가지치기해서 식물 자체에 바람이 잘 통하게 해주는 것이 좋다. 무성하게 자랄 것 같은 가지에는 눈따기도 효과적이다.
- 마른 잎이나 시든 꽃은 그때그때 제거하여 흙 위를 청결하게 유지한다.
- 잎 뒤쪽이나 화분 바닥에 해충이 숨어 있지 않은지, 정기적으로 체크한다. 해충을 발견하면 즉시 제거한다.
- 사용한 가위는 소독한다.

소중한 식물을 위해 잘 알아두자.

과립 제품

과립 상태여서 그대로 사용할 수 있고, 비교적 오래 효과가 지속된다. 용토 위에 올려 놓은 농약이 뿌리에 흡수되어 꽃이나 잎을 갉아먹는 해충에게 작용하는 침투이행성 농약.

식물 전체에 효과가 퍼지는 살충제와 살충살균제. 씨앗이나 모종을 심을 때 용토에 섞거나 밑동에 뿌려준다.

가루 제품

가루 상태여서 미세한 틈새까지 골고루 뿌릴 수 있다. 실외에서 살포할 경우에는 농약이 날릴 수 있으므로, 바람의 세기나 방향을 고려해서 사용한다.

입구가 아래로 가게 잡고 용기를 살짝 누르면서 살포. 미세한 가루가 벌레에 엉겨붙는다.

펠릿 제품

과립 제품보다 알갱이가 조금 크다. 밑동에 조금씩 뿌려서 사용한다. 빨리 효과를 보고 싶은 경우에는, 뿌린 뒤에 살짝 물을 주어 농약을 녹이면 효과적이다.

밑동에 조금씩 뿌리면 흙 속의 해충이 유인되어 농약을 먹는다. 속효성 농약.

물에 녹여서 사용하는 농약

수화제

가루 타입과 액체 타입이 있고 모두 물로 희석해서 사용한다. 가정용 가루 타입 수화제는 작은 봉지에 나눠서 포장되어, 농약을 계량해서 물에 녹일 필요가 없어 편리하다.

모두 물로 희석해서 사용한다. 장미의 검은별무늬병과 흰가루병에 효과가 있다.

유제, 액제

소량의 농약으로 광범위하게 살포할 수 있다. 액체이기 때문에 가루처럼 희석할 때 농약이 날릴 우려는 없다. 살포할 때는 근처 이웃을 배려해야 한다.

유제는 계량하기 쉽고, 살포한 뒤 잎의 오염이 적다.

액제 농약은 화초, 정원수, 채소 등에 광범위한 피해를 입히는 해충에게 효과적이다.

살포 면적이 넓은 경우의 복장

피부가 노출되지 않도록 긴 소매의 작업복이나 긴 바지, 우비 등을 착용한다. 농약을 흡입하거나 직접 닿지 않도록 마스크나 장갑을 착용한다.

살포 후 주의할 점

살포가 끝나면 약품의 뚜껑 등을 제대로 닫았는지 체크한다. 또한 살포한 뒤에는 손발이나 얼굴을 깨끗하게 씻고 입안을 헹군다. 살포할 때 착용한 옷은 다른 세탁물과 분리해서 빨고, 살포에 사용한 도구는 다음을 위해 깨끗하게 씻어둔다.

그 밖의 약제

전착제

살포액이 벌레나 잎에 잘 묻게 도와주는 보조제.

조금만 사용해도 농약의 효과를 높여준다.

식물성장조절제

식물이 생육을 위해 생성하는 식물 호르몬과 비슷한 기능을 한다. 식물의 생육 촉진이나 억제에 사용한다.

가장 일반적인 꺾꽂이 이용 발근촉진제.

소독제

바이러스를 막지 못하는 식물을 위한 소독제. 감염이나 전염을 방지한다.

시든 꽃이나 잎과 줄기를 자른 가위 등의 소독에 사용한다.

수제 농약과 기피제

농약은 시판되는 제품으로 생각하기 쉽지만, 냉장고에 있는 식품을 사용하여 직접 만들 수도 있다.
채소로 만든 기피제도 한 번 시험해 보자.

식품으로 만드는 수제 농약

파, 마늘, 부추 등과 같은 알리움속의 채소로 만든다. 진딧물, 진드기 등에게 퇴치 효과가 있고, 흰가루병 등에 대해 살균 효과가 있다.

만드는 방법

1 성분을 쉽게 추출할 수 있도록 재료를 모두 잘게 다진다.

2 뚜껑이 있는 병에 **1**을 모두 넣고 소주를 붓는다.

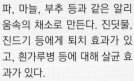

파 1개, 양파 1개, 마늘 1개, 부추 1다발, 25℃ 소주 500㎖

3 잘게 썬 재료 사이에 들어간 공기를 뺀 뒤, 뚜껑을 닫는다. 서늘하고 그늘진 곳에 두고 1달 정도 방치한 뒤, 키친타월 등으로 걸러서 완성한다.

사용방법

살포는 1주일에 1번. 액체를 10배로 희석해서 사용한다. 해충 외에 병 예방과 발생 초기에 사용할 수 있다. 말려서 가루로 만든 귤껍질, 쇠뜨기, 수박 씨앗을 갈아서 넣어도 좋다.

약모밀 기피제

해독과 해열 작용, 이뇨 작용 등, 10가지 효능이 있는 약모밀을 이용한다. 독특하고 강한 냄새가 해충을 퇴치한다.

만드는 방법

1 잎에서 진액이 나오도록 가위질을 많이 해서 작게 자른다.

2 끓는 물에 **1**을 넣고 3~4분 정도 데친다.

재료

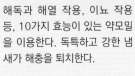

약모밀 200~300g, 물 600㎖

3 키친타월 등으로 **2**를 거르고 식혀서 병에 담는다.

사용방법

그대로 뿌리면 된다. 3일 안에 모두 사용하는 것이 좋다.

커피 찌꺼기 기피제

커피를 내리고 남은 찌꺼기는 카페인을 싫어하는 민달팽이용 기피제가 된다. 말려서 흙 위에 조금씩 뿌린다. 이 밖에도 목초액, 죽초액 등과 같이 시판되는 기피제도 있다.

병해충

식물을 재배할 때 주의해야 할 병해충

소중한 식물을 보호하기 위해 식물이 잘 걸리는 병에 대해 알아 두자.

원인으로는 다음과 같은 3가지가 있다.

- **곰팡이**
- **세균**
- **바이러스**

곰팡이로 인한 병은 흰가루병이나 잿빛곰팡이병 등이 있다. 사상균이라는 곰팡이의 일종이 잎이나 줄기, 열매를 썩게 하는 병이다. 물이 잘 빠지고 바람이 잘 통하게 해주면 방지할 수 있다. 마찬가지로 습기가 많은 환경에서 발생하는 병은, 무름병이라는 세균이 원인인 병이다. 비가 오래 내릴 때는 화분을 처마 밑으로 옮겨야 한다. 세균은 다른 식물에게 전염되기 때문에 병에 걸리면 소각한다.

또한, 바이러스가 원인인 바이러스병이나 모자이크병의 경우에도 치료할 수 없기 때문에 즉시 처분한다. 병을 발견하면 살균제를 사용한다.

핀셋으로 해충을 퇴치한다

해충은 발견하면 즉시 잡아서 제거하는 것이 원칙이다. 내버려 두면 점점 피해가 커져 병이 발생하는 원인이 되기도 한다. 핀셋이나 나무젓가락으로 벌레를 제거한다. 독이 있는 벌레도 있기 때문에 맨손으로 만지면 안 된다. 살충제도 해충 퇴치에 효과적이다.

클레마티스의 꽃가루받이를 돕는 참꽃무지 같은 익충도 많이 있다.

병

검은별무늬병

잎에 거무스름한 반점이 나타나고 결국 누렇게 변해서 시든다. 빗물이 튀면 잎을 통해 곰팡이가 침입한다. 빗물이 튀는 것을 막기 위해 멀칭을 하거나, 화분을 처마 밑으로 옮긴다. 장미과 식물에 발생하며, 6~11월에 많이 발생한다.

뿌리혹병

벚나무나 장미 등 장미과 식물과 국화과 식물에서 잘 발생한다. 원인은 세균으로, 땅쪽에 가까운 줄기나 뿌리에 혹이 생긴다. 바로 시들지는 않지만 서서히 약해진다. 발생하면 살균제를 살포한다. 소독한 가위를 사용하여 예방한다.

흰가루병

새싹이나 어린잎에 붙는 흰 가루 모양의 곰팡이에 의한 병. 햇빛이 잘 들고 바람이 잘 통하는 환경에서 키우고, 비료를 많이 주면 안 된다. 발생하면 살균제를 살포한다. 봄~초여름, 가을에 장미나 달리아의 잎과 줄기에 많이 발생한다.

모자이크병

잎에 모자이크처럼 얼룩 반점이 생기고, 잎이 가늘어지거나 모양이 이상해지기도 한다. 진딧물이 매개체가 된다. 고칠 수 없는 병이므로 발생한 포기는 제거한다.

튤립 뿌리썩음병

튤립의 알뿌리에 발생하는 병. 푸사리움균이 원인이다. 알뿌리를 구입하는 9월에는 증상이 나타나지 않아서, 병이 발생해도 심을 때 껍질을 벗겨야 비로소 알 수 있다. 병에 걸린 알뿌리는 처분한다.

흑사병

진딧물을 매개체로 크리스마스로즈가 바이러스에 감염된다. 10~12월의 새싹이 발생하는 시기, 생육이 왕성해지는 2~5월에 많이 발생한다. 잎맥을 따라 검은 줄기 모양의 얼룩이 생긴다. 발생하면 처분한다.

해충

노린재

새싹부터 열매까지 다 갉아먹는다. 열매의 즙을 빨아먹어서 모양이 변형되거나, 생육이 나빠지고, 열매가 떨어지기도 한다. 움직임이 둔한 이른 아침에 제거한다. 성충으로 겨울을 나기 때문에, 숨을 수 있는 잡초나 낙엽을 치운다.

민달팽이

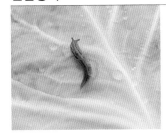

초봄에 부화하며 성충은 6cm 정도. 습기가 많은 곳을 좋아하고, 낮에는 화분 밑 등에 숨어 있다가 밤이 되면 활동한다. 식물을 초토화시키듯이 갉아먹는다. 점액을 분비하며 이동하기 때문에 지나간 뒤에 하얀 줄이 남는다.

잎응애

발생은 3~10월. 장마가 갠 뒤 왕성하게 번식한다. 잎 뒤쪽에 들러붙고, 즙이 빨린 부분은 허옇게 변한다. 전체 길이 0.3~0.5mm. 물을 싫어하기 때문에, 물을 줄 때마다 잎에 물을 듬뿍 뿌려주면 방제효과가 있다.

장미등에잎벌

장미를 좋아하고 5~10월에 많이 발생한다. 녹색의 자그마한 유충은 잎을 갉아먹는데, 잎을 전부 갉아먹는 경우도 있다. 성충이 알을 깐 가지는 세로로 쪼개지고 자국이 남는다. 발견하면 제거하거나 농약을 살포한다.

풍뎅이 애벌레

뿌리를 갉아먹어서 생육이 나빠진다. 덜 발효된 퇴비나 부엽토에 많기 때문에 주의한다. 화분에 심은 경우에는 1년에 1번 화분을 바꿔주는 방법도 효과적이다. 많이 닮아서 혼동하기 쉬운 풍이는, 뿌리를 갉아먹지 않는다.

거염벌레

새싹이나 새로 난 가지와 잎을 갉아먹는다. 잎에 반점이 발견되면 잎과 함께 제거한다. 막 부화하여 잎 뒤쪽에 모여 있을 때 퇴치하면 좋다. 애벌레가 자라면 주로 밤에 활동하기 때문에, 야도충이라고 부르기도 한다.

진딧물

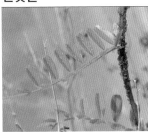

주로 4~6월과 9~10월에 발생한다. 전체 길이는 1~5mm로 작지만, 집단으로 식물의 즙을 빨아먹는다. 모자이크병이나 흑사병의 매개체가 된다. 질소 성분이 많으면 쉽게 발생하기 때문에, 비료를 적게 주고 바람이 잘 통하게 해준다.

이십팔점박이무당벌레

등에 있는 28개의 검은 점이 특징이다. 몸이 짧은 털로 덮여 있고, 전체 길이는 약 6mm. 육식인 무당벌레와 달리 초식이다. 성충, 애벌레 모두 가지의 잎이나 열매, 그리고 가지과의 감자, 토마토 등을 갉아먹는다.

흙을 파거나 가는 도구

흙을 파거나 가는 도구는 사용하기 나름이다.
크기, 무게가 적당하고 사용하기 편한 것을 골라보자.

크고 긴 원예 도구

흙을 다루는 원예작업에 필요한 도구
라고 하면 삽(shovel), 각삽(scoop) 등
이 있다.

길이 30㎝ 정도의 작은 원예용 삽은
'모종삽'이라고 하며, 삽은 크기가 큰
것을 말한다. 대형 삽을 다루려면 힘
도 필요하지만, 각각의 도구의 용도를
알고 사용하는 요령을 알아두면, 작업
효율도 향상시킬 수 있다.

사용하기 편하고 손에 잘 맞는 도구를
골라서, 무리 없이 알차게 원예작업을
즐겨보자. 또한, 도구를 사용한 뒤에
는 올바른 방법으로 손질해야 오래 사
용할 수 있다.

삽

화단이나 밭 등의 흙을 파거나 갈 때 사용하
는 도구. 끝이 뾰족한 것이 흙에 꽂기 쉽고,
뿌리 등도 쉽게 자를 수 있다. 날 윗부분의 발
판에 발을 올리면 체중을 실어서 쉽게 흙을
팔 수 있다. 파내는 작업에 적합하기 때문에
비교적 커다란 식물을 캐내거나 옮겨심을 때
도 사용한다.

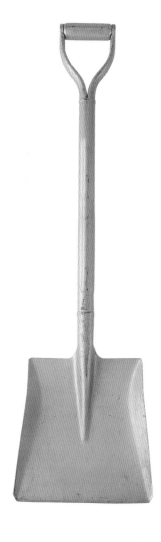

각삽

용토를 퍼서 운반하기 위해 사용하는 도구.
머리 모양이 사각형으로, 흙을 긁어모을 때
나 퍼 올릴 때, 또는 섞을 때 사용하면 편리하
다. 퍼 올린 흙 등이 떨어지지 않도록 양쪽 가
장자리가 살짝 올라와 있다. 대량의 배양토
를 만드는 경우에도 편리하다.

삽, 각삽, 모종삽, 괭이의 역할

각각의 도구에는 역할이 있다. 삽과 각삽은 언뜻 보기에는 비슷해 보이지만 실제로는 그렇지 않다. 삽은 흙을 크게 팔 때 사용하고, 각삽은 주로 파낸 흙을 옮기기 위해 사용하는 도구이다. 각삽은 옮기는 도구, 삽은 파는 도구로 기억해두자. 삽 중에서도 끝이 뾰족한 삽을 '막삽'이라고 부르기도 한다. 또한, 앞에서 소개한 모종삽은 이름 그대로 모종이나 알뿌리를 심을 때 세밀한 작업을 위해 사용되는 도구이다.

이 밖에 흙과 관련된 대형 도구로 이랑을 만들 때 사용하는 괭이나, 흙을 평평하게 고를 때 사용하는 갈퀴 등이 있다.

도구는 적재적소에 사용해야 한다. 각각의 사용법과 재배 공간이나 키우는 식물의 종류에 맞게 필요한 도구를 갖춰두자.

흙을 파고 갈기

| 삽 사용방법

1 날 윗부분의 발판에 발을 올려놓고 체중을 실어서, 날을 흙에 꽂아 넣는다.

2 양손으로 손잡이에 체중을 실어서, 지레의 원리를 이용해 흙을 판다.

3 양손으로 흙을 퍼 올린다. 파낸 흙은 삽날을 옆으로 젖혀서, 위아래가 뒤집히게 놓는다.

| 삽으로 흙을 섞는 방법

1 식물을 심을 구덩이를 파고, 소량의 개량 용토를 섞을 때는 삽만으로도 가능하다.

2 삽 끝을 찔러 넣고 흙을 부수면서 섞는다.

3 삽으로 흙을 퍼서 위아래를 뒤집어주면, 흙에 공기도 넣어줄 수 있다.

| 각삽 사용방법

1 한 손으로 손잡이를 거꾸로 잡고 다른 한 손으로 자루를 들어 흙 밑에 꽂아 넣는다.

2 각삽 위에 얹힌 흙을 퍼 올린다.

3 한 번에 많은 흙을 퍼 올릴 수 있다. 내려놓을 때는 삽날을 옆으로 젖혀서, 위아래가 뒤집히게 놓는다.

그 밖에 흙을 만들 때 유용한 도구

괭이

밭을 갈아서 이랑을 만들거나 흙을 평평하게 고를 때 사용한다. 주로 밭일을 할 때 빼놓을 수 없는 유용한 도구. 날이나 자루의 길이와 무게는 다양하다.

모종삽

주로 식물을 옮겨심을 때 필요한 세밀한 작업 전반에 사용하는 도구. 식물을 심을 구덩이를 파서 흙을 갈거나, 소량의 배양토를 섞거나, 모종 심기·옮겨심기 등에 매우 유용하다. 날이나 손잡이에 눈금이 있으면, 심을 구덩이의 깊이를 측정할 때 편하다. 크기나 모양도 다양해서 자신의 손에 잘 맞는 것을 고르면 된다.

갈퀴

흙을 평평하게 고르기 위한 농기구. 흙을 간 뒤에 표면을 어루만지듯이 평평하게 고르면서, 돌이나 흙덩어리 등을 제거한다. 베거나 뽑은 풀을 긁어모을 때도 사용할 수 있다.

소형 경운기

밭을 만들어서 본격적으로 가정 채소밭을 가꿀 때 유용한 가정용 소형 경운기이다. 소형이기 때문에 좁은 곳에서도 방향을 바꿀 수 있어 편리하다. 흙을 갈거나 이랑을 만드는 것처럼, 힘이나 시간이 필요한 작업을 효율적으로 편리하게 해낼 수 있다. 풀베기나 멀칭 등이 가능한 것도 있다.

column

도구 손질 방법

작업을 마치면 달라붙은 진흙을 물로 씻어낸다. 마지막으로 날에 녹방지 스프레이나 머신 오일을 발라 두면 오래 사용할 수 있다.

날이나 자루에 달라붙은 진흙은 녹이 스는 원인이 되므로, 물로 꼼꼼하게 씻어낸다.

물기를 잘 닦아내고 말린다. 녹슬지 않도록 방청제를 가끔 발라준다.

그 밖의 도구 사용방법

모종삽 사용방법

1 구덩이를 파거나 단단한 흙을 갈 때는 거꾸로 쥐고 꽂아 넣는다.

2 작은 공간에서 재배하는 경우에는, 모종삽만으로 충분한 경우도 있다.

3 흙을 퍼낼 때는 똑바로 쥔다. 구덩이를 메우거나 흙을 고를 때는, 옆으로 눕혀서 옆면을 사용한다.

괭이 사용방법

1 날을 비스듬한 각도로 흙에 넣는다.

2 괭이와 몸이 거의 평행해야 한다. 날을 옆으로 돌려서 흙을 평평하게 고른다.

3 밑동에 흙을 모아주는 북주기를 할 때는, 날만 움직이는 느낌으로 동작을 작게 한다.

4 괭이를 허리 높이까지 들어올렸다 내리는 느낌으로, 흙을 간다.

이랑 만들기

1 먼저 이랑을 만들 곳의 흙을 잘 갈아준다.

2 이랑을 만들 곳에 기준이 되도록 못줄을 친다. 짧은 막대기를 꽂고 비닐끈 등을 사용해도 좋다.

3 줄을 따라 뒤로 가면서 못줄 바깥쪽의 흙을 퍼서 안쪽에 넣어준다.

4 갈퀴를 사용해 흙 표면을 고른다. 못줄을 제거하면 이랑 완성.

자르고 깎는 도구

길게 자란 줄기와 가지를 자르거나 나무 모양을 다듬을 때 사용한다. 작업에 따라 용도에 맞게 구분하여 사용한다.

식물을 만날 때는 항상 가위를 준비한다.

사실 식물을 키우면 자르는 작업을 많이 하게 된다. 다양한 도구가 있지만, 기본은 자르고 깎기 위한 도구다. 원예 초보자라도 가위와 톱은 준비해야 한다. 두껍게 자란 줄기 등은 톱으로 자르는 것이 간단하다. 정원에서 꽃을 볼 때도 가위를 갖고 있으면 여러모로 도움이 된다. 시든 꽃을 발견하면 잘라내고 지나치게 많이 자란 가지는 잘라야 된다는 것을 항상 생각하고 있으면, 자연스럽게 정원의 꽃 수가 늘어난다.

사용한 다음에는 수액이나 바이러스 등이 묻어 있을 수 있으므로, 물로 꼼꼼하게 세척한다. 세척한 뒤에는 물기를 닦아서 녹슬지 않게 보관한다.

가지치기 가위(바이패스 타입)

두께 2㎝ 정도의 가지까지 자를 수 있는 가지 절단용 가위. 큰 쪽의 날(절단 날)이 위로 오도록 그립을 잡은 뒤, 초승달 모양의 받침날을 교차시켜서 자른다. 손에 맞는 크기와 무게, 경도를 갖춘 것을 고른다.

꽃가위

말 그대로 화초나 가지가 가느다란 꽃나무를 자르기 위한 가위. 꽃꽂이나 식물을 간단히 손질할 때 사용한다.

두꺼운 가지 절단용 가위

일반적인 가지치기 가위로는 잘리지 않고 톱을 사용할 정도는 아닌, 조금 두꺼운 가지를 적은 힘으로 효율적으로 자를 수 있는 가위.

다목적 가위

사무용이나 일상적으로 이용하는 다목적 가위를 꽃가위로 사용할 수도 있다. 꽃가위로 자르기 힘든 끈이나 종이 등을 자를 때도 유용하다.

낫

채소밭이나 정원의 잡초 제거 등에 사용한다. 손으로 풀을 쥐고 구부러진 날로 밑동을 감싸듯이 단숨에 베어내는 도구.

톱

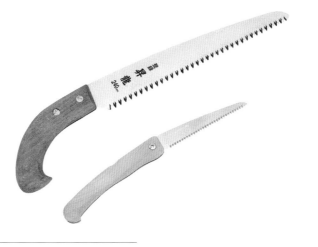

원예용 톱은 몸통이 가늘고 한쪽 날 타입이다. 가지에 직각으로 날을 대고 앞으로 당길 때 힘을 주어 자른다. 미국이나 유럽의 톱은 밀 때 힘을 주어야 하므로 주의한다. 권총형은 자루가 구부러져 있어 한 손으로도 사용하기 편하고, 높은 곳에 있는 가지를 자를 때도 좋다.

 칼집이 있는 톱

칼집에 날을 수납할 수 있도록 디자인된 톱. 목제 칼집에 수납하면, 안전하게 가지고 다닐 수 있다.

 One Point Advice **가위 손질**

가위는 절삭력이 떨어지기 전에 날을 손질한다. 사용한 다음에는 수액을 제거하고 물로 씻어서 말린다.

무뎌진 가윗날 세우기(응급 처치)

알루미늄포일로 문지르거나 가위로 알루미늄포일을 자르기만 하면 된다. 응급 처치이지만, 무뎌진 가윗날이 다시 날카로워진다.

날 세우기

클리너로 수액 등을 제거한다.

칼갈이의 엣지부분을 날에 대고 문지른다.

마무리로 방청유를 바른다.

화분

화분의 크기나 모양, 소재에 따라서도 식물의 생육이 좌우된다.
구조나 기능을 이해하여 적합한 화분을 고르는 것이 중요하다.

화분 크기는 지름과 깊이로 선택한다

화분에는 정해진 사이즈가 있다. 크기는 '호'라는 단위로 표시한
다. 1호는 지름이 약 3cm이고, 원예에서 많이 사용되는 사이즈는
2호(지름 약 6cm)~10호(지름 약 30cm)이다. 또한, 화분의 깊이에
따라 나누기도 한다. 지름과 깊이가 거의 같은 사이즈이면 표준

화분(보통 화분), 깊이가 지름의 반이면 평평한 화분, 지름보다
깊이가 깊으면 깊은 화분이라고 한다.
식물의 종류나 성장 단계에 따라 포기의 크기나 뿌리가 자라는
방식이 다르기 때문에, 각각에 맞게 적합한 지름이나 깊이의 화
분을 선택한다.

각 부분의 이름

배수구(물구멍)
필요 없는 물을 배출한다.
공기 구멍으로서의 기능도
한다.

화분 바닥
화분의 가장 아랫부분.

테두리
화분을 들어 올릴 때
손잡이가 되는 부분.

분벽
화분의 옆면.

화분 호수
화분 호수는 1호~9호까지는 0.5호 단위로 올라
가고, 9호~13호까지는 1호 단위로 올라간다.
다양한 호수가 있다.

도자기 화분부터 수지 화분까지 다양한 소재를 사용

화분은 다양한 소재로 만들지만 가장 많이 사용하는 것은 도자기 화분과 수지 화분이다.

이탈리아의 테라코타를 포함하여 종류가 다양한 토분은 통기성이나 투수성이 뛰어나다. 일본의 전통적인 태온(馱溫)화분은 내구성이 뛰어난 도자기 화분이다. 도자기는 식물 재배에 매우 적합한 소재 중 하나이지만, 물이 쉽게 마르고 무거우며 잘 깨진다는 단점도 있다.

자연 소재인 도자기에 반해 플라스틱 등 수지로 만든 화분은 통기성은 떨어지지만, 수분이 잘 유지되고 가벼우며 잘 깨지지 않아 사용하기 편리하다는 장점이 있다. 씨앗을 심고 모종을 키우는 모종판이나 포트, 모종 트레이도 수지로 만든다. 최근에는 수지에 유리나 톱밥 등을 섞어 양쪽의 장점을 겸비한 화분도 있다. 페트병 등을 재활용한 부직포로 만든 플랜터 중에는, 이동하기 편리하게 가방처럼 만든 것도 있다. 이 밖에도 디자인성이 뛰어난 목제나 금속제 화분도 있다.

화분 깊이

표준 화분(보통 화분)
지름과 깊이가 거의 같다. 대부분의 식물에 이용되고 크기가 가장 다양하다.

평평한 화분
깊이는 지름의 약 1/2. 뿌리가 가는 식물이나 키가 작은 식물 등에 적합하다.

깊은 화분
지름보다 깊이가 깊은 화분. 해바라기, 크리스마스로즈 등 곧은뿌리 식물에 적합하다.

도자기 화분

토분
700~800℃에서 구워 통기성과 투수성이 뛰어난 화분. 흙이 잘 말라서 식물을 재배하기 좋지만, 때로는 너무 건조해질 수도 있다.

테라코타
이탈리아의 토분으로 일반 토분보다 높은 온도에서 굽는다. 통기성, 투수성은 일반 토분보다 조금 떨어지지만, 디자인이 다양하다.

태온화분
1000℃ 정도의 고온으로 구워서, 토분에 비해 통기성이나 투수성은 떨어지지만 매우 견고하다. 일본에서는 모종 포트가 보급될 때까지 모종 화분으로 널리 사용되었다.

안티크 화분
빈티지한 질감과 소박하고 무미건조한 느낌의 토분. 석고틀이 아닌 마대를 틀로 사용한다. 자연 건조시켜 야외에서 굽기 때문에 그을음이나 주름, 일그러진 부분, 이가 빠진 부분도 있어서 개성적이다.

유약 화분
유약을 바른 도자기 화분. 다른 도자기 화분보다 통기성, 투수성이 떨어지기 때문에 물을 줄 때 주의해야 한다. 화분 커버로 사용되는 경우가 많다.

수지 화분

슬릿 화분

수지로 만들면 가볍고 잘 깨지지 않아 다루기 편한 것이 장점이다. 긴 슬릿으로 통기성이나 배수성을 개선하였다. 다양한 크기가 있다.

플랜터

여러 식물을 심을 수 있는 가로로 긴 박스형 화분. 깊이도 다양해서 베란다에서 채소 등을 재배할 때 필수품이다. 가볍고 견고해서 사용하기 편하다.

행잉 바스켓

무거운 행잉 바스켓도 플라스틱 제품을 사용하면 그만큼 무게를 줄일 수 있다. 세로로 긴 슬릿에 모종을 심을 수 있다(p.222 참조).

목제 화분

나무 플랜터

나무의 자연스러운 색감을 살려서 만든 나무 플랜터. 물을 머금으면 무거워지고, 축축한 상태가 계속되면 부패할 수도 있다.

금속제 화분

양철 화분

디자인성이 뛰어나며 가볍고 다루기 쉬워 인기가 높다. 하지만 통기성과 배수성이 떨어지고 여름철에는 열기가 잘 배출되지 않는다.

통기성과 배수성을 향상시킨 다리가 달린 양철 화분.

새로운 수지 소재

플라스틱에 톱밥을 배합한 화분

폴리프로필렌에 천연 소재인 톱밥을 배합하여 만든 플라스틱 화분. 식물과 잘 어울리는 자연스러운 색감이다.

페트병을 재활용한 화분

재생 페트병과 천연 섬유로 만든 지속 가능한 제품. 손잡이가 달린 가방 모양으로, 운반하기 편리하다. 통기성과 배수성도 뛰어나서 쉽게 짓무르지 않는다.

씨뿌리기, 모종 키우기에 편리한 도구

모종판

발아율이 좋지 않은 씨앗이나 솎아내면서 키우는 식물의 씨앗을, 한 번에 많이 심어서 키우는 모종판. 튼튼한 모종을 골라서 모종 포트에 분갈이한다.

모종 포트

폴리에틸렌으로 만든 얇고 저렴한 포트. 지름 6~9㎝를 주로 이용한다. 씨앗을 몇 알 심어서 키우거나, 어린 모종을 옮겨심어서 포트 모종을 만들 때 사용한다.

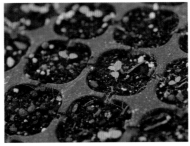

모종 트레이

작은 틀이 트레이 모양으로 연결되어 있는 모종판. 1칸에 1알씩, 또는 몇 알씩 씨앗을 심는다. 옆에 있는 모종과 뿌리가 엉키지 않아 쉽게 관리할 수 있다.

모종 트레이를 분리하면 받침 접시가 있으며, 투명한 덮개가 있어 보온 효과가 있다.

화분 바닥

화분을 고를 때 또 하나의 중요한 요소는 화분 바닥이다. 배수 구멍의 유무, 배수 구멍의 크기와 개수, 화분 바닥의 모양 등을 확인해야 한다. 아래 오른쪽 사진처럼 화분 바닥에 튀어나온 부분이 있으면 지면과 화분 사이에 공간이 생겨 물이 잘 빠지고, 식물이 쉽게 짓무르지 않는다. 왼쪽 사진처럼 화분 바닥이 평평하면 배수 구멍으로 물이 잘 빠지지 않기 때문에, 배수용 돌을 깔아서 화분 안에 틈새를 만드는 등 대책이 필요하다.

화분 바닥이 평평하면(왼쪽) 배수용 돌을 넣어 물빠짐을 개선시킨다.

화분 돌 사용방법

화분 바닥에 돌을 깔아 틈을 만들면 배수성을 높일 수 있다. 경석 등을 사용해도 좋다.

채소용 플랜터. 바닥의 받침대 밑에 물이 고여 물이 잘 마르지 않는다.

물뿌리개

자주 사용하는 도구이기 때문에 용도에 맞고 사용하기 편한 것을 선택해야 한다.
물뿌리개 헤드를 조절하면 좀 더 섬세하게 물을 줄 수 있다.

물주기에 특화된 전문 도구

물뿌리개는 물을 넣는 탱크와 물을 줄 때 물이 통과하는 관, 그리고 손잡이가 있는 간단한 구조이며, 가장 자주 사용하는 도구이다. 따라서 가볍고 녹슬 우려가 없는 튼튼한 플라스틱 물뿌리개를 사용하는 것이 좋다. 또한 샤워기 헤드 같이 수많은 구멍이 뚫려 있는 헤드를 탈착할 수 있는 제품이 좋다. 사용한 뒤에는 잘 말려서 먼지가 들어가지 않게 보관한다.

양철 물뿌리개. 헤드를 탈착할 수 있다.

폐플라스틱으로 만든 이탈리아산 물뿌리개. 헤드를 밀어서 분리한다.

입구가 작은 실내용 철제 물뿌리개.

영국산 물뿌리개. 놋쇠로 만든 헤드는 물이 잘 썩지 않고 이끼 등이 달라붙지 않는다.

여러 개의 화분에 물을 줄 때 편리한 소형 물뿌리개. 플라스틱 제품.

물뿌리개 사용방법

헤드를 아래로 향하게 끼우면 물줄기가 강해진다.

헤드를 위로 향하게 끼우면 물줄기가 부드러워진다.

헤드를 빼고 손가락으로 물의 양을 조절하는 방법도 있다. 물줄기를 강하게 조절하면 진딧물 등의 해충을 씻어낼 수 있다.

측정도구

측정도구를 잘 사용하면 큰 도움이 된다.
수치를 체크하면 식물을 좀 더 건강하게 키울 수 있다.

기온이나 흙의 산도, 비료의 농도를 측정한다

식물을 재배할 때 다양한 수치를 확인하는 것은 매우 중요한 일이다. 기온을 측정하는 온도계는 생육 적정온도를 맞출 수 있도록 최고 온도와 최저 온도가 표시되는 최고최저 온도계를 사용하는 것이 좋다. 또한, 같은 장소에서 반복해서 화초나 채소를 키울 경우에는, 토양의 산도를 측정하는 산도계나 측정 키트를 준비해두면 편리하다. 물에 희석하여 사용하는 액체비료는 계량컵 등을 준비해 계량한 뒤 사용한다.

최고최저 온도계

24시간 또는 12시간 동안의 최고 온도와 최저 온도를 알 수 있다. 매일 아침, 정해진 시간에 기록하여 참고한다.

산도계

식물을 키우는 땅이나 식물을 심은 화분에 직접 꽂아서 토양의 산도를 측정하는 도구.

토양 산도 측정 키트

토양의 산도를 간편하게 체크할 수 있는 키트. 흙을 만들 때 산도를 체크할 수 있다.

계량컵

1ℓ 용량이 사용하기 좋다. 스포이트 등으로 액체비료나 농약을 계량한 뒤 섞어서 규정 농도를 맞춘다.

| 산도 측정 키트 사용방법

1 용기에 측정할 흙과 2배 분량의 물을 넣고 잘 섞는다.

2 1의 침전물 윗부분에 뜬 맑은 액체(상청액)를 스포이트 등으로 채취해 시험관에 넣는다.

3 2에 정해진 분량의 측정액을 넣은 뒤, 마개를 덮고 흔들어서 잘 섞는다.

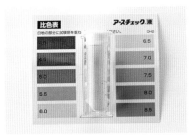

4 색이 변하면 표의 색과 비교하여 산도(pH)를 확인한다.

※ 제품에 따라 사용법방이 다르므로 설명서대로 사용하면 된다.

보호재

여름의 강한 햇살, 겨울의 추위와 서리, 건조로부터 식물을 보호하기 위해,
보호재(피복재)를 이용하면 식물이 건강하게 성장할 수 있다.

혹독한 환경을 완화시켜 식물을 보호한다

한여름의 강한 직사광선에 그대로 노출된 채소밭이나 석양빛이
강하게 비치는 정원, 한겨울의 추위 등, 혹독한 생육 환경에 놓인
식물을, 이러한 스트레스로부터 보호하기 위해 이용하는 것이
보호재이다. 대부분 식물에 덮어서 사용하기 때문에 피복재라고
도 한다.

여러 용도로 활약하는 한랭사는 성글게 평직으로 짠 천으로, 여
름의 직사광선을 차단하여 온도를 낮추거나, 보온, 방충, 방풍 및
방한, 동해 대책 등 다양한 용도로 사용된다. 이 밖에 부직포나

방충망도 같은 역할을 한다. 다만, 색이나 재질에 따라 주된 효과
가 다르므로, 목적에 맞는 것을 사용해야 한다.

흙 표면을 덮는 검은색 멀칭 시트는 땅의 온도를 높이고, 흙이
마르지 않게 해준다. 시트로 덮인 부분은 햇빛이 차단되어 잡초
가 잘 자라지 않는다. 또한 진흙이 튀는 것을 막아주거나, 병해충
을 예방하고, 바람을 막아주는 등 여러 가지로 도움이 된다. 넓은
면적에 깔려면 조금 힘들지만, 생육이 개선되고 채소 등은 수확
량도 늘어난다.

덮어서 사용하는 보호재

한랭사

지지대를 세운 뒤 식물 위에
덮어서 사용한다. 한랭사를
덮은 상태로 물을 줄 수도 있
다. 색이나 차광률이 다르므
로 목적에 맞게 구분하여 사
용한다.

부직포

섬유를 실로 짜지 않고 열과
압력을 가해 천 상태로 만든
것. 정원수나 여러해살이풀,
채소의 보온이나 서리 방지
를 위해 사용한다. 씨앗을 뿌
린 뒤 새나 해충을 막을 때도
사용한다.

| 사용방법

햇빛이 필요한 식물의 경우에도 1
년 내내 사용할 수 있다.

차광률이 높아서 단일처리할 때나,
여름철에 사용한다.

| 사용방법

동해 대책으로 지지대를 세우고 터
널모양으로 설치한다.

보온효과가 뛰어나서 추위에 약한
여러해살이풀에 사용해도 좋다.

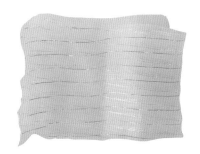

방충망

빛나는 것을 싫어하는 진딧물 등에 대한 대책으로 은실을 섞어서 짠 제품이다.

멀칭 시트

검은 비닐 필름을 사용한다. 롤 타입과 시트 타입이 있다. 멀칭 비닐이라고도 한다.

멀칭 시트에 식물을 심을 구멍을 뚫어주는 천공기. 손잡이를 잡고 멀칭 비닐 위에서 누른다.

시트에 이미 구멍이 뚫려 있는 종류도 있다. 구멍을 뚫는 수고를 덜 수 있어 편리하다. 뚫린 부분에 구덩이를 파고 식물을 심는다.

멀칭 시트 사용방법

1 이랑을 만든다. 이랑 주위의 흙을 치워두면 시트 끝부분을 쉽게 고정할 수 있다.

2 롤 타입의 멀칭 시트를 이랑의 짧은 변 한쪽에 놓고, 흙을 덮어 끝부분을 고정한다.

3 멀칭 시트의 중심과 이랑의 중심을 맞추면서 전체를 덮어준다.

4 다른 한쪽의 짧은 변까지 덮으면, 끝부분을 흙으로 눌러준 뒤 자른다.

5 긴 변의 멀칭 시트 끝부분을 밟아주면서 흙을 덮는다. 한쪽씩 한다.

6 나머지 짧은 변에 발을 올리고 조금씩 체중을 실어 팽팽하게 당긴 뒤, 끝부분에 흙을 덮어서 묻는다.

7 바람에 날아가지 않도록 U자핀 등으로 고정한다.

8 멀칭 완료. 가운데에 표시된 부분을 따라 천공기로 구멍을 뚫어 구덩이를 판다.

재배에 도움이 되는 그 밖의 용품

키우는 식물이나 재배 공간에 맞게 도구의 크기나 모양, 색, 재질을 선택할 수 있을 정도로 원예 용품은 매우 다양하다.

키우고 싶은 식물을 정했다면 여러 상품을 구비한 화원이나 원예점을 방문하여, 필요한 용품을 찾아보는 것이 좋다. 편리한 용품은 꼭 한 번 활용해보자. 지지대나 망도 편리하게 사용할 수 있는 것이 다양하게 나와 있고, 식물이나 정원의 분위기에 자연스럽게 녹아드는 천연 소재로 만든 용품도 있다.

또한, 안전하게 원예작업을 할 수 있도록 원예용 앞치마나 튼튼한 장갑이 있으면 좋다. 흙이나 물을 다루기 때문에 신발은 잘 미끄러지지 않는 것을 고른다. 모자나 머플러 등은 햇빛을 가려줄 뿐만 아니라, 흙먼지를 막아주는 효과도 있다. 모두 쉽게 빨 수 있고 잘 마르는 것을 고른다.

필요에 따라 갖추어야 할 용품

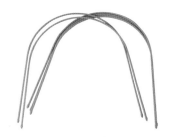

지지대

강철로 만든 파이프를 비닐로 코팅한 지지대. 직선 지지대 외에 아치 모양의 터널 지지대, 원형 지지대 등도 있다.

식물 이름표

식물 이름표 만들기를 습관화하는 것이 좋다. 원예점에서 사용하는 상품 태그는 재배 기록 등도 기재할 수 있어 편리하다.

| 천연 소재

야자나무 껍질로 만든 멀칭재

야자나무 껍질(왼쪽)과 야자나무 섬유(오른쪽)로 만든 멀칭재. 밑동을 덮어 온도와 습도를 유지하고 잡초 발생을 막는다.

망(네트)

덩굴성 식물의 그린 커튼용이나 농업용 등으로 사용한다. 망 크기나 구멍 크기도 목적에 맞게 선택할 수 있다.

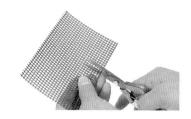

화분 깔망

화분 밑바닥의 배수구멍 크기에 맞게 잘라서 사용한다. 구멍에서 흙이 흘러나오거나 벌레가 침입하는 것을 막아준다.

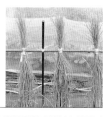

완두콩의 볏짚 멀칭

다발로 묶은 짚으로 완두콩을 감싸서 서리나 추위를 막아준다. 짚은 채소밭이나 화단에서 많이 사용하는 편리한 보호재다.

완두콩 재배용으로 설치한 망. 오이나 여주 재배에도 사용한다.

대나무 지지대

예로부터 사용되어 온 대나무 지지대. 가볍고 사용하기 편리하며 저렴하다. 가는 것은 지지대로 사용하고, 두꺼운 것은 망을 칠 때도 사용할 수 있다.

원예용 작업복

모자

실외 작업의 필수 아이템. 햇빛을 막아주는 챙이 커다란 모자를 고르는 것이 좋다.

머플러

목 주위가 타거나 땀이 흐르는 것을 막아주는 용도로 사용하는 머플러.

원예용 앞치마

쾌적하게 작업할 수 있는 기능성과 내구성이 포인트. 주머니가 많고 밑단이 터져 있어 다리를 편하게 움직일 수 있다.

원예용 장갑

방수 기능이 있고 미끄럼 방지 처리가 되어 있는 장갑. 습기가 차지 않도록 손등은 천으로 만들었다.

원예작업 외에도 사용할 수 있도록 보기 좋게 만든 장갑. 테두리를 핑크색 가죽으로 처리했다.

긴 장화

본격적으로 작업할 때는 버드워칭용 긴 장화가 편리하다. 움직이기 편한 부드러운 소재로 되어 있고, 방수 기능도 있다.

작업화

편하게 신고 정원이나 베란다에 나갈 수 있는 정원용 슬리퍼(오른쪽)와, 가볍고 신기 편한 짧은 장화.

식물과 함께하는 열두 달

화분에 심은 한 포기의 식물이 삶에 기쁨을 준다. 활짝 핀 꽃 한 송이를 꺾어서 실내를 장식하고, 수확의 계절이 오면 제철의 맛을 즐기고……. 직접 키운 식물이기 때문에 기쁨은 한층 더 크다. 식물과 함께하는 열두 달은 풍요로운 시간을 선사한다.

Spring

봄

완연한 봄.

꽃들이 일제히

피어나기 시작하면

모두가 기뻐하고,

이윽고 꽃잎이

떨어지는 모습에

아쉬운 마음으로

봄을 보낸다.

벚나무

왕벚나무의 벚꽃전선이 북상하면
화사한 겹벚나무의 계절이 온다.

과 · 속	장미과 벚나무속	
개 화 기	3월 중순~5월 상순	
심 기	11월 중순~3월 중순	★한겨울은 제외
번식 방법	꺾꽂이_ 6월~7월 상순	

유채

밭을 온통 노랗게 물들이는 유채꽃.
주로 남부 지역에서 재배한다.

과 · 속	배추과 배추속
개 화 기	2~4월
번식 방법	씨앗_ 8월 하순~11월

과 · 속	양귀비과 양귀비속
개 화 기	4월 중순~7월 중순
심 기	2월 하순~3월, 10월 중순~11월
번식 방법	씨앗_ 9월~10월 중순

개양귀비

바람에 흔들리는 가냘픈 꽃으로, 별명은 우미인초(虞美人草).
바람이 잘 통하는 양지를 좋아한다.

Spring

장미

꽃의 색깔이나 모양, 향기, 나무 모양까지 다양한 종류가 있다.
봄이 오면 색색의 장미가 앞다퉈 피어난다.

과 · 속	장미과 장미속
개 화 기	5~11월
심 기	신묘 4월 중순~6월, 대묘 10월~3월
번식 방법	꺾꽂이_ 4~6월 / 씨앗_ 12월

3월

유채꽃부터 은엽아카시아와 꽃복숭아까지,
화사한 꽃이 피기 시작하는 3월.
날이 점점 따스해지며 식물이 급성장하기 때문에
정원의 원예작업도 바빠진다.

은엽아카시아 가지를 둥글게 말아주면
화관을 만들 수 있다.

봄의 시작은 은엽아카시아와 비올라

3월은 입학식이 있어서 시작부터 꽃으로 축하할 일이 많다. 복숭아꽃은 유채꽃과
튤립을 섞어서 장식한다. 은엽아카시아는 은빛 잎사귀와 함께 꽃병에 꽂아도 좋고,
굵은 가지를 둥글게 말아주면 멋들어진 화관이 된다. 노지에 심으면 커다란 나무로
자라는 은엽아카시아도 화분에 심으면 쉽게 관리할 수 있는 크기로 자란다.
베란다에는 식용꽃용 씨앗으로 키운 비올라가 만개하였다. 시든 꽃 따기를 겸해서
딴 꽃에 봄채소를 더한 샐러드는 그야말로 꽃밭 그 자체. 막 피어나기 시작한 목향
장미 꽃잎을 토핑으로 올려준다.

은엽아카시아는 주전자에 꽂아도 잘 어울린다.

먹거리

- 식용꽃 샐러드
- 유채꽃

장식하기/만들기

- 은엽아카시아 화관
- 은엽아카시아 꽃꽂이
- 튤립 꽃꽂이

원예작업

- 장미 순따기
- 알뿌리식물의 시든 꽃 따기
- 화단이나 텃밭의 흙 만들기
- 비올라 교배 ※ 개화기간 중

작은 꽃을 즐기며 차 한 잔.

무농약으로 재배한 식용꽃 모종을 키우면
샐러드로 맛볼 수 있다.

비올라를 교배시킬 때는 입술판 아랫
부분에 있는 꽃가루를 사용한다.

이쑤시개로 암꽃술에 꽃가루를
묻혀서 교배시킨다.

목향장미는 꽃잎을 뜯어서 뿌린다.

튤립은 유리컵에 꽂아도 보기 좋다.

떨어진 꽃복숭아의 꽃도 물에
띄워서 분위기를 즐긴다.

꽃복숭아의 꽃에 튤립과 유채
꽃을 섞어서 장식한다.

4월

세상이 온통 벚꽃으로 물드는 4월.
꽃이 피어나고 어린 풀도 빛나기 시작한다.
본격적인 봄을 맞아 향긋한 식물 내음을
마음껏 만끽하고 싶어지는 계절이다.

양철 화분에 튤립과
비올라를 모아심기.

꽃에 어울리게 화분을 페인팅한다

어디를 보아도 꽃이 넘쳐나는 봄의 정원.

어린 쑥으로 전통의 맛을 느낀다

예로부터 벚꽃은 봄의 씨앗을 뿌릴 때가 되었다는 신호다. 봄의 상징인 벚꽃을 떡
이나 차로 만들어서 즐겨보자. 또한 봄의 정취를 맛볼 수 있는 식물로 쑥을 빼놓을
수 없다. 쑥은 길가에서도 볼 수 있을 정도로 흔하지만, 비타민이나 미네랄, 식이섬
유가 풍부한 약초이다. 차로 마시거나 입욕제로 사용해도 좋고, 경단을 만들어 산
뜻한 봄향기를 즐길 수도 있다. 또한 부드러운 어린 쑥은 빛깔과 향기로 몸과 마음
을 편안하게 만들어 준다.

정원의 화단이나 화분에 심은 식물도 1년 중 가장 활기찬 시기를 맞이한다. 꽃샘추
위가 모두 물러가면 꽃이나 채소의 씨앗을 심어보자. 무성하게 자란 잡초는 잊지
말고 가능한 한 빨리 제거한다.

먹거리

- 쑥경단
- 벚꽃떡

장식하기/만들기

- 벚꽃 꽃꽂이
- 벚꽃으로 식탁을 장식한다.
- 제비꽃을 컵에 꽂아 장식한다.

원예작업

- 봄의 씨뿌리기를 시작한다.
- 꽃샘추위에 주의한다.
- 봄에 심는 알뿌리식물 심기
- 봄여름용 꽃모종 심기
- 잡초는 가능한 한 빨리 제거한다.

벚꽃떡과 유리컵에 꽂은 작은 벚꽃 가지.
티타임에 즐기는 봄의 풍경.

벚나무로 꽃꽂이를 할 때
는 절단면에 가위로 칼집
을 낸다.

십자모양으로 깊게
칼집을 내면, 작은
봉오리도 꽃이 핀다.

식탁에 작은 벚꽃 가지
를 올려서 장식한다.

부드러운 어린 쑥을 딴다

어린 쑥을 씻어서 데친
뒤, 잘게 다져서 경단
을 만든다.

향기 좋은 제비꽃을 장식한다.

쑥은 차나 입욕제 등으로 활용한다.

5월

모든 식물이 생기를 찾는 5월이 오면,
그윽한 장미향이 정원을 채운다.
추운 겨울에 장미를 옮겨심고 가지치기한 것은,
바로 이때를 위해서이다.

일본 간사이 지방에서는 단오절에 대나무 잎으로
싼 치마키(사진)를 먹고, 간토 지방에서는 떡갈나
무 잎으로 싼 가시와모찌를 먹는다.

봄바람 부는 계절을 맞이한 정원은 다채로운 장미의 화원

5월 5일 어린이날이 지나면 장미의 계절이 시작된다. 정원 한쪽에 장미를 심어놓은
집이 많아서, 익숙한 풍경이 그야말로 장밋빛으로 물든다.

화사한 장미꽃과 그윽한 장미향기로 봄이 깊어간다. 한겨울 찬바람을 맞으며 장미
를 옮겨심고, 가지치기한 정성을 장미가 알아주는 듯하다. 가장 아름다운 시기는
그야말로 한순간. 원예 노트에 올해 장미의 모습을 기록하고 사진으로 남겨보자.

가을부터 키우기 시작한 딸기도 수확 시기다. 많이 수확하면 잼을 만들어도 좋다.

먹거리

- 딸기잼
- 캐모마일 티

장식하기/만들기

- 수반을 이용한 창포 꽃꽂이
- 유리컵에 장미를 장식한다.

꽃을 즐기는 꽃창포.
입욕제로 사용하는 창
포와는 다른 종류다.

캐모마일은 꽃을 따서 그대로
차를 우려낼 수 있다.

원예작업

- 봄에 심는 모종의 아주심기
- 어린 장미 묘목 심기
- 장미나 화초의 시든 꽃 따기
- 달리아 순지르기

장미꽃을 잘라서 장식하면 또 다른 표정을
볼 수 있다. 허브와 함께 컵에 꽂는다.

찔레꽃을 닮은 작은 장미.

장미는 가시를 제거한 뒤 장식한다.

딸기는 익은 열매부터 딴다.

딸기를 크게 키우는 비결은
꽃을 솎아내는 것이다.

갓 딴 딸기로 만든 잼은
맛이 각별하다.

Summer

여름

빗물에 씻긴 꽃과

잎사귀가 반짝이는

장마철 틈 사이.

이윽고

장마가 끝나면

아침에 피고

저녁에 지는 일일화가

한여름을

화려하게 장식한다.

과 · 속	미나리아재비과 으아리속
개 화 기	5월 중순~10월 중순
심 기	2월 하순~3월, 5월~6월 중순
번식 방법	꺾꽂이_ 5월 하순~6월

클레마티스

덩굴성 여러해살이풀로 청초한 홑꽃이 아름답다.
앙증맞은 종모양 등, 꽃 모양과 빛깔이 다양하다.

수국

장마의 계절을 아름답게 밝혀주는 꽃.
일본 원산의 작은키나무로 왕성하게 자란다.

과 · 속	수국과 수국속
개 화 기	6~7월
심 기	11~3월
번식 방법	꺾꽂이_ 6월~7월 중순

과 · 속	백합과 원추리속
개 화 기	5월 중순~8월
심 기	3~4월, 10월~11월
번식 방법	포기나누기_ 3~4월, 10월

Summer

원추리
백합처럼 화사하고 커다란 꽃송이는 날마다 피는 일일화.
큰원추리, 각시원추리 등의 자생종이 있다.

6월

비가 많이 내리는 6월.
이 시기에만 할 수 있는 일을 하고,
장마 사이사이 잠깐씩 보이는 푸른 하늘에도
감사하는 마음을 가져보자.

촉촉히 내리는 빗물로 자라난 초여름의 열매를 식탁에 올린다

수국은 빗물을 가득 머금은 하늘 아래에서 아름답게 꽃을 피운다. 다음 계절을 위해 장미나 클레마티스의 시든 꽃을 따거나 순지르기한다. 무성해진 허브는 가지를 솎아서 짓무르지 않게 관리한다.

이 시기에 수확할 수 있는 것은 차즈기와 매실이다. 텃밭에 차즈기를 심으면 주스나 매실장아찌를 만들 때 활용할 수 있다. 정원의 매실 열매가 작으면 청매실을 구입한다. 매실주는 숙성시켜야 하므로 빨리 맛보고 싶다면 매실주스를 만들어보자. 베란다 화분에 심어서 키운 누에콩도 수확을 기다리고 있다.

장마가 끝나면 벌레의 움직임이 활발해지므로 약모밀로 기피제를 만든다.

먹거리

- 매실주
- 매실주스
- 차즈기 주스
- 허브를 곁들인 찜닭
- 누에콩 구이

장식하기/만들기

- 수국 화분
- 수국 드라이플라워
- 약모밀 기피제

원예작업

- 감자 포대 재배
- 장미나 화초의 시든 꽃 따기
- 클레마티스 깊이순지르기
- 허브 솎아내기

차즈기는 주스와 매실장아찌용으로 재배한다.

청매실은 통통하고 흠집이 없는 것을 고른다.

잎이 깨끗한 토란은 실내장식용으로 키워도 좋다.

벚꽃이 피고 2달이 지나면 누에콩 수확 시기.

방금 딴 누에콩을 그릴로 굽는다. 간을 하지 않고 그대로 먹는다.

청매실로 매실주와 매실주스를 만든다.
차즈기 주스도 이 계절에만 맛볼 수 있
는 별미다.

수국은 햇빛을
받으면 더 생기
있게 자라난다.

가치지기한 수국은 바람이 잘 통하는
그늘에 말려 드라이플라워로 만든다.

그늘에서 증식하는 약모밀은 어성
초라고도 부르는 약초이다.

하얗고 예쁜 고수 꽃이
피는 것도 이 계절이다.

고수를 곁들인 찜닭 요리.
향기가 식욕을 돋운다.

독특한 냄새가 나는 약모밀을 우려내서
해충 기피제로 사용한다.

7월

활짝 갠 여름 하늘이 펼쳐지면,
사람도 식물도 활발하게 활동을 시작한다.
여름의 활기에 힘입어 나날이 성장하는 식물과
보조를 맞춰서 돌보고 수확한다.

여름 채소가 쑥쑥 자라 부엌일이 늘어난다

본격적으로 여름을 맞이한 텃밭은 그야말로 수확의 대축제. 오이나 주키니 호박은
깜빡 잊고 며칠 동안 따지 않으면 수세미오이만큼 크게 자랄 수도 있다. 몇 포기 심
어둔 토마토도 제철을 맞아 차례차례 열매를 맺는다. 날마다 요리에 사용하고 토마
토소스를 만들어서 보관해도 다 처리하지 못할 정도다. 옥수수는 새들에게 먹히기
전에 수확해야 한다. 베란다에서 포대로 재배한 감자도 한가득 수확할 수 있다. 허
브는 조금씩 따서 요리에 사용한다.

봄부터 가을까지 오랫동안 동안 피는 백일홍이나 페튜니아가 생기를 잃었다면, 줄
기를 잘라서 포기에 활기를 불어넣는다.

먹거리

- 바질 소스
- 바질 소스를 넣은 햇감자와 참치 볶음
- 베이컨과 바질 파스타

장식하기/만들기

- 로즈메리 입욕제
- 로즈메리 식기 받침대
- 잘라낸 백일홍을 이용한 꽃꽂이

원예작업

- 여름채소 수확
- 화초나 허브 순지르기
- 수국 가지치기 ※ ~8월 중순

바질은 줄기를 짧게 자르거나
잎을 따서 수확한다.

바질의 강한 향이
식욕을 돋운다.

따낸 허브를 물에 담가
신선도를 유지한다.

로즈메리를 입욕제로 사용하면
긴장을 풀어주는 효과가 있다.

로즈메리 잔가지는
향기로운 식기 받침
대가 되어준다.

방금 딴 바질로 소스를 만들어
파스타에 곁들인다. 토마토로
상큼함을 더한다.

모양을 정리하기 위해 잘라낸
백일홍 줄기는, 실내에 장식해
마지막까지 즐긴다.

바질 소스를 넣은 햇감자와 참치
볶음. 수확한 날 바로 만든다.

텃밭 채소는 모양은 제각각이
어도 맛은 제대로다.

8월

더위가 맹위를 떨치는 8월.
꽃과 나무, 채소를 더위로부터 보호해야 한다.
여름휴가는 표본 등을 만들며
식물들과 함께 쾌적하게 보내자.

아침 일찍 일어나 식물을 돌보고 정원 작업을 한다

아침부터 강한 햇살이 내리쬐는 8월. 작업은 이른 아침에 해야 한다. 석양빛이 닿는
나무는 검은 한랭사를 덮어주고, 콘크리트 위에 놓아둔 화분은 밑에 벽돌을 깔아서
공기가 잘 통하게 해준다. 더위를 싫어하는 장미는 밑동에 부엽토를 두껍게 깔아주
는 등, 각각의 식물에 맞는 더위 대책을 마련해야 한다.

해바라기나 애기해바라기, 루드베키아, 달리아 등 국화과 식물이 꽃을 피우는 시기
이므로, 아침 일찍 일어나 시든 꽃을 따고, 약해진 잎이나 꽃이 작아진 화초가 있다
면 순지르기를 해준다. 작업을 마치면 라벤더 등 향이 좋은 허브를 띄운 물로 더러
워진 손과 발을 닦는다.

먹거리

- 가스파초
- 토마토 샐러드
- 블루베리 칵테일

장식하기/만들기

- 애기해바라기 꽃꽂이
- 식물 표본
- 누름꽃(압화)

원예작업

- 더위 대책
- 화초나 허브 순지르기

식물 표본은 누름꽃을 만드는 요령으로 만든다.
시들기 전에 만들어야 한다.

표본은 뿌리가 달린 상태로 만들고,
많이 겹쳐진 싹은 잘라낸다.

여름꽃은 컬러풀하다. 누름꽃으로 만들어도 좋다.

누름꽃 키트를 사용하면 선명한 빛깔의
누름꽃을 만들 수 있다.

정원의 애기해바라기를 꽃병에 꽂는 다. 블루베리는 이제 마지막 열매를 맺 을 때가 되었다.

작업이 끝나면 라벤더와 꽃을 띄운 물로 손을 씻는다.

잘라낸 꽃과 채소는 더위로 시들기 전에 그늘로 옮긴다.

블루베리와 식초, 설탕으로 만든 칵테일은 비타민을 보충해준다.

토마토나 파프리카 등, 여름 채소를 듬뿍 넣은 가스파초.

스피어민트 드레싱은 토마토와 잘 어울린다.

Autumn

가을

바람에 꽃들이

살랑살랑 흔들리는

꽃밭은,

많은 사람들의

마음에 새겨진

가을 풍경 중 하나.

해가 짧아지면서

식물들은

하루가 다르게

색이 깊어진다.

코스모스

가을을 상징하는 청초한 꽃.
핑크색이나 흰색 외에 노란색이나 오렌지색도 있다.

과 ・ 속	국화과 코스모스속
개 화 기	6월 하순~11월 중순
심 기	5월 하순~7월
번식 방법	씨앗_ 5~7월

샐비어

세이지라고도 하며 세계적으로 900종 이상 분포한다.
가을이면 키가 자라고 꽃이 아름답게 핀다.

과 · 속	꿀풀과 샐비어속
개 화 기	6월 ~ 11월 상순
심 기	4월 중순 ~ 5월, 9월 하순 ~ 10월 중순
번식 방법	씨앗_ 4월 중순 ~ 5월, 9월 하순 ~ 10월 중순 / 꺾꽂이_ 5 ~ 6월

달리아

작은 꽃송이부터 커다란 꽃송이까지 두루 갖춘 화려한 알뿌리식물.
생기 넘치는 모습이 푸른 하늘빛과 잘 어우러진다.

과 · 속	국화과 다알리아속
개 화 기	7월~11월 상순
심 기	3월 하순~4월
번식 방법	알뿌리나누기_ 3월 하순 / 꺾꽂이_ 6월

Autumn

9월

한여름 더위도 일단락되는 시기.
아침저녁으로 기온이 내려가기 시작하면,
가을이 느껴지는 아름답고 청초한 꽃들이
서서히 피기 시작한다.

한여름이 오기 전 순지르기한 민트가
가을에 다시 부활하였다.

민트 소스를 뿌린 양고기 요리.
꿀로 달콤함을 더한다.

레몬 버베나 허브티는
특히 향이 좋다.

제철 청포도는 고르곤졸라 치즈를
곁들여서 먹는다.

더위는 추분까지, 가을 원예작업을 시작한다

9월 상순에 반드시 해야 할 작업은 장미 가지치기다. 이 가지치기로 아름다운 가을
장미를 즐길 수 있게 된다. 9월 중순이 되면 원예작업은 다음 단계로 넘어간다. 가
을의 씨뿌리기를 시작해야 한다. 머지않아 다가올 겨울 추위를 잘 견딜 수 있도록,
튼튼하게 뿌리내린 모종을 만드는 것이 목표다.

정원에서는 초여름에 꺾꽂이한 민트의 잎이 무성해지고, 순지르기한 백일홍이나
페튜니아가 다시 아름답게 꽃을 피운다. 여름을 보내고 가을빛으로 물들기 시작한
잎사귀와 열매의 고운 빛깔에 마음이 설렌다. 사랑스러운 작은 꽃을 따서 방안을
장식하면, 실내에서도 가을을 느낄 수 있다.

먹거리

- 민트 소스를 뿌린 양고기 요리
- 머스캣 아페리티프
- 허브티

장식하기/만들기

- 꽃꽂이, 스와그(벽장식)
- 코스모스 꽃다발
- 천일홍 드라이플라워

원예작업

- 가을 씨뿌리기 시작
- 가을에 심는 알뿌리식물 구입
- 텃밭의 허브
- 장미 가지치기

하얀 코스모스에 멕시칸세이지의
꽃과 잎사귀를 곁들여, 화려한 꽃
다발을 만든다.

무성하게 자란 식물을 보면
바로 가지를 정리한다.

가지치기한 가지와 정원의 화초만으로
스와그를 만들 수 있다.

장미 열매. 원종 로사 기간티아는
열매가 빨리 익는다.

여름부터 계속해서
핀 천일홍으로 드라
이플라워를 만든다.

작은 병에 나란히 꽂아서 가을 정취가
느껴지는 숙근 아스터와 달리아.

10월

금목서, 가을 장미 등이 향기로운 꽃을 피운다.
저온에서 서서히 성장하여,
차갑고 투명한 가을 공기로 더욱 깊어진,
그윽한 향기를 선물한다.

금목서는 향이 짙기로 유명한 꽃이다.

금목서와 장미의 향기를 즐기는 가을

가을에 꽃을 피우는 금목서는 향기가 좋기로 유명하다. 달콤하고 상큼한 향기는 바람을 타고 날아와 작업하던 손을 멈추게 만든다. 막 꽃을 피우기 시작한 등골나물 종류나 국화를 바라보며, 봄의 정원을 위해 알뿌리식물과 화초를 심어보자. 하지만 날이 갈수록 해가 빨리 지기 때문에, 정원에서 작업하는 시간도 점점 짧아지는 계절이다.

가을에 피는 꽃으로 장미를 빼놓을 수 없다. 가을 장미는 저온에서 꽃봉오리가 서서히 부풀어 오르기 때문에 색이 짙고, 맑고 깨끗한 공기 덕분에 향기도 더욱 짙다. 봄에 피는 장미처럼 일제히 피지는 않지만, 하나둘 꽃봉오리를 터트리며 오랫동안 계속해서 꽃을 피운다.

금목서 꽃으로 리큐어를 만든다.

먹거리

• 금목서 리큐어

장식하기/만들기

• 장미를 컵에 꽂아서 장식한다.
• 다육식물 모아심기
• 할로윈 장식

원예작업

• 가을에 심는 알뿌리식물 심기
• 여러해살이풀, 한해살이풀 모종심기
• 가을 장미 개화
• 다육식물 모아심기 ※ 3~5월 또는 9~11월

꽃은 1주일 뒤에 꺼내고 6개월 정도 숙성시킨다.

마가렛을 닮은 노란색 꽃은 텃밭에서 딴 뚱딴지(돼지감자)의 꽃.
꽃색이 싱그럽다.

향이 깊은 장미, 프레그런트 애프리콧.

가을에는 등골나물
종류가 꽃의 계절
을 맞이한다.

인기 품종은 모종이 유통되기
시작하면 빨리 구입한다.

앞으로 심을 알뿌리식물과
정원에서 찾은 가을 열매.

튤립은 껍질을 벗겨서 병이 없는지
확인하고 아주심기한다.

스위트 알리섬 중에는 보
라색이나 오렌지색 꽃이
피는 종류도 있다.

보기 드물게 무늬가 있는
잎을 가진 아주가.

11월

계속 꽃을 피우던 달리아도 서리가 내리면
올해의 꽃은 마무리된다.
겨울부터 봄까지 피는 건강한 꽃으로
모아심기나 행잉 바스켓을 만들어보자.

올해의 마지막 달리아를 방에 장식한다.
바구니 안에 컵을 넣고 꽂는다.

차를 마시는 테이블에도
달리아를 장식해서 마지
막 꽃을 온전히 즐긴다.

8월에 만든 식물 표본으로
계절을 되돌아본다.

서리가 내리는 지역에서는
한랭사로 추위를 대비한다.

겨울을 대비하는 방한 대책과 맛있는 가을 열매

입동이 지나면 언제 서리가 내려도 이상하지 않다. 추위에 약한 작은 식물은 부엽
토를 덮어서 보온하고, 한랭사나 부직포를 덮어서 서리를 막아준다. 초여름부터 계
속 꽃을 피우던 달리아도 서리가 내리면 더 이상 꽃을 볼 수 없다. 서리가 내리기
전에 모두 따서 방안을 장식한다.

잡목림이나 공원의 나뭇잎이 물들며 깊어가는 가을. 도토리나 다른 나무 열매를 찾
아보는 것도 이 계절의 즐거움 중 하나다. 베란다에서는 올리브가 풍작이다. 화분
을 1개 더 늘려서 열매가 더 많이 달렸다. 열매는 소금에 절여서 요리에 사용한다.
텃밭에서는 고구마를 수확하여 고구마 맛탕을 만든다.

먹거리

• 고구마 맛탕
• 올리브 소금절임

장식하기/만들기

• 달리아를 바구니나 컵에 꽂는다.
• 붉은 열매를 모아서 장식한다.
• 가을겨울용 모아심기
• 행잉 바스켓

원예작업

• 크리스마스로즈 잎 자르기　※ ~12월 하순
• 크리스마스로즈 포기나누기　※ 한겨울은 제외, ~3월 하순
• 시든 잎으로 부엽토 만들기
• 방한 대책
• 한랭지에서는 달리아 캐내기

바늘잎나무로는 보기 드물게 단풍이 들며 낙엽이 지는 낙우송. 오렌지 빛깔로 반짝인다.

텃밭에서 캐낸 고구마로 만든 고구마 맛탕.

붉은하늘타리와 남천 등의 열매. 정원과 숲에서 주웠다.

올리브 수확 시기. 소금물에 절이면 1년 정도 뒤에 먹기 좋은 상태가 된다.

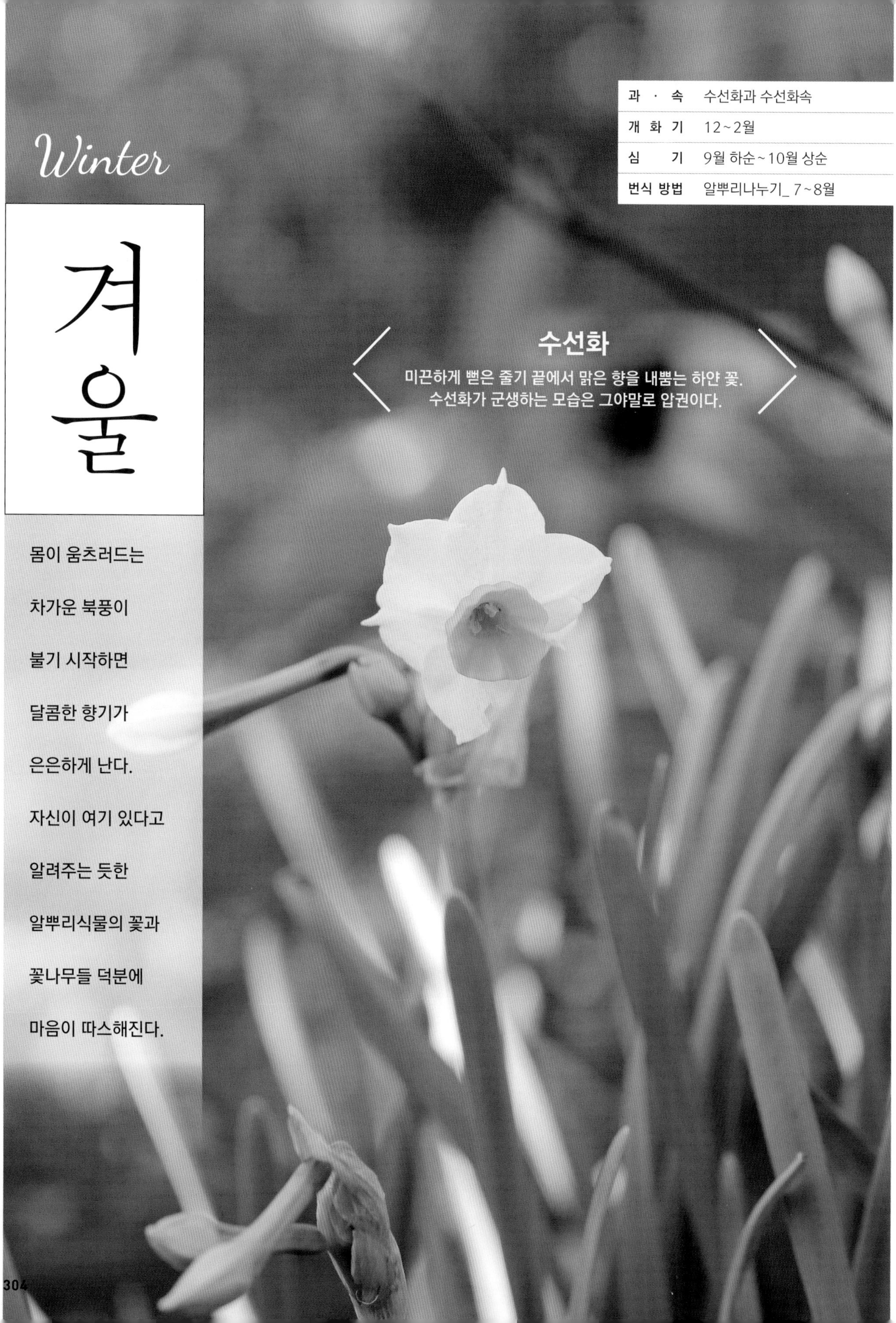

Winter

겨울

몸이 움츠러드는

차가운 북풍이

불기 시작하면

달콤한 향기가

은은하게 난다.

자신이 여기 있다고

알려주는 듯한

알뿌리식물의 꽃과

꽃나무들 덕분에

마음이 따스해진다.

과 · 속	수선화과 수선화속
개 화 기	12~2월
심 기	9월 하순~10월 상순
번식 방법	알뿌리나누기_ 7~8월

수선화

미끈하게 뻗은 줄기 끝에서 맑은 향을 내뿜는 하얀 꽃.
수선화가 군생하는 모습은 그야말로 압권이다.

매실나무

새로운 한 해를 시작하며 꽃을 피우는 꽃나무.
추운 겨울부터 피는 매화는
절개를 상징하는 꽃이기도 하다.

과 · 속	장미과 벚나무속
개 화 기	1월 하순~3월
심 기	12월~3월 상순 ※ 한겨울은 피한다.
번식 방법	꺾꽂이_ 3월 하순, 5월 하순~7월 상순

12월

한 해를 마무리하는 중요한 시간이다.
아름다운 시클라멘 화분을 보면 기분도 밝아진다.
크리스마스에는 꽃이나 허브를 장식하면서
지난 1년을 되돌아보자.

크리스마스 메뉴의 디저트는
사과 콩포트.

유자 소금절임 치킨 소테.
토마토와 소송채를 곁들여
크리스마스 컬러로 완성.

유자는 유자 소금절임, 유자 단무지
등으로 다양하게 활용한다.

정원의 수확물로 즐기는 동지와 크리스마스

1년 중에서 가장 낮이 짧은 동지. 나라마다 다양한 풍습이 있는데, 한국에서는 새알
심을 넣은 팥죽을 먹고, 일본에서는 유자를 띄운 탕에서 목욕을 하며 나쁜 기운을
물리친다.

크리스마스에는 치킨 요리를 준비한다. 직접 키운 채소로 접시를 보기 좋게 꾸며보
자. 현관에는 가을에 만든 모아심기 화분을 크리스마스 버전으로 꾸며서 장식하고,
봄에 씨를 뿌려서 키운 바질로 스와그를 만든다. 한 해 동안 했던 다양한 원예작업
을 떠올리며 장식하면 의미있는 시간이 될 것이다. 밝은 핑크색 시클라멘으로 작은
꽃다발도 만든다.

먹거리

- 유자 소금절임 치킨 소테
- 사과 콩포트
- 유자 요리
- 팥죽

장식하기/만들기

- 바질 스와그
- 시클라멘 꽃다발
- 모아심기를 크리스마스 버전으로 장식

원예작업

- 히아신스 수경재배
- 장미 씨앗을 채취해서 심기
- 겨울비료 주기 ※ ~2월

소송채는 밝은 창가에 두고
수확하면서 재배한다.

비료를 주고 시든 꽃을 따면서 돌본 시클라멘.
빛깔이 고운 꽃이 많이 피었다.

시클라멘을 화분에서 뽑아
작은 꽃다발을 만든다.

알뿌리식물의 수경재배는 먼저 추위에
노출시킨 뒤 12월부터 시작한다.

장미 씨앗을 심기에 적
합한 시기. 열매를 따서
씨앗을 채취한다.

화분에 심은 바질로
만든 스와그. 크리스
마스 장식이다.

11월에 만든 모아심기 화분에 리본을 묶어서 장식한다.

장미 열매에서 씨앗껍질과 과육을
제거하고 씻어낸 뒤 심는다.

1월

새로운 한 해를 시작하는 1월.
직접 키운 식물로 집안을 장식하면,
새해를 맞는 기쁨도 배가 된다.

건강한 한 해를 기원하며, 운이 좋아지는 식물을 장식한다

새해가 시작되는 1월 1일. 양력설을 쇠는 일본에서는 소나무, 대나무, 매화를 비롯하여 화를 복으로 바꿔주는 남천, 사업번성을 기원하는 죽절초, 불로장생을 위한 국화 등, 운이 좋아지는 식물로 집안을 장식하고 손님을 맞는 관습이 있다. 남천이나 동백나무 잔가지를 꺾어서 수저 받침대를 만들기도 한다.

또한 1월 7일에는 과식한 위를 달래기 위해 미나리, 냉이, 순무 등 7가지 나물을 넣어서 만든 나물죽을 먹는다.

먹거리

- 나물죽
- 여러 가지 명절 음식

장식하기/만들기

- 모아심기를 설날 버전으로 장식한다.
- 동백나무를 장식한다.
- 수저 받침대
- 눈으로 만든 토끼

원예작업

- 장미의 겨울 가지치기 ※ ~2월, 한랭지는 3월 상순

동백나무 위에 쌓인 첫눈.
붉은색과 흰색의 대비가
화사하다.

복을 가져다주는 팽이와 하고(깃털)
로 모아심기를 장식한다.

일본의 새해맞이 장식
용 소나무인 가도마쓰.
겨울에도 푸르른 소나
무와 대나무는 생명력
과 번영의 상징이다.

비올라, 남천, 이베리스, 로즈메리,
동백나무 등으로 만든 수저 받침대.

동백나무 무늬가 있는 커피잔에 꽂은
영락 동백꽃(구로와비스케).

일본에서는 1월 7일에 명절
음식으로 지친 위를 달래기
위해 나물죽을 먹는다.

눈으로 만든 토끼를 수저 받침대로 사용해도 좋다.
남천의 잎사귀와 열매로 귀와 눈을 만든다.

나물죽에 넣는 7가지 나물은
왼쪽부터 미나리, 냉이, 떡쑥,
별꽃, 광대나물, 순무, 무.

2월

따스한 햇살에서 봄이 느껴지기도 하지만,
아직은 추위가 남아 있는 시기다.
봄맞이 준비를 하면서 알뿌리식물 모아심기 등,
실내에서 할 수 있는 원예작업을 즐겨보자.

따뜻한 실내에서 할 수 있는 모아심기와 화분 꾸미기

봄으로 한 걸음 다가서는 2월. 하지만 손발이 얼어붙는 듯한 날도 있어 이런 계절에는 실내에서 원예작업을 하는 것이 좋다.

먼저 원예점에서 발견한 싹이 튼 히아신스와 무스카리의 알뿌리로 모아심기를 한다. 빨리 꽃을 피우려면 해가 잘 드는 창가에 두고 키운다. 감자는 베란다에서 포대 재배로 키운다. 여름이 오면 수확의 즐거움을 맛볼 수 있다.

봄에 심을 꽃모종용으로 토분에 페인트를 칠해 화분을 꾸민다. 1년의 계획을 세우고 달력이나 인터넷을 보면서 장미 묘목과 화초 씨앗을 주문하는 것도 이 계절에 해야 할 일이다.

먹거리

• 과일차
• 초콜릿

장식하기/만들기

• 싹이 튼 알뿌리식물 모아심기
• 크리스마스로즈, 수선화로 꽃꽂이
• 튤립 수경재배
• 페인팅 화분

원예작업

• 감자심기 ※ 2월 하순~4월 중순
• 원예 계획 세우기

페인팅 화분을 만들기 위해 토분, 붓, 수성 페인트를 준비한다.

화분 전체를 칠하고 건조시킨 뒤 원하는 무늬를 그려 넣는다.

꽃 색깔에 어울리게 화분을 꾸민다. 작은 꽃도 존재감이 커진다.

장미 묘목을 고를 때는 병에 강한 묘목인지 확인해야 한다.

씨감자는 바람이 잘 통하는
그늘에서 말린 뒤 심는다.

싹이 튼 알뿌리식물의 모아심기
히아신스와 무스카리의 모아심기.
1달 정도 지나면 꽃이 핀다.

한숨 돌릴 때는 과일차로 비타민을 보충한다.

화분에서 잘라낸 수선화를
유리병에 장식한다.

2월 말, 튤립꽃이 핀다.
방 안에 봄이 온다.

방금 딴 크리스마스로즈는 물을 잘 빨아올린다.

[2월] 페인팅 화분
p.310

준비물(공통)
수성 페인트
붓
색연필
토분(4호 화분)

1 화분을 마른걸레로 닦아낸 뒤, 붓으로 페인트를 칠한다. 화분 테두리를 잡고, 먼저 옆면부터 칠한다.

2 옆면을 모두 칠한 다음 테두리를 칠한다. 한 손을 화분 안에 넣고 회전시키면 쉽게 칠할 수 있다.

3 페인팅 화분 완성. 페인트의 질감이나 기호에 따라 2번 칠해도 좋다.

4 페인트칠을 한 다음 무늬를 그려 넣어도 좋다. 물방울 무늬를 그리면 발랄한 느낌의 귀여운 화분이 된다.

[8월] 해바라기 표본
p.292

준비물(공통)
화분에서 빼낸 해바라기

1 판자 위에 올려놓은 도화지에 해바라기를 올리고, 줄기를 테이프로 고정한다. 뿌리의 흙은 씻어서 털어낸다.

2 가늘게 갈라진 뿌리 끝을 모아서 테이프로 도화지에 고정한다.

3 꽃줄기와 잎줄기를 각각 테이프로 고정하여, 원래의 모습을 재현한다.

4 신문지를 도화지 크기로 접어 **3**의 해바라기를 덮는다. 만드는 방법은 패랭이꽃 표본 **5**로 이어진다.

[8월] 패랭이꽃 표본
p.292

준비물(공통)
패랭이꽃(텔스타) 포트묘

1 판자 위에 도화지를 놓고 패랭이꽃을 올린다. 밑동이 짧은 싹은 잘라낸다. 뿌리는 씻어서 물기를 닦는다.

2 밑동을 테이프로 고정한다. 잎이 많이 겹쳐 있으면 적당히 제거한다.

3 꽃이 달린 부분을 고정한다. 한곳에 모이지 않도록, 전체적인 균형을 보면서 꽃의 위치를 결정한다.

4 원래의 모습을 해치지 않도록 붙이는 것이 중요하다.

준비물(공통)
도화지 2장
판자 2장
신문지 2장
고무줄 또는 마끈
테이프

5 **4**의 위에 신문지를 덮는다. 2종류를 동시에 만들 경우에는, 2개를 포갠 뒤 신문지를 덮는다.

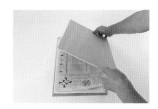

6 신문지 위에 다른 판자를 올려놓는다. 아래부터 판자, 도화지, 신문지, 판자 순서.

7 식물을 평평하게 만들기 위해 판자 위에서 골고루 강하게 눌러준다.

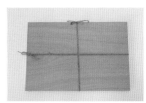

8 마끈이나 고무줄로 **7**을 고정하고, 두꺼운 책 등을 올려놓는다. 마를 때까지 매일 신문지를 교체한다.

쑥경단
p.281

준비물
어린 쑥 30g
정백미를 빻은 가루 110g
물 약 120㎖
설탕 2큰술
탄산수소나트륨 1작은술

 프레시 딸기잼
p.283

준비물
딸기 700g
그래뉴당 70g
레몬즙 2큰술

6월 매실주
p.288

준비물
청매실 500g
얼음설탕 500g
담금소주 900㎖
밀폐용기(2ℓ용)

6월 차즈기 주스
p.288

준비물
차즈기 300g
물 2ℓ
설탕 200g
사과식초 200㎖

1 끓는 물에 탄산수소나트륨을 넣고 쑥을 2분 정도 데친다. 물에 헹궈서 물기를 제거한 뒤 믹서기로 간다.

1 깨끗이 씻은 딸기는 물기를 살짝 제거하고, 칼로 꼭지를 딴다. 냄비에 넣고 설탕을 붓는다.

1 청매실은 흐르는 물로 씻는다. 2시간 정도 물에 담가두고 떫은맛을 제거한 뒤, 물기를 제거한다.

1 끓는 물에 물로 씻은 차즈기를 넣고 5~6분 정도 끓인다. 불을 끄고 체에 걸러서 볼에 담는다.

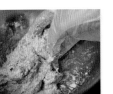

2 정백미를 빻은 가루와 설탕을 섞고, 1을 넣는다. 물을 넣으면서 말랑말랑해질 때까지 반죽한다.

2 1을 중불로 가열하여 딸기가 익으면, 주걱으로 조금씩 으깨면서 졸인다.

2 물기를 제거한 매실은 남은 수분을 꼼꼼하게 닦아낸다. 마르면 대꼬챙이를 사용해서 꼭지를 딴다.

2 잎을 걸러낸 1의 액체에, 설탕을 넣고 잘 섞어서 녹인다.

3 한입 크기로 둥글게 빚은 2를 끓는 물에 넣고, 위로 떠오르면 1~2분 정도 더 데친다.

3 끓으면서 거품이 올라오면 제거하고, 다시 약불로 15분 정도 졸인다.

3 뜨거운 물로 소독한 밀폐용기에 청매실과 얼음설탕을 번갈아 넣어서 3~4층으로 쌓는다.

3 2를 살짝 식힌 뒤 사과식초를 넣으면, 투명한 적자색으로 변한다.

4 데친 경단은 찬물에 넣고 한김 식으면 물을 버린다. 콩가루나 팥을 곁들여도 좋다.

4 레몬즙을 둘러주고 불을 끈다. 단맛을 약하게 줄인 잼이기 때문에, 되도록 빨리 먹는다.

4 3에 담금소주를 붓고 뚜껑을 덮어, 서늘하고 그늘진 곳에 보관한다. 가끔 용기를 흔들어서 설탕을 녹여준다.

4 한김 식으면 냉장고에 넣고 3~4일 안에 마신다. 탄산수 등을 섞어서 마셔도 좋다.

7월 바질 소스
p.290

준비물
바질(잎사귀만) 50g
마늘 3쪽
잣 10g
올리브유 100㎖ + 20㎖(마지막에 추
 가하는 분량)
소금 1/2 작은술

1 프라이팬을 약불로 가열하여 잣을
볶는다. 향이 나면 불을 끈다.

2 마늘은 껍질을 벗겨 잘게 다진다.
분량은 원하는 만큼. 분량을 줄여도
관계없다.

3 푸드 프로세서에 모든 재료를 넣고
페이스트 상태가 될 때까지 간다.

4 페이스트 상태의 소스를 보관용 병
에 넣고, 올리브유 20㎖를 위에 붓는
다. 변색을 방지하기 위해서이다.

7월 베이컨과 바질 파스타
p.291

준비물
스파게티 면 250g
베이컨 150~200g
양파 1/2개
바질 소스 4작은술
올리브, 치즈가루 적당량씩
소금 2큰술

1 끓는 물 3ℓ에 소금을 넣고 스파게
티 면을 삶는다. 베이컨과 양파를 1㎝
폭으로 자른다.

2 프라이팬에 올리브유를 두르고 가
열해서 베이컨, 양파를 중불로 볶는
다. 불을 끄고 바질 소스를 넣는다.

3 삶아서 물기를 뺀 스파게티 면과 삶
은 물(면수) 2큰술을 **2**에 넣고, 같이
볶는다.

4 접시에 **3**을 담고 치즈가루를 뿌린
뒤 토마토나 바질 잎을 올리면 완성.

7월 바질 소스를 넣은
햇감자와 참치 볶음 p.291

준비물
감자(햇감자) 350g
참치 1캔(70g)
바질 소스 2작은술

1 중불로 가열한 프라이팬에 참치캔
의 내용물을 국물까지 넣고, 바질 소
스를 섞어서 살짝 조린다.

2 큼직하게 썬 햇감자를 내열용기에
담아 600W 전자레인지에 넣고, 5분
동안 가열한다.

3 익은 햇감자를 **1**의 프라이팬에 넣
고 섞어주면서 살짝 볶는다.

4 접시에 **3**을 담으면 완성. 바질 소스
를 식탁에 올려서 원하는 만큼 추가해
도 좋다.

8월 가스파초
p.293

준비물
파프리카 1/2개   오이 1개
양파 1/4개   토마토 2개
마늘 1쪽   바질 6g
소금, 발사믹 식초 적당량씩
바게트빵 10g
화이트와인 비네거, 올리브유 1큰술씩

1 토마토와 오이는 껍질을 벗기고, 토
마토는 씨를 제거한다. 채소 종류는
각각 잘게 썬다.

2 잘게 썬 채소, 바질, 자른 바게트,
조미료 등을 푸드 프로세서에 넣는다.

3 수프처럼 섞일 때까지 **2**를 잘 갈아
준다. 토마토는 껍질을 벗기면 식감이
좋아진다.

4 완성된 가스파초를 차갑게 식혀서
바질 잎을 올린다.

9월 민트 소스를 곁들인 양고기
p.298

준비물
민트 소스(민트잎 10g, 잣 10g, 마늘
 2쪽, 올리브유 50㎖, 소금 1꼬집)
뼈가 붙어 있는 양고기 4조각
소금, 후추 조금씩
올리브유 1큰술

11월 고구마 맛탕
p.303

준비물
고구마 500g
튀김용 기름 적당량
검은깨 1큰술
고구마 맛탕용 소스

12월 사과 콩포트
p.306

준비물
사과 2개
설탕 50g
물 200㎖
레드와인 200㎖
계피가루 조금

12월 유자 소금절임 치킨 소테
p.306

준비물
유자 소금절임(유자 1개, 소금 15g)
닭 다리살 1조각(250g)
식용유, 소금, 후추 적당량씩
소송채 등의 채소 적당량씩

1 물로 씻은 민트잎은 물기를 제거하고, 민트 소스 재료와 함께 푸드 프로세서에 넣는다.

1 고구마는 먹기 편한 크기로 적당히 썬다. 물에 헹궈서 물기를 제거한다.

1 사과는 껍질을 벗기고 심을 제거한 뒤, 얇게 썰어서 준비한 냄비에 넣는다.

1 닭고기에 유자 소금절임(껍질과 과육을 잘게 썰어서 소금을 넣고 1주일 정도 절인다)을 넣고 주무른다.

2 민트 소스 재료가 페이스트 상태가 될 때까지 푸드 프로세서로 간다.

2 튀김용 기름을 약 160℃로 가열한 뒤, 1을 꼬치가 들어갈 때까지 튀겨서 꺼낸다. 약 170℃에서 다시 튀긴다.

2 1의 냄비에 설탕 50g을 넣는다. 설탕의 양은 원하는 대로 조절해도 좋다.

2 프라이팬에 기름을 두르고 가열하여, 닭고기를 껍질쪽부터 굽는다. 하얗게 변하면 뒤집어서 굽는다.

3 양고기는 소금과 후추를 뿌린 뒤 올리브유를 두른 프라이팬에 올려, 노릇노릇해질 때까지 중불로 굽는다.

3 다른 냄비에 튀긴 2를 넣고 맛탕용 소스를 부어서, 식기 전에 전체적으로 잘 섞어준다.

3 물을 넣고 약불로 조린다. 사과가 투명해질 때까지 20분 정도 조린다.

3 화분에 심은 소송채를 잘라서 2의 프라이팬에 남아 있는 기름으로 살짝 굽는다.

4 다 구워진 양고기를 접시에 담고, 2의 민트 소스를 뿌린다. 레몬 등을 곁들인다.

4 소스가 골고루 묻었으면 검은깨를 뿌려서 완성한다. 따뜻할 때 먹는다.

4 마지막으로 레드와인를 넣은 뒤 다시 약불로 조린다. 국물이 없어지면 완성.

4 잘 구워진 2에 유자 소금절임을 다져서 올린다. 3의 소송채와 빛깔이 고운 채소를 곁들인다.

용어사전

원예와 관련된 전문 용어에 대해 설명한다.
작업할 때 참고하면 도움이 될 것이다.

1대 교배종

고정된 형질을 가진 2개의 품종을 교배시킨 1대째 자녀. 부모보다 뛰어난 형질을 보이는 경우가 많지만, 그 씨앗을 심어도 같은 형질이 발현되지 않으므로 주의한다. 1대 잡종, F1 품종이라고도 한다.

ㄱ

가지치기(전정)

나무의 가지나 줄기를 자르는 것. 나무 모양이나 크기를 조절해 통풍이나 생육을 촉진하기 위한 작업이다.

강한 가지치기(강전정)

오래된 가지나 복잡해진 가지 등을 깔끔하게 잘라내는 가지치기. 생육을 촉진시키거나 나무 모양을 유지하기 위해 실시한다. 강한 가지치기 뒤에는 절단면에 식물 유합제 등을 발라서 보호한다.

개화모종

꽃이 피기 시작한 모종.

겨드랑눈(액아)

잎이 가지에 붙어 있는 부분에 맺히는 싹. 일반적으로 끝눈을 순지르기하면 겨드랑눈이 잘 나오는 성질이 있다.

겨울비료

겨울철에 휴면 중인 정원수나 과일나무에게 주는 비료. 뿌리가 상하지 않도록 겨울 동안 비료를 주어 봄에 성장하기 시작할 때 흡수하게 한다. 유기질 비료를 주는 것이 좋다.

결실

수정하여 열매(씨앗)를 맺는 것.

경실종자

껍질이 단단해서 수분을 통과시키지 않아 싹이 잘 트지 않는 씨앗. 껍질에 흠집을 내거나 물에 담가서 발아를 촉진시킨다. 나팔꽃 씨앗 등.

곁가지(측지)

원가지에서 나오는 작은 가지. 원줄기나 줄기에서 직접 나오는 가지를 1차 곁가지, 1차 곁가지에서 나오는 가지를 2차 곁가지라고도 한다.

고정종

부모, 자식, 손자 등, 대대로 형질이 변함없이 고정되어 온 품종. 씨앗을 심으면 부모와 똑같이 자란다.

고토석회

산화 마그네슘의 함량이 높은 석회질 비료. 주로 산성 토양을 약산성~중성으로 중화시킬 때 사용한다.

고형비료

딱딱한 고체로 된 입자형태의 비료.

곧은뿌리

가느다란 뿌리가 적고 두껍게 똑바로 아래로 뻗는 뿌리. 옮겨심기를 싫어하는 성질이 있다.

관수

식물이나 농작물에 물을 주는 것. 물주기, 급수라고도 한다.

교배

암수 포기를 인위적으로 수정 또는 꽃가루받이시켜서 각각의 형질을 이어받은 새로운 품종을 만드는 것. 유전자적으로 다른 포기의 교배는 교잡이라고 한다.

교잡

계통, 품종 및 종을 달리하는, 즉 유전자형을 달리하는 개체 간의 교배를 말한다. 교잡을 통해 생긴 자식을 잡종이라고 한다.

기는줄기(런너)

딸기 등에서 볼 수 있으며 어미포기에서 덩굴처럼 자라는 줄기. 자란 덩굴 끝에 생긴 새끼포기를 이용해 포기를 번식시킨다. 포복지, 포복경이라고도 한다.

깊이순지르기

식물의 줄기나 가지 등의 끝을 제거하는 정도를 많이 하는 것. 이 책에서는 길게 자란 줄기를 중간에서 잘라 짧게 하는 작업을 깊이순지르기라고 하였다. 식물에 바람이 잘 통하게 하거나 모양이 흐트러진 식물을 다듬을 때 사용하는 방법이다.

꺾꽂이(삽목)

가지나 줄기의 일부를 잘라 흙 등에 꽂아 뿌리를 내리게 하여 번식시키는 번식 방법.

꽃눈(화아)

성장하면 꽃이 되는 눈(싹). 꽃눈이 만들어지는 것을 꽃눈분화라고 하는데, 식물에 따라 분화하는 시기나 부위는 정해져 있다. 꽃나무를 가지치기할 때는 꽃눈을 자르지 않도록 주의한다.

꽃눈분화

식물이 생육하는 도중에 식물체의 영양 조건, 기간, 기온, 일조 시간 따위의 필요 조건이 다 차서 꽃눈을 형성하는 일. 금어초 등은 이 시기에 극단적인 고온 또는 저온을 경험하면 기형꽃이 발생할 수도 있다.

꽃턱잎

꽃대의 밑이나 꽃자루의 밑을 받치고 있는 녹색 비늘 모양의 잎.

끝눈(정아)

줄기나 가지의 끝에 있는 눈. 보통은 다른 눈보다 우세하게 빨리 성장하기(정아우세) 때문에, 겨드랑눈을 키우기 위해 순지르기를 하기도 한다.

ㄴ

나무갓(수관)

나무 윗부분의 가지나 잎이 우거진 부분. 종류에 따라 특징이 있는데, 일반적으로 넓은잎나무는 공 모양이나 빗자루 모양, 바늘잎나무는 원뿔 모양이 된다.

내병성

병해에 대해 어느 정도의 저항성을 갖추고 있는 것. 발병 조건을 차단해주면 더 좋다.

내서성

식물이 야간 25℃ 이상의 더위나 고온에 견딜 수 있는 성질. 내서성 강은 1달 동안 야간 25℃ 이상인 환경에서도 자라며 개화 가능한 경우이고, 내서성 약은 더우면 말라 죽기 때문에 여름에는 서늘한 곳에서 관리해야 하는 경우가 기준이다.

내한성

식물이 0℃ 이하의 추위나 저온에 견딜 수 있는 성질. 내한성 강은 눈이 쌓여도 견디며 실외에서 겨울을 날 수 있는 경우이고, 내한성 중은 0℃ 전후의 기온에 견디며 서리를 막아주면 실외 재배도 가능한 경우이며, 내한성 약은 최저 기온 5~10℃ 이상으로 겨울에는 실내에서 관리해야 하는 경우가 기준이다.

노지재배

비나 바람을 맞는 실외에서 재배하는 것.

녹소토

경석과 비슷한 종류. 블루베리처럼 산성 토양을 좋아하는 식물의 기본 용토나 꺾꽂이모판용 또는 배수성이나 통기성을 향상시키는 토양 개량재 등으로 사용된다.

높은 이랑

갈은 땅을 높게 북돋워서 만든 이랑. 특히 15㎝ 이상인 이랑을 말한다. 배수성이 좋아진다.

늦서리

늦봄~초여름에 내리는 서리. 최저 기온이 2℃ 이하가 되면 서리가 내릴 우려가 있으므로 방한 대책을 세워야 한다.

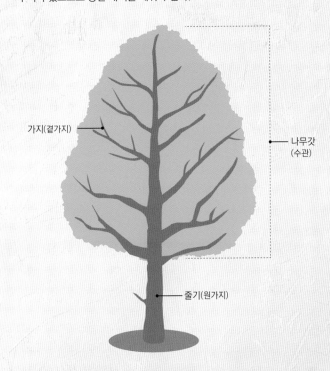

가지(곁가지)

나무갓(수관)

줄기(원가지)

용어사전

ㄷ

다간형
하나의 뿌리에서 줄기나 가지가 3개 이상으로 갈라져 자라는 모양.

단일성
햇빛을 받는 시간이 일정 시간 이하가 되면 꽃눈분화가 일어나 꽃이 피는 성질. 나팔꽃이나 샐비어는 단일성이 강해 조명 등의 빛을 받으면 꽃이 피지 않을 수 있으므로 주의한다. ⇔ 장일성

덧거름(추비)
식물의 생육에 맞춰서 추가로 주는 비료. 서서히 작용하는 완효성이나 빨리 작용하는 속효성 중 식물의 상태에 맞게 준다.

덩굴식물
줄기가 가늘어서 자립하지 못하고 다른 식물 등을 감으며 성장하는 식물. 지지대를 세워주면 좋다.

동반식물
함께 심으면 병해충의 발생을 억제하거나 서로의 생육에 도움이 되는 식물의 조합.

땅속줄기(지하경)
땅속에 있는 줄기. 감자 등과 같이 양분을 저장하거나 대나무처럼 길게 자라 그 끝에 새끼 포기를 만들기도 한다.

땅의 온도(지온)
땅 표면이나 땅속의 온도. 뿌리 주변의 온도.

떼알구조(입단구조)
흙 알갱이가 모여서 덩어리를 이루는 흙의 구조. 식물의 생육에 바람직한 토양 구조이다.

ㄹ·ㅁ

로제트
잎이 사방으로 퍼져서 꽃 모양이 되는 것을 말한다. 다육식물 중에서는 에케베리아, 셈페르비붐, 알로에, 아가베, 하워르티아(하월시 아) 등이 대표적인 로제트형이다.

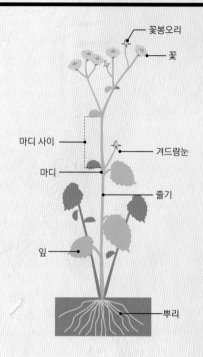

마디
식물의 줄기에서 잎이 나는 부분. 이웃한 마디와 마디 사이를 '마디 사이'라고 한다. 마디 사이는 좁은 것이 좋다.

만생종
같은 작물 중에 다른 것보다 늦게 성숙하는 품종.

맹아
싹이 트는 것. 발아라고도 한다.

멀칭
밑동 주변의 흙 표면을 비닐이나 시트, 부엽토, 짚 등으로 덮는 것. 토양피복이라고도 한다. 보습이나 보온 효과가 있고, 진흙이 튀는 것을 방지하거나 해충을 예방하는 용도로도 이용된다.

모종 트레이
소형 포트가 여러 개 연결된 플라스틱 모종판. 플러그 트레이라고도 한다.

모종판
여러 개의 씨앗을 심어서 모종으로 키우는 플라스틱 포트. 모종판에 씨앗을 심어서 자란 아주 작은 모종을 비닐포트 등에 옮겨심고, 어느 정도 크게 자란 뒤 화분이나 화단에 아주심기한다.

무늬식물

잎이나 줄기 등에 다른 색 무늬가 있는 식물로, 주로 관상용으로 활용된다.

물집

옮겨 심을 때 뿌리분과 지면 사이에 물이 스며들도록, 심는 구덩이 가장자리에 만드는 물을 담아 두는 도랑.

ㅂ

바크

목재의 껍질이나 부스러기. 나무껍질을 미세하게 자른 바크는 토양 피복 등에 사용한다. 발효시켜 퇴비로 만든 바크퇴비도 있다.

반그늘

하루 중 3~4시간 동안 햇빛이 비치거나 나무 사이로 간간이 비치는 정도로 햇빛이 닿는 곳. 한랭사를 덮고 닿는 정도로 빛이 닿는 곳.

배양토

식물을 재배할 때 이용하는 흙. 식물에 맞는 기본 용토 등을 섞어서 그대로 재배에 사용할 수 있다.

보비성

토양의 특성에 따라 비료 성분을 띠는 성질. 비료를 주면 대부분 비가 내릴 때 빗물에 씻겨 내려가지만, 일부 비료 성분은 토양 공극이나 입자 표면에 붙어 식물체에 흡수된다.

부식질

낙엽이나 나무조각 등의 말라 죽은 식물체가 토양의 미생물에 의해 분해되어 만들어진 물질. 재배에 적합한 토양을 만들기 위해 사용한다.

부직포

실을 짜지 않고 열과 압력을 가하여 천 상태로 만든 것. 보온이나 보습, 방충을 위해 식물에 덮는 피복재로 사용된다.

불임

꽃가루나 암꽃술에 이상이 있어 꽃가루받이를 해도 씨앗을 맺지 못하는 것.

비료주기(시비)

식물의 생육을 촉진시키기 위해 비료를 주는 것. 심을 때 처음 주는 밑거름, 재배하는 도중에 영양을 보급하기 위해 주는 덧거름 등이 있다.

뿌리끊기

흙 속에 삽 등을 꽂아서 나무 등의 뿌리 끝을 자르는 것.

뿌리분

화분에서 포기를 꺼낼 때 뿌리와 흙이 붙어 있는 부분.

뿌리썩음

재배 중에 식물의 뿌리가 썩는 것. 많지 않으면 썩은 뿌리를 잘라서 제거해 새롭게 옮겨심으면 다시 자라는 경우도 있다.

뿌리참

성장한 뿌리가 화분 속에서 지나치 많이 자라 더이상 자랄 수 없게 되어 수분이나 양분을 흡수할 수 없는 상태. 생육에 악영향을 주기 때문에 빨라 옮겨심는다.

ㅅ

사계성

햇볕을 받는 시간이나 온도에 상관없이 1년 내내 꽃이 피는 성질. 장미처럼 1년 동안 반복해서 피는 것을 말한다.

사이갈이(중경)

재배 중에 단단해진 흙 표면의 통기성을 개선할 목적으로 얕게 갈아주는 작업. 제초작업과 함께 하는 경우가 많아 사이갈이 제초라고도 한다.

속효성 화성비료

비료를 준 뒤 식물에 바로 양분이 흡수되는 화성비료. 대부분의 액체비료가 속효성이다. 에너지가 필요한 꽃이 피는 시기나, 열매가 충실해지는 시기에 주는 경우가 많다.

순지르기(적심)

가지나 줄기의 끝부분(순)을 따는 것. 가지가 여러 개 나오게 하거나, 웃자라는 것을 방지하거나, 커지는 것을 억제할 때 실시한다.

순화

재배한 모종을 심기 전에 생육 환경에 적응하도록 서서히 길들이는 것.

슈트

어린 가지. 특히 장미 등의 밑둥에서 나오는 두껍고 긴 가지를 말한다. 움돋이라고도 한다.

식물 유합제
나무의 두꺼운 가지를 가지치기할 때 절단면을 보호하기 위해 바르는 약제. 상처보호제.

식물 높이(키)
식물 지상부의 높이. 땅과 가까운 쪽부터 끝부분까지의 높이를 말한다.

심볼 트리
정원의 중심이 되는 나무. 정원이나 주택의 상징으로 심을 수 있다. 기념수 등.

씨모
접붙이기가 아닌 씨앗을 심어 키우는 모종이나 묘목. 실생묘라고도 한다.

씨뿌리기(파종)
흩어뿌리기, 줄뿌리기, 점뿌리기 등, 3가지 방법이 있다.

아주심기(전식)
알뿌리식물이나 포트묘 등을 재배를 마칠 때까지 키울 화분이나 장소에 옮겨심는 것.

알비료
흙 위에 올려두고 물을 주거나 빗물로 조금씩 오래 양분을 흡수할 수 있도록 알모양으로 만든 비료.

알뿌리식물
지하에 있는 식물체의 일부인 뿌리나 줄기 또는 잎 따위가 달걀 모양으로 비대해져 양분을 저장한 것을 알뿌리 또는 구근이라고 하는데, 이런 알뿌리를 가진 식물을 알뿌리식물이라고 한다.

액체비료
대부분 화성비료로 원액이나 분말을 희석해서 사용한다. 효과가 빠른 속효성이기 때문에 덧거름으로 사용한다.

어미포기
포기나누기나 꺾꽂이, 접붙이기를 할 때, 기본이 되는 포기.

연작장해
같은 곳에서 동일한 종류의 식물을 계속 재배할 때 발생하는 생육장해. 토양의 균형이 무너지거나 병충해가 쉽게 발생되어 식물이 잘 자라지 못한다. 배추과나 가지과 채소에서 특히 많이 발생한다.

영양계
씨앗이 아니라 꺾꽂이나 접붙이기, 포기나누기 등, 식물의 일부를 이용해 번식시키는 '영양 번식'을 하는 그룹.

옮겨심기(이식)
모종을 성장 시기에 맞춰 모종판 등에서 포트로 옮겨 심는 것. 작은 모종은 연약하기 때문에 뿌리가 다치지 않도록 주의해서 다룬다.

완숙 퇴비
충분히 분해 및 발효시킨 퇴비. 우분 등을 이용한 동물성 퇴비와 부엽토 등을 이용한 식물성 퇴비가 있다. 덜 숙성된 퇴비는 뿌리를 내리거나 싹이 틀 때 장해를 일으킬 우려가 있으므로 주의한다.

완효성 화성비료
서서히 장시간에 걸쳐 효과를 발휘할 수 있게 만든 화성비료. 알갱이가 클수록 천천히 효과가 나타난다. 고형 비료.

왜성
식물의 키가 작은 성질. 같은 종류라도 유전적으로 키가 작은 것을 '왜성품종'이라 하고, 화분심기 등에 자주 사용된다. 왜화제나 바탕나무 등을 이용해 나무 크기를 줄이는 방법도 있다.

웃자란 가지(도장지)
길게 자라서 나무 모양을 흐트리는 가지. 꽃이 피거나 열매 맺는 것을 방해하기 때문에 가능한 한 빨리 가지치기하는 것이 좋다.

웃자람(도장)
질소나 수분 등의 과다, 일조량 부족 등이 원인으로, 줄기나 가지가 가늘고 길게 자라는 것.

워터 스페이스
화분 가장자리와 흙 사이에 2~3㎝ 정도 공간을 남겨서, 물을 줄 때 일시적으로 물이 고이는 공간을 말한다.

원예품종
원종인 꽃을 교배나 선발을 통해 키우기 쉽고, 관상용으로 적합하게 개량한 품종.

유기질 비료
깻묵이나 생선가루, 계분 등 유기물을 원료로 한 비료.

유인
줄기나 가지, 덩굴 등을 지지대나 망 등에 고정하여, 자라는 방향이나 식물의 모양을 정리하는 것.

일일화
나팔꽃처럼 꽃이 핀 그날 바로 시드는 꽃.

잎에 물주기(엽수)
잎 표면의 온도나 습도 조절을 위해 잎에 직접 물을 뿌리는 것. 보통은 분무기를 이용하며, 물뿌리개를 이용하기도 한다. 잎응애 등의 해충을 제거할 때도 효과적이다.

잎이 타는 현상(엽소 현상)
한여름의 직사광선 때문에 잎이 허옇게 변하거나 마르는 것. 햇빛을 차단하거나 잎에 물을 주어 방지한다.

잎자루(엽병)
잎과 줄기를 잇는 자루처럼 가느다란 부분.

ㅈ

자가채종
재배한 식물을 수정시켜 다음 재배에 사용할 씨앗을 채취하는 것. 잎채소나 뿌리채소 등 채소의 씨앗을 채취하는 경우에는 수확하지 않고 포기를 남겨두어 꽃을 피우고 열매를 맺게 한다.

장일성
빛을 받는 시간이 일정 시간보다 길어지지 않으면 꽃눈을 만들지 않는 성질. ↔ 단일성

저면관수(저면급수)
화분 바닥을 통해 식물에 물을 주는 것. 작은 씨앗이 쓸려 내려가지 않고, 꽃이나 잎을 적시지 않는 것이 장점이다. 시클라멘 화분 등에 자주 이용된다. 여름철에는 특히 물이 썩지 않도록 자주 바꿔준다.

접붙이기(접목)
번식시킬 식물의 가지나 줄기(접수)와는 별도로 병에 강해서 생육이 왕성한 근연식물의 뿌리(바탕나무)를 준비하여 이어 붙여 일체화시키는 것. 특히 토마토나 가지, 오이 등에서 많이 이용되는 방법으로, 병해를 방지하거나 수확량을 늘릴 수 있다.

조만성
작물의 생육기가 빠르고 늦은 정도. 개화·수확이 빠른 것부터 극조생, 조생, 중생, 만생, 극만생으로 나뉜다.

지피식물
지면이나 벽면을 덮기 위해 심는 키가 작은 식물을 말한다. 여러해살이풀이나 나무, 덩굴성 식물 등, 성장이 빠르고 튼튼해서 손이 덜 가는 식물이 적합하다. 그라운드 커버 플랜츠라고도 한다.

ㅊ

차광
직사광선을 차단하는 것. 직사광선이 닿으면 잎이 타는 등 문제가 발생하는 식물에게 필요하다.

추대
꽃눈이 달린 줄기가 자라는 것. 온도나 햇빛을 받는 시간이 요인이 된다. 잎채소 등은 맛을 해치기 때문에 씨앗을 채취하지 않는 경우에는 추대를 억제한다.

춘화처리
농작물의 싹이나 씨를 고온 또는 저온으로 처리하여 발육에 변화를 주어 수확기를 조절하는 방법.

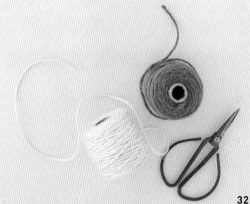

용어사전

ㅋ・ㅌ

컨테이너
화분이나 플랜터 등, 식물을 심을 수 있는 용기를 통틀어 부르는 이름이다.

토양 개량
화단이나 정원의 흙에 퇴비나 부엽토 등을 섞어서 갈아 토양 상태를 개선하기 위해 실시하는 작업. 식물의 뿌리가 건강하게 자랄 수 있도록 양질의 흙을 만드는 것이다.

ㅍ

펄라이트
진주석을 고온으로 구워 발포시킨 것. 다공질로 매우 가볍고 통기성이나 배수성이 뛰어나다.

포기 간격
모종 등을 심을 때의 간격을 말한다. 일반적으로 모종의 중심부터 중심까지를 측정한다. 충분히 생육할 수 있도록 간격을 넓게 두는 것이 기본.

포기나누기(분주)
커다랗게 성장한 여러해살이풀 등의 포기를 나누는 것. 나눈 포기로 번식시키거나, 다 자라 생육이 더뎌진 포기를 갱신하여 다시 키우기 위해 하는 작업이다.

포복성
식물의 줄기나 가지가 덩굴 모양으로 뻗어 지면을 기는 듯한 상태가 되는 성질.

품종
종(種) 다음의 분류로, 모양이나 꽃색, 성질 등, 특정한 형질이 다른 것을 구별하여 이름을 짓는다. 예를 들어, 사과는 종이며 부사, 홍옥은 사과의 품종이다.

ㅎ

한랭사
화학섬유 등의 실을 그물모양으로 짜서 만든 피복 재료. 씨앗이나 식물을 심은 뒤 식물에 덮어씌워서 사용한다. 차광이나 보습, 방한, 방충 등의 효과가 있다. 한랭사 위로도 물을 줄 수 있다.

홑알구조(단립구조)
흙 알갱이가 각각 독립되어 있는 구조. 모래나 점토 등이 홑알구조이다. 통기성이나 배수성이 좋지 않아 식물의 생육에 적합하지 않으므로 토양 개량이 필요하다.

화분
식물을 재배하는 용기로 포트, 컨테이너라고도 한다. 크기는 지름을 호수로 표시하고, 1호는 지름 3cm, 5호는 지름 15cm 정도. 재질에 따라 도자기 화분, 플라스틱 화분, 종이 화분, 나무나 피트모스 화분 등이 있다.

화성비료
무기질 비료를 화학적으로 처리한 제품. 질소, 인산, 칼륨 중 2가지 성분 이상이 들어있으며, 알갱이 모양이다.

휴면기
추운 한겨울이나 무더운 한여름과 같이 생육이 정지되는 시기.

흙덮기(복토)
씨앗이나 알뿌리식물을 심을 때 위에 덮는 흙.

식물 이름 색인

붉은색으로 표시한 페이지는 식물에 대해 설명한 기본 페이지이고,
나머지는 그 밖에 구체적인 재배방법 등을 소개한 페이지이다.

식물 이름 색인

용어 색인

용어 색인

지은이 **야자와 히데나루[矢澤 秀成]**

원예가, 육종연구가.

육묘회사에서 채소와 꽃을 연구한 뒤 독립. 원예가로 활약할 뿐 아니라, TOTTORI HANAKAIRO-FLOWER PARK(돗토리현), KANA GARDEN(가나가와현립 꽃과 녹음의 만남 센터, 가나가와현), IKUTOPIA SHOKU HANA(니가타현), CHAUSUYAMA 자연식물원(나가노현) 등, 수많은 식물원의 수석 정원사와 감수자로 활동하고 있다. 또한 일본 전국의 초등학생을 대상으로 육종 수업을 진행하는 한편, 「사람은 꽃을 키우고 꽃은 사람을 키운다」를 내세우며 전국 각지에서 강습 및 강연 활동을 하고 있다. 「취미의 원예」(NHK E TV)를 비롯하여 원예 프로그램의 강사로도 활약 중이며, 애칭은 「호소메 선생님」. 야자와 꽃육종주식회사 및 하노하타케 합동회사 대표.

인스타그램
https://www.instagram.com/yazawa_hidenaru

원예의 기본

펴낸이 유재영 | **펴낸곳** 그린홈 | **지은이** 야자와 히데나루 | **옮긴이** 김현정
기 획 이화진 | **편 집** 박선희 | **디자인** 임수미

1 판 1 쇄 2024 년 10 월 15 일
출판등록 1987 년 11 월 27 일 제 10-149
주소 04083 서울 마포구 토정로 53 (합정동)
전화 324-6130, 6131 **팩스** 324-6135

E 메일 dhsbook@hanmail.net
홈페이지 www.donghaksa.co.kr · www.green-home.co.kr
페이스북 www.facebook.com / greenhomecook
인스타그램 www.instagram.com/__greencook/

ISBN 978-89-7190-895-2 13520

• 잘못된 책은 구매처에서 교환하시고, 출판사 교환이 필요할 경우에는 사유를 적어 도서와 함께 위의 주소로 보내주세요.

SHOKUBUTSU O SODATERU TANOSHIMI TO KOTSU GA WAKARU
「ENGEI」NO KIHONCHO
ⓒ Hidenaru Yazawa 2023
First published in Japan in 2023 by KADOKAWA CORPORATION, Tokyo.
Korean translation rights arranged with KADOKAWA CORPORATION, Tokyo.
through ENTERS KOREA Co., Ltd.
Korean translation copyright ⓒ 2024 by Donghak Publishing Co., Ltd.

옮긴이 김현정

동아대학교 원예학과를 졸업하고 일본 니가타 국립대학 원예학 석사·박사 취득. 건국대학교 원예학과 박사 후 연구원, 학부 및 대학원 강사를 거쳐 부산 경상대 플로리스트학과 겸임교수, 인천문예전문학교 식공간연출학부 플라워디자인과 교수 역임. 현재 (사)푸르네정원문화센터 센터장.